微观传热学

王振宇　编著

科学出版社

北京

内 容 简 介

本书基于微电子、物理、化学等领域微纳尺度传热的文献及成果研究，从热学理论基础、模型体系、观测与表征实现、微散热模式四个层面对微观传热学领域进行深入分析、归纳和整理，搭建系统而全面的微观传热知识体系。

本书可供微纳技术、微电子工程、材料处理等领域的研究人员、生产管理人员阅读参考，不仅可为相关领域高层次研究人员提供技术参考，也可为初学者提供入门级指导。

图书在版编目（CIP）数据

微观传热学 / 王振宇编著. -- 北京 : 科学出版社, 2025.3. -- ISBN 978-7-03-078955-6

Ⅰ. TK124

中国国家版本馆 CIP 数据核字第 2024FG7099 号

责任编辑：贾　超　孙静惠 / 责任校对：杜子昂

责任印制：徐晓晨 / 封面设计：东方人华

科学出版社 出版

北京东黄城根北街 16 号

邮政编码：100717

http://www.sciencep.com

北京九州迅驰传媒文化有限公司印刷

科学出版社发行　各地新华书店经销

*

2025 年 3 月第　一　版　开本：720×1000　1/16

2025 年 3 月第一次印刷　印张：15

字数：300000

定价：128.00 元

（如有印装质量问题，我社负责调换）

前　言

微纳尺度材料是指外观尺寸或其基本构成单元在 10 nm～10 μm 之间的材料，其性能不能通过外推基于宏观材料的知识体系得到，传统的力学测试工具和方法无法满足对微纳尺度材料进行测试的要求，微纳尺度材料通常在多场耦合条件下测试。这些特性要求科研工作者持续不断地寻找和研发新的工具以实现对微纳尺度材料的可控制备、高通量观测、操控和定量测量。微纳尺度的发展需要综合考虑物理、技术和应用等根本性环节。物理上需要从宏观、介观和微观水平上深入细致地理解微纳材料及其相互作用的各种要素、特性和物理原理，技术上需要发展材料合成技术以及微纳加工和制造技术，应用上需要综合比较，寻找最优化的方案。

微纳技术在我国占有很重要的地位。目前，我国依据国情确立的微纳技术的未来主要发展方向包括机械制造、材料合成、自动化控制、尖端物理、电工电子、有机化学、医疗卫生等领域。其中电工电子领域由于微纳技术的使用，在微电子控制技术、微电子机械系统（MEMS）、纳电子机械系统（NEMS）等诸多领域已取得实质性的进步，大规模集成电路发展迅速；生物医学领域由于微纳技术的使用，不仅改变了以往的治疗手段，使得治疗效果达到了“快、准、稳”的目的，而且由于微纳技术在医学领域的巨大使用空间和逐渐显露的优势，精密医学已是现代生物医学发展的重要方向；尖端物理方面，无论是重大的物理发现，还是量子卫星等世界一流航天器的发明制造，都和微纳技术有着密不可分的关系。

本书通过对微纳调控技术最新进展的研究总结整理出三类调控方法，包括光调控、电调控和生物调控。其中光调控方法——光镊基于光对照射物体产生压强的性质，利用光辐射压力，以非机械接触的方式挟持或操控微小粒子；电调控方法——介电泳基于电介质粒子在非均匀电场下的极化效应特性，结合微通道设计分路达到调控目的；生物调控方法——自组装调控是基于微结构单元自发形成有序结构的性质，结合有效结构设计加快重组进程进而实现调控；总之，光调控技术、电调控技术及生物调控技术可以实现对微粒、细胞的无损分离、捕获、操控、分析。微纳技术结合化学试剂反应制造各种形态的纳米材料，包括纳米颗粒、量子点与纳米孔，并将其应用在生物医药分析领域；而随着微纳尺度的发展，许多材料的新型性能由此发展，如压电材料受到压力可产生电压；光学超构材料是亚波长功能单元组成的新型人工结构材料，其具有新颖光学特性；电子仅可在两个维度的纳米尺度上自由运动的材料为二维材料，其通过微纳技术制备合成并广泛应用在精密度要求高的领域。

本书可供微纳尺度研究相关院校、生化医学微量检测专业人员、微流控设计初学者阅读参考。

王振宇

2024.4.1

目　　录

第1章 绪　　论

近年来随着自然科学及工程技术对于微型化的深入研究，微尺度器件在微电机、微生物工程、微电子工程、航空航天、材料处理等领域的应用越来越广泛。微尺度下流动与传热问题研究的工程背景来源于20世纪80年代对于高密度微电子器件的散热需求。由著名的摩尔定律可知：当价格不变时，集成电路上可容纳的晶体管数目，约每隔18个月便会增加一倍，性能也将提升一倍。举例来说，芯片上的晶体管数量从1971年英特尔公司第一款CPU的2300个到其产品Intel Core i7系列的11.7亿个，三十七年间增加了约51万倍。然而在高集成度的电子信息技术高速发展的同时，电子产品的热设计发展相对滞后，一定程度上又制约了前者的发展。因此高集成度电子器件的散热问题引起越来越多学者的关注。

现有的研究表明，电子器件工作的可靠性与温度密切相关，当工作温度达到70～80℃时，每升高1℃，将导致电子器件的可靠性下降5%。因此，设计高性能的电子器件冷却散热装置，使电子器件的工作温度保持在允许范围内，成为一个亟需解决的问题。促使微尺度下流动与传热问题广泛深入研究的另一个原因在于：人们对于传统尺度上的物理现象及其规律已得到较为充分的认识，然而这些已有的认识或规律并不能完全适用于微尺度条件。尤其是当微电子机械系统（MEMS）快速发展，MEMS产业以其卓越的性能、低廉的价格和巨大的市场前景对世人产生了不可阻挡的诱惑力，更极大地推动了这一研究的热潮。

本书的第2章主要介绍微观传热学所需要的热学理论基础知识。对这些知识有一定的认识，是理解本书之后相关内容的必要条件。因此，读者需要深入学习本章的内容。此外，本章中的大部分知识都较为基础，除了本书以外，基本上绝大部分涉及热学的相关书籍都会针对其有所介绍，读者也可以广泛阅读相关书籍，进一步掌握微观传热学基础知识。这不仅会更好地帮助读者理解本书之后的内容，更会使得读者在从事微观传热学相关的研究或工作时如虎添翼。本书第2章主要介绍以下几个部分，首先介绍热力学的相关内容，它是所有热学理论的发源所在。其内容主要包括热力学的三大基本定律、热力学关系式、比热容等；之后介绍一些传统传热学经典理论的相关知识，包括温度场、傅里叶导热定律、独立粒子的统计力学等内容；随后简要介绍热能传导的三种形式，理解和掌握这部分内容可以很好地帮助读者在分析微观传热学相关问题时更准确、更迅速地构建物理模型；最后介绍传热界面与材料相关的理论知识，主要包括导热系数、导热材料的一般分类、定解条件等内容。

第 3 章固体导热部分深入探讨了固体材料中的热传导机制，这是热力学和材料科学中的核心问题。固体导热主要通过三种机制进行：晶格导热、电子导热和界面导热。晶格导热是固体中最主要的导热方式，涉及原子或离子在晶格中的振动。电子导热在导电固体中尤为重要，自由电子的移动是热量传递的关键。界面导热则关注相邻固体表面接触区域的热能传递，这一过程在材料接合和热界面管理中具有实际意义。本章还详细分析了晶体内部结构的认识，特别是 X 射线衍射技术的应用，它揭示了晶体内部的规则排布和周期性。晶格振动的描述，包括简正振动和振动模，以及声学波和光学波的概念，为理解固体的热传导行为提供了微观基础。热容的概念及其来源，包括晶格比热容和电子比热容，也被深入讨论。杜隆-珀蒂定律作为联系原子振动和热容量的重要规律，虽然在低温下存在偏差，但仍然是固体热容研究的重要参考。爱因斯坦和德拜理论为低温下固体热容的描述提供了量子力学的视角。爱因斯坦理论通过假设晶格内各原子的振动相互独立且具有相同的频率，简化了热容的计算。而德拜理论则考虑了晶格振动的连续性和弹性波的概念，为固体热容的计算提供了更为精确的方法。这些理论的发展，不仅丰富了我们对固体热传导机制的理解，也为实际应用中的热管理、材料设计和工程优化提供了理论支持。在固体导热建模方面，本章介绍了有限差分法、有限元法和边界元法等数值方法。这些方法通过数学建模和计算机模拟，帮助我们理解和预测固体中的热传导行为。在热管理、材料设计和工程优化等领域，这些数值方法的应用价值尤为显著。

第 4 章流固耦合则聚焦于流体力学和固体力学的交叉领域，即流固耦合力学。这一领域研究流体和固体之间的相互作用及其对流场行为的影响。流固耦合问题在工程实践中具有广泛应用，如水锤效应、结构振动和声音与结构的相互作用。本章首先介绍了流体动力学的基础知识，包括流体动力学的重要性、Navier-Stokes 方程的求解阶段，以及不可压缩流体和可压缩流体的流动性质。流体动力学的核心问题是其基本方程没有一般的解析解，数值求解具有挑战性。计算流体动力学（CFD）在流体动力学研究中发挥着重要作用，它通过数值模拟提供了对复杂流场的深入理解。纳米流体动力学作为微流体力学的一个重要分支，涉及微型器件中的流体流动。在微纳米尺度下，流体分子的平均自由程可能与特征尺寸相当，导致连续性假设不再成立。克努森数作为纳米流体动力学中的关键参数，用于描述气体分子在纳米尺度下的运动。斯托克斯-爱因斯坦方程和阻力修正公式等，为纳米颗粒在流体中的运动和传热行为提供了理论基础。理想气体模型和理想不可压缩模型在流体动力学中的应用也被讨论。理想气体模型基于玻意耳定律、盖-吕萨克定律和查理定律，为气体的宏观行为提供了描述。而理想不可压缩模型则简化了流体运动的复杂性，使得在某些情况下可以忽略密度的变化，从而简化了问题的求解。流固耦合的求解方法，包括强耦合和弱耦合方法，是本章的重点。强耦合方法通过整合流体动力学与固体力学的控制方程，提供了直接的求解途径。弱耦合方法则通过分别求解流体和固体的控制方程，并通过流固耦合交界面进行数据传递，实现了流体和固体之间的信息交流和能量传递。这些方法在实际问题中的应用，如纳米流体传热、微通道传热分析和纳米尺度热浸润分析，展示了流固耦合分析在微纳尺度传热领域的广泛应用。

第 5 章考虑了固体表面周围的液-气、两相流和传热（包括蒸发/冷凝相变）。液相和气相允许温度和速度不均匀，并且所有三相均处于热非平衡状态。热量流经相界面，并在液-气界面上发生传质（蒸发/冷凝）。液体和气体可以是多组分混合物。在一些应用中，只有一种流体相与固体接触，并且液-气界面是连续的，如在蒸气或液膜中。在其他情况下，液体和气体都与表面接触，如表面气泡和液滴成核以及液滴撞击加热表面。

第 6 章主要介绍了显微观测光学基础。详细阐述了显微镜的组成及其光学原理，包括显微镜的成像原理、显微镜的组成及镜头要求、显微镜的光瞳光阑设置、视场调节和景深及其原理等内容。此外，本章还探讨了分辨率和有效放大率，包括衍射现象能量分布、分辨能力评判标准、分辨率和有效放大率等概念。还介绍了显微镜物镜，包括物镜的光学特性和基本物镜的几种类型。最后，本章还讨论了光照系统组成，包括基于不同观测物体的照明方法、基于暗场的照明系统和聚光效应及应用等内容。

第 7 章主要介绍了超分辨显微技术。详细阐述了超衍射极限近场显微法，包括基于超衍射极限近场的观测方法概述、传统光学显微镜概述、近场光学显微镜原理和近场光学显微镜的成像原理及结构等内容。此外，本章还探讨了近场扫描光学显微镜（NSOM），包括基于近场的显微结构及观测原理和纳米级探针的制作等内容。最后，本章还讨论了基于远场的超高分辨观测技术，包括远场超高分辨率显微观测简介、超分辨成像技术前沿、4Pi 显微镜、3D 随机光学重建显微镜（stochastic optical reconstruction microscope，STORM）和选择性平面照明显微镜（selective plane illumination microscope，SPIM）基本原理等内容。超显微技术是一种能够观察到亚微米级别物体的技术。它通过使用特殊的仪器和方法来增强物体的分辨率和对比度，从而使我们能够看到更加细小的细节。超分辨率成像技术是超显微技术中一个重要分支。它指分辨率打破了传统光学显微镜分辨率极限（200nm）的显微技术。超分辨率成像技术主要有非接触、无损伤等优点，长期以来是生物医学研究的重要工具。自 1873 年以来，人们一直认为，光学显微镜的分辨率极限约为 200 nm，无法用于清晰观察尺寸在 200 nm 以内的生物结构。超分辨光学成像（super-resolution optical imaging）是 21 世纪光学显微成像领域最重大的突破，打破了光学显微镜的分辨率极限（换言之，超越了光学显微镜的分辨率极限，因此被称为超分辨光学成像），为生命科学研究提供了前所未有的工具。

第 8 章主要介绍微观传热学相关的光谱分析。这是研究微观传热学必不可少的研究手段。自 20 世纪 70 年代初以来，光谱分析的方法得到了蓬勃发展。通过光谱分析，我们可以从不一样的角度，对微观传热领域进行更深入的研究，如可以通过光谱分析，研究液体、观察微流道的过程，或者观察气泡产生的过程，此外还能通过结合不同的观测手段，对微观器件进行更全面的观测，包括其结构变化、内部性质改变等。总而言之，通过光谱分析，我们能够更好地进行微观传热学相关的研究，其能极大地帮助研究人员理解微观传热中出现的各种现象，帮助人们更好地分析事件中的机理。此外，还可以帮助人们捕捉难以用常规手段发现或者感知到的异常。因此本章将详细介绍两种在微观传热领域应用较为广泛的光谱分析工具。首先介绍拉曼光谱技术，包括原理、测温方式、仪器组成和应用，拉曼光谱技术以其灵敏性、快速性以及操作方便等优点，在微观传热学领域得到了快速发展和广泛应用。之后重点介绍近红外光谱分析的发展历程、原理、分析流程和相关应用。近红外光谱分析技术是一种自 20 世纪 90 年代以来发展极其迅速的光谱数据分析信息技术，吸引了众多的关注。该技术相对于其他无损检测技术，有着许多优点，如分析速度快、无污染样品不需预处理、操作简单，可以同时测定多种成分和指标，可以实现实时在线检测，因此得到了广泛的应用，在微观传热领域也有着重要的意义。

第 9 章主要介绍暗场光学显微镜。暗场显微镜（DFM）采用无背景成像方法，可提供高灵敏度和大信噪比。它可应用于纳米级检测、生物物理学和生物传感、粒子跟踪、单分子光谱学、X 射线成像和材料失效分析。自 1830 年发明以来，DFM 因在成像背景和可见度之间的平衡而具有成为强大光学工具的潜力。与明场显微镜相比，DFM 在降低成像背景方面具有先天优势，这是灵敏传感的关键。现代 DFM 的大部分重大发展和广泛应用发生在 2000 年以后，其特征是获得了高质量的彩色照片和相应的单个纳米粒子水平的散射光谱。磷光生物和化学发光物体等自发光物质是在 DFM 下观察的理想样品。在这种情况下，不需要外源光源，但应用范围相当有限。DFM 的基本工作模型是将被摄体在倾斜照明焦平面上的散射光传递到物镜或电荷耦合器件（CCD）相机中。虽然可以获得深色背景，但收集到的光散射强度仍然必须足够高。到目前为止，已经鉴定出一些具有高散射效率的优秀成像探针，如贵金属纳米粒子和有机分子的有序组装体。这些探针都是光散射光谱分析（光谱散射仪）发展的里程碑，并已迅速转移到暗场显微成像（iDFM）分析领域。

第 10 章主要介绍微观传热学的单相对流传热。单相对流传热在微观传热学中具有核心地位，它阐释了热量如何通过流体分子的微观热运动与宏观流动相结合的方式进行传递。在这一过程中，微观层面的分子碰撞与能量转移共同构成了对流换热的基础，而在宏观上则表现为流体因温差导致的密度变化引起的流动，从而实现了能量从高温区向低温区的有效迁移。对单相对流传热的深入研究，不仅揭示了热量传递内在规律，还促成了适用于不同工程场景的准则关联式和相似理论的发展，这些理论工具简化了复杂传热问题的解决流程。此外，微观传热学对单相对流换热的探索进一步指导了对流传热增强技术的研发，如通过调整流场结构、表面性质等手段优化微观传热性能，这对于提升换热器、制冷系统等工程设备的效能至关重要。本章首先简要介绍了单相对流换热的相关基础概念，并详细阐述管内受迫对流换热、外掠圆管对流换热、自然对流传热、混合对流传热等经典单相对流换热模式。

第 11 章主要介绍微观传热学的相变对流传热。相变对流传热涉及流体在经历相态转变（如沸腾和冷凝）时的热量传递过程，这种过程结合了微观热力学现象和宏观流动特性。在微观层次上，相变对流传热揭示了流体内部能量转移的独特机制，包括在两相交界处的瞬态能量交换、大量潜热的快速释放或吸收以及复杂的微尺度流动结构。对相变对流传热的研究有助于深入理解界面传热现象、两相流体动力学行为以及热能转化过程中的微观细节，这对优化热能系统设计、提升能源利用效率、研发高效传热材料和技术等具有极其重要的意义。本章对相变对流传热中最为经典的凝结传热和沸腾传热进行详细的介绍。

第 12 章围绕热电制冷展开，这是常用的制冷方法，应用于各类电器设备，核心原理是热电效应。本章首先从理论开始，介绍发现热电效应的起源，引出塞贝克效应，然后介绍塞贝克效应的后续研究：佩尔捷效应、汤姆孙效应、焦耳效应、傅里叶效应。12.1 节介绍热电制冷的理论部分，12.2 节介绍热电冷却结构设计，即如何根据理论部分去设计一个实际的散热结构。12.3 节介绍如何在热力学上分析该结构，紧接着 12.4 节分析该结构的性能。12.5 节介绍热电制冷结构的材料，分析哪类材料适合用于该结构。12.6 节为本章小结。

第 13 章主要介绍制冷技术的未来前景，介绍了热管散热、相变储热散热、液体喷射冷却，介绍每种技术的理论、结构设计、性能评估等，为读者设计效率更高的制冷器件提供新的研究思路。

第2章　热学理论基础

2.1　热力学基础

2.1.1　热力学第一定律

传热从本质上讲是系统和外界在通过热量传递的方式进行能量交换。在发生热量交换时，能量是通过在接触面上的分子碰撞和热辐射进行的。在19世纪中叶，以焦耳为首的多位物理学家通过长期实践和大量的实验验证，才将热量传递和转化过程中所隐含的热力学第一定律发掘出来。以焦耳为例，他从1840年开始，在之后20多年的时间里，进行了大量的实验，发现同一物体通过不同的绝热过程升高一定的温度，所需的功在实验误差范围内是相等的。这意味着，系统通过绝热过程从初态变为末态，在这一过程中外界对系统所做功的大小与过程无关，而仅取决于该系统初态和末态。这一过程所满足的公式如下：

$$U_B - U_A = W_s \tag{2.1}$$

其中，U_A、U_B分别为系统初态和末态时的内能；W_s为在绝热过程下外界对系统所做的功。如果系统经历的过程并不符合绝热过程的条件，则此过程外界对系统所做功W的大小在数值上并不等于过程前后其内能的变化$U_B - U_A$，而二者的差值也就是系统在运动中从外部吸取的总能量。

$$Q + W = U_B - U_A \tag{2.2}$$

该式即热力学第一定律的数学表达式。它的物理学含义是系统在末态B与初态A之间的内能之差，相当于在热传导流程中外系统所做出的功和体系从外部吸取的热能之和。在这里值得注意的是，内能是一个状态函数，内能之差的大小在两个状态确定之后就是一个定值了，与系统如何实现状态的转化过程无关；而功与热能都是过程量和内能的结论则正好相反。所以综上所述，热力学第一定律就是能量守恒定律。自焦耳利用大量精密的实验结果证实了不同能源间的相互转换都满足守恒关系之后，能量守恒定律就被人们认定为是自然界的一种普遍规律了，其表达是：自然界的所有物质中均具有能量，其不同形式之间可以相互转化，在物体间相互传递，在这些过程中能量不会凭空产生和消失。同时，该定理也否定了第一类永动机，即一种不依靠外部供应动力而持续地向外部做功的机械存在的可能性。因此，热力学第一定律的另外一种表述就是：第一类永动机不可能造成[1]。

2.1.2　热力学第二定律

在热力学第一定律中，人们不难看到所有类型的能量在互相转换的过程中所要满足的条件是能量守恒定律，而且它对过程进行的方向并没有给出任何的限制，但是在实际进行的过程中如有涉及内能、电磁能、热量等其他类型的能量的相互转换，那么整个过程也将是带有方向性的。从一种更为广泛的观点来看，凡是涉及热问题的具体过程都存在着方向性。而热力学第二定律要处理的，正是与热问题相关的具体过程的方向问题，它也是独立于热力学第一定律的另一个基本定律。

想要进一步说明热力学第二定律的来源，人们就必须了解在 1842 年，即热力学第一定律还没有被发现之前，卡诺就通过总结热机的工作过程，发现热机只有在两个热源之间才能工作。工作物质从高温热源吸收热量，在低温热源放出热量，而唯有如此热机才能够实现做功。卡诺由此给出了一条关于热机效率的经典定理公式——卡诺定理。然而可惜的是，卡诺当时对于热机的工作过程仍然得不到较为正确的认识。他认为热机是通过把热量从高温热源传到低温热源而做功的，工作物质从高温热源吸取的热量与在低温热源放出的热量相等，就像是水力机通过流水从高处到低处利用重力势能向动能转化而做功，在高处和低处流过的水量相同一样。在热力学第一定律被发现之后，克劳修斯和开尔文也先后审视了卡诺的各项工作，指出如果要证明卡诺定理，一个新的原理是不可或缺的，从而发现了热力学第二定律。他们提出的热力学第二定律的表述分别如下。

克氏表述：不可能把热量从低温物体传到高温物体而不引起其他变化。

开氏表述：不可能从单一热源吸热使之完全变成有用的功而不引起其他变化。

我们对这两个表述作一些说明。

首先，两个表述都强调了“不引起其他变化”的前提。在存在其他改变的前提下，从单一热源吸取热量并将其全部转化为机械功或者将热量从低温物体传送到高温物体都是可以实现的。理想气体的等温膨胀就是从单一热源吸热而将其全部转化为机械功的例子，该过程的其他变化是理想气体的体积膨胀。理想气体的逆卡诺循环就是把热量从低温物体送到高温物体的例子，该过程的其他变化是把外界所做的功同时转化为热量而送到高温物体去。这些并不违反热力学第二定律。

其次，两个表述所说的“不可能”，不仅是指在不引起其他变化的条件下，直接从单一热源吸热而将其完全变成有用的功，或者直接将热量从低温物体送到高温物体是不可能的；而且是指不论用任何曲折复杂的方法，在全部过程结束时，其最终的唯一后果是从单一热源完全吸热使其全部转为有用的功，或使热能直接由低温物体传递到高温物体是不可能的。

热力学第二定律的开氏说法又可表达为：第二类永动机是永远不能出现的。

第二类永动机是指可以由一个热源吸热，使其完全变成有用的功而不产生其他影响的机器。这种永动机不是热力学第一定律所否定的永动机，也并不违反热力学第一定律，因为它对外所做的功是由热量转化而来的。这种机器可以利用大气或海洋作为单一热源，从那里不断吸取热量而做功，而这种热量实际上是用之不尽的，因而称为第二类永动机。热力学第二定律指出，企图通过这种方式利用自然界的内能是不可能的。

热力学第二定律的两种描述都是等价的。但我们要证明，假如克氏描述无法建立，那么开氏描述也就不存在。考虑一个卡诺循环，工作物质从温度为 T_1 的高温热源吸取热量 Q_1，在温度为 T_2 的低温热源放出热量 Q_2，对外做功 $W=Q_1-Q_2$。如果克氏表述不成立，可以将热量 Q_2 从温度为 T_2 的低温热源送到温度为 T_1 的高温热源而不引起其他变化，则全部过程的最终后果是从温度为 T_1 的热源吸取 Q_1-Q_2 的热量，将其完全变成有用的功[图 2.1（a）]，这样开氏表述也就不成立。

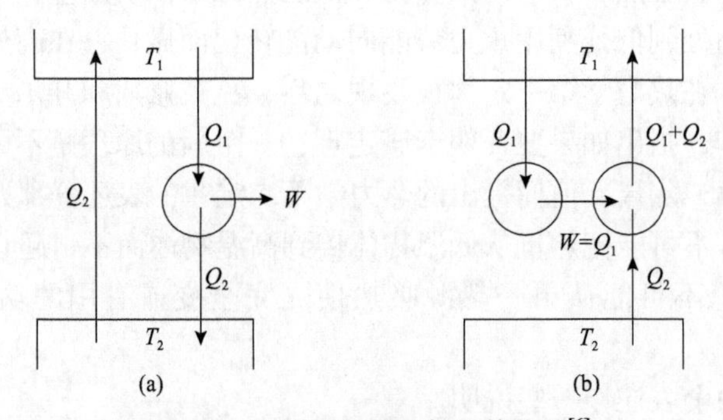

图 2.1　证明两种描述都是等价的[6]

反之，可以再求证，如开氏表述不能成立，即克氏表述也不存在。如果开氏表述不成立，一个热机能够从温度为 T_1 的热源吸取热量 Q_1，使其全部转化为有用的功 $W=Q_1$。可以利用这个功来带动一个逆卡诺循环，整个过程的最终后果是将热量 Q_2 从温度为 T_2 的低温热源传到温度为 T_1 的高温热源而未引起其他变化[图 2.1（b）]。这样克氏表述也就不能成立。

热力学第二定律和热力学第一定律一样，是对实践经验的概括，它的准确性是由它的所有推导过程均被事实经历所验证后才得以确认的。

现在应该继续研究分析热力学第二定律的含义。日常经验表明，在不引起其他变化的条件下，功是可以完全转化为热的（或者说，机械能可以完全转化为内能）。摩擦生热就是自然界中经常出现的一种自发过程。经验还表明，当温度不同的两个物体相互接触时，热量将自动从高温物体传到低温物体，热传导也是经常出现的自发过程。热力学第二定律的开氏表述和克氏表述直观表明，首先，摩擦生热和热传递的逆程序不可以进行，这也表明了摩擦生热和热传导过程带有方向性；其次，这两种程序一旦进行下去，会对自然界产生巨大影响，因此不管以何等曲折烦琐的方式，也不能够把对它们所产生的影响彻底去除，使一切恢复。

如果一个过程出现后，无论用什么曲折复杂的办法都不能够将其带来的结果全部去掉并将一切恢复，这个过程称为不可逆过程。反之，如果一个过程发生后，它所产生的影响可以完全消除而令一切恢复原状，这个过程称为可逆过程。

无摩擦的准静态过程是可逆过程。如果能令整个过程全部反向运行，当过程恢复初始状态后，外界环境也会随之恢复。值得注意的是，在准静态过程中系统经历的每一个状态都是平衡态，所以一旦没有外部环境的变化或外部施加的干扰，整个系统便永远不能够进行下去，所以准静止状态阶段也必须是被迫的，而不能够自发进行下去。实际上当然既不可能让过程进行得无限缓慢而使系统经历的每一状态都是平衡态，也不可能完全免除摩擦阻力，所以可逆过程只是一种理想的极限过程，只可能接近而不可能完全达到。可以看到，作为研究平衡态的手段，可逆过程在热力学中占有重要的特殊地位。

在自然界中，与热过程相关的所有过程都属于不可逆过程。除了摩擦生热与热传导过程以外，如趋向平衡的过程、气体的自由膨胀过程、扩散过程、各种爆炸过程等都是不可逆过程。上述行为均带有方向性。而且活动一旦进行，其产生的影响还不能够彻底消除。

怎样理解一个不可逆过程产生的后果不可能完全消除而使一切恢复原状呢？一个不可逆过程发生后，如果企图用某种方式消除它所产生的后果，实际上只能将它所产生的后果转换为另一个不可逆过程的后果。例如，设热量 Q_2 从温度为 T_1 的高温热源传送到温度为 T_2 的低温热源。想要完全抵消这种不可逆过程所造成的影响，可以通过一个制冷机将热量 Q_1 从 T_2 送回热源 T_1。但此时外界必须做功，这部分功也转化为热量而送到热源 T_1 去了。这样热传导过程产生的后果只是转换为摩擦生热过程产生的后果。又如，理想气体经绝热自由膨胀过程体积由 V 膨胀为 $2V$。要减少这种反应的影响，可以通过等温压缩过程将气体的体积由 $2V$ 压缩为 V。但这时外界也必须做功，这部分功转化为热量被热源吸收了。

这样，绝热自由膨胀过程产生的后果也只是转换为摩擦生热过程造成的影响。

由以上的论述可以知道，自然界的不可逆过程之间是存在着联系的。因此人们能够利用一些方式将两种不可逆过程联系起来，由一个过程的不可逆性推断出另一个过程的不可逆性。而上述关于克氏表述和开氏表述等效的证明就是不可逆过程相互推断的一个例子。所以热力学第二定律可以采取这样的形式，即挑选一个不可逆过程，指明它所产生的后果不论用什么方法也不可能完全消除而不引起其他变化。由这种过程的不可逆性就可以推断其他过程的不可逆性。由此可知，热力学第二定律可以有各种不同的说法。但是不管具体的理论基础如何，热力学第二定律的根源就是认为任何和热现象相关的实践工作过程都有其自动进行的方式，是不可逆的。

通过以上的论述还应该知道，既然不可逆过程发生后，用什么手段也不能够让参加反应的任何物质从其终态返回初态而不产生其他影响，这个反应能否完全可逆也是由初态与终态的相互作用联系决定的。为了判断一个过程是否可逆以及不可逆过程自发进行的方向，仅仅只需研究初态和终态的相互关系就够了。

2.1.3 热力学关系式

当处理容器中的材料时，体积是一个可以表征外力特性的参数，即容器壁和系统之间的相互作用。如果组分被限制在一个表面内，那么表面积就会代替体积成为这个参数。如有需要，可以把和其他外力（如重力和磁场力）有关系的参数都包括在其中。为了简化，假设体积是所研究系统的唯一参数，除非另有解释。

从热力学角度来看，熵的定义是单位温度下系统热能的量度，可通过下式来与热量、温度等联系起来：

$$\Delta S = \frac{\Delta Q}{T} \tag{2.3}$$

从统计力学来看，熵是描述系统混乱程度的量，可由下式表达：

$$S = k_{\mathrm{B}} \ln \Omega \tag{2.4}$$

其中，k_{B} 为玻尔兹曼常数。这时可以考虑 A 和 B 两个分离的系统，它们合并为一个新的系统 C。假设在某一时刻，系统 A 和系统 B 都各自独立地达到热力学平衡，分别表示为状态 A_1 和 B_1，合并系统的状态记作 C_1。系统 C 在 C_1 状态时的热力学概率与 A_1 和 B_1 的关系为

$$\Omega_1^{\mathrm{C}} = \Omega_1^{\mathrm{A}} \times \Omega_1^{\mathrm{B}} \tag{2.5}$$

则 C_1 的熵为

$$S_1^C = k_B \ln \Omega_1^C = k_B \ln\left(\Omega_1^A \times \Omega_1^B\right) = k_B \ln \Omega_1^A + k_B \ln \Omega_1^B = S_1^A + S_1^B \tag{2.6}$$

因此，这种熵的定义符合可加性的要求。

最大熵原理是指一个封闭体系的总熵会增大，直至其重新处于新的稳定平衡态（热力学平衡），即 $\Delta S \geqslant 0$。从微观角度来理解这一现象：熵和某一宏观态的出现概率呈正相关。对于一个给定 U、N 和 V 的系统，对应于热力学平衡的宏观态是最概然的，所以，相对热力学稳定性均衡态的熵为最高的。所有态，其中包括有些脱离平衡态的状态，都具有一个较小的热力学概率。当系统达到平衡态之后，其热力学概率远远低于平衡态热力学概率的任何宏观态都不可能在可观察的一个时间段内出现。

焓的定义则是 $H = U + pV$ ，所以有 $\mathrm{d}H = \mathrm{d}U + p\mathrm{d}V + V\mathrm{d}p$ 。

在多组分系统可以得到：

$$\mathrm{d}H = T\mathrm{d}S + V\mathrm{d}p + \sum_{i=1}^{r}\mu_i \mathrm{d}N_i \tag{2.7}$$

其中，N_i 为系统中第 i 种组分的粒子数；μ_i 为其化学势。

该式的意义在于可将焓表示成 S、p 和 N 的函数：

$$H = H\left(S, p, N_1, N_2, \cdots, N_r\right) \tag{2.8}$$

进一步该式可以写为

$$T = \left(\frac{\partial H}{\partial S}\right)_{p,\ N_{j's}};V = \left(\frac{\partial H}{\partial p}\right)_{S,\ N_{j's}};\mu_i = \left(\frac{\partial H}{\partial N_i}\right)_{S,\ p,\ N_{j's}} \quad (j \neq i) \tag{2.9}$$

焓 $H = H\left(S,\ p,\ N_{j's}\right)$ 是其特征函数，由于它使得大家能够找到一个稳定平衡状态所有的相关信息。在物理学上有很多的特征函数。因为在面对具体问题时，针对特定的情况和测量的可行性，寻找最为合适的特征函数是很有帮助的。这里介绍另外两个特征函数。第一个是亥姆霍兹自由能 $A\left(T,\ V,\ N_{j's}\right)$，定义为 $A=U-TS$，它满足：

$$\mathrm{d}A = -S\mathrm{d}T - p\mathrm{d}V + \sum_{i=1}^{r}\mu_i \mathrm{d}N_i \tag{2.10}$$

和

$$S=-\left(\frac{\partial A}{\partial T}\right)_{V,N_{j's}};p=-\left(\frac{\partial A}{\partial V}\right)_{T,N_{j's}};\mu_i=\left(\frac{\partial A}{\partial N_i}\right)_{T,V,N_{j's}}\quad(j\neq i)\tag{2.11}$$

第二个是吉布斯自由能 $G(T,\ p,\ N_{j's})$，即 $G=U+pV-TS=H-TS=A+pV$，其满足

$$\mathrm{d}G=-S\mathrm{d}T+V\mathrm{d}p+\sum_{i=1}^{r}\mu_i\mathrm{d}N_i\tag{2.12}$$

和

$$S=-\left(\frac{\partial G}{\partial T}\right)_{p,N_{j's}};V=-\left(\frac{\partial G}{\partial p}\right)_{T,N_{j's}};\mu_i=\left(\frac{\partial G}{\partial N_i}\right)_{T,p,N_{j's}}\quad(j\neq i)\tag{2.13}$$

这两个特征函数不仅为我们补充了基本关系式，而且特征函数在热力学平衡下评估系统的性质方面很有用。

在稳定的平衡情况下，系统中 T、p 和 μ_i（$i=1,2,\cdots,r$）都应该是处处一致的。如果系统可以被分为 k 个等容积子系统，那么系统的全部能量、熵和每种组分的量就是所有子系统中这些量的总和。而假设各个子系统中的能量和每种组分的量都相同，则可以认为所有的子系统就是完全相同的。假如是这样，就称这个系统处于均匀状态，否则就是非均匀状态。均匀状态的例子有很多，如充分混合的溶液和空气（它是许多不同种类气体的混合物）等。非均匀状态的例子同样有许多，如冰水混合物和锅炉内的汽水混合物。

一个不包含非均匀状态的系统称为一个简单系统。在一个简单系统中，原系统的 T、p 和 $\mu_{j's}$ 和每个子系统的都一样，但和 k 无关，所以，它又称为强度性参数。以 T 为例，有

$$T\left(\frac{U}{k},\frac{V}{k},\frac{N_1}{k},\frac{N_2}{k},\cdots,\frac{N_r}{R}\right)=T(U,V,N_1,N_2,\cdots,N_r)\tag{2.14}$$

在上面的式子中，左侧的温度是子系统的，而右侧则是整个系统的温度。与温度和压强并不相同，各个子系统的主要参数，如 U、V、S 和 N 与 k 成反比，即

$$S\left(\frac{U}{k},\frac{V}{k},\frac{N_1}{k},\frac{N_2}{k},\cdots,\frac{N_r}{R}\right)=\frac{1}{k}S(U,V,N_1,N_2,\cdots,N_r)\tag{2.15}$$

其正比于组分总量参数的具体数值可以被称为广延性参数。也因此 U、V、S

和 H 全部是广延性参数。但必须注意的是由于连续性的特点，k 的范围不是无限的，其不可任意大。

两种广延性基本参数的比例或导数也是一种强度性参数，例如，简单体系中的物体密度（质量与体积之比）是一个强度性参数，并且是均衡的。温度、压力和化学势都是两个广延性参数的导数。参数 T、p 和 $\mu_{j's}$ 与其他强度性参数的不同之处就是：前者在均匀状态和非均匀状态下都是均匀的，而其他参数在非均匀状态下既可以是均匀的，也可以是非均匀的。另外，比参数是指一种广延性参数和组分总量（如质量、物质的量或者数量）之比。例如，质量比焓是每千克物质的焓。比参数同样是一种强度性参数。

对于简单系统，通过对吉布斯关系式积分可以得到：

$$U = TS - pV + \sum_{i=1}^{r} \mu_i N_i \tag{2.16}$$

这就是欧拉关系式。

一个仅包含一种组分（r=1）的系统的欧拉关系为

$$G = U - TS + pV = \mu N \tag{2.17}$$

或者

$$\mu(T, p) = \frac{G}{N} = g(T, p) \tag{2.18}$$

因此，纯物质的化学势只是比吉布斯自由能。对于一个包含两种或者两种以上组分的系统，可以通过上式将化学势与吉布斯自由能在给定 T 和 p 的条件下对 N_i 的偏微分联系起来，称为第 i 种组分的部分吉布斯自由能。

2.1.4　比热容

热量是一种过程量，与过程有密切的关系，可以把一个系统在某一过程中温度升高 1K 所吸收的热量，视作这一系统在该过程下的热容。可以用 ΔQ 表示系统在某一过程中温度升高 ΔT 所吸收的热量，那么这一系统在该过程的热容 C 为

$$C = \lim_{\Delta T \to 0} \frac{\Delta Q}{\Delta T} \tag{2.19}$$

在国际单位制里，热容的单位是焦耳每开尔文（J/K）。很显然系统在某一过程的热容除了与物质材料的固有属性有关系外，还与系统的质量成正比，同样

也是一个广延量。用C_m表示 1 mol 物质的热容，并可将其作为摩尔热容。而摩尔热容除与能量相关外，也与物体的固有特性相关，它是一种强度量。系统的热容C与摩尔热容C_m的具体关系可以表示为

$$C = nC_m \tag{2.20}$$

其中，n为系统的物质的量。单位质量的物质在某一过程的热容可以称为物质在该过程的比热容，以c表示。综上所述，可以将等容过程和等压过程的比热容定义为如下各式：

$$c_V = \left(\frac{\partial u}{\partial T}\right)_V = T\left(\frac{\partial s}{\partial T}\right)_V \tag{2.21}$$

与

$$c_p = \left(\frac{\partial h}{\partial T}\right)_p = T\left(\frac{\partial s}{\partial T}\right)_p \tag{2.22}$$

在上面两式中，固定体积和固定压力分别由下标 V 和 p 表示。相应的比热容和系统质量的乘积是所研究对象的热容。在此不难注意到只有在可逆过程中，传递到系统的热量才能表示为$\delta Q = T\mathrm{d}S$。一种全封闭系统在定容积时的比热容也应该用传导到整个系统上的全部热能减去它在定容工作过程中的体温增加获得。另外，一个封闭系统（如一个活塞筒装置）在恒压时的比热容可以用传递到系统单位质量上的能量减去系统做的体积功（$\delta W = p\mathrm{d}V$）再除以等压过程的温升得到。

比热容并不是在一切的平衡状态都可定义。也因此，在一个两相状态下，压强与温度并不是独立的概念，而且恒定压力下焓可以在温度恒定的情形下变化。这表明在这些状态下比热容接近无穷大。实际上，某种相变的存在可以由c_p-T曲线中的不连续性加以证明。

一个热库是指仅发生可逆热量作用的理想体系。对于一种有限的热量传递，它的热量维持恒定。所以，热库的热容是无限大的。对一个温度为T_R的热库，在E-S图中能量焓的关系是一条直线，即

$$E_{R,2} - E_{R,1} = T_R\left(S_{R,2} - S_{R,1}\right) \tag{2.23}$$

此外，从状态 1 到状态 2 时转移到热库的热量为

$$Q = E_{R,2} - E_{R,1} \tag{2.24}$$

对于处于单相的纯物质，温度和压力及其他所有的参数都能够描述为 T 和 p 的函数。温度、压力和比体积之间的关系为

$$f\left(T, p, v\right)=0 \tag{2.25}$$

上式称为状态方程，但在某些情形下，状态方程非常简单而且可假定比热容仅为温度的函数，而与压强无关[2]。

2.1.5　热力学第三定律

热力学第三定律是对温度问题的科学研究中归纳得出的一条普遍性基本规律。虽然由于热力学的发展，对第三定律有不同的表述方式，但在适当的条件下这些表述彼此都是等同的。该定律首先来源于能斯特（Nernst），他在 1906 年研究各种化学反应所在温度下的特性时提出了一条结论，后来称为能斯特定理，又称能氏定理。它的具体内容如下。

凝聚体系的熵在等温过程中的改变随热力学温度趋于零时趋于零，即

$$\lim_{T\to 0}\left(\Delta S\right)_T=0 \tag{2.26}$$

其中，ΔS 为在等温过程中熵的改变。

1911 年，普朗克（Planck）又进一步总结了新的结论：如果一个系统在绝对零度下达到热平衡，则整个系统的熵值将为零。这是对热力学第三定律的另一种解释。在此以前，如果仅仅知道熵值的变化率，就不能对某个体系在一定高温下，给出某个绝对的熵值。热力学第三定律一旦成立，将能够保证系统处于绝对零度下的熵为零，从而可以提出一个在高温下绝对的熵值，也因此便能够在理论基础上去确定出一些影响化学反应平衡的重要化学量（如平衡常数）。

1912 年能斯特根据能氏定理又衍生出一条原则，名为绝对零度不能达到原理。这个原理如下：不可能通过有限的步骤使一个物体冷却到热力学温度的零度。换言之，绝对零度无法达到。在这里可以假想有两个系统 X1 和 X2，当它们的温度趋于零时，两者的熵值并没有同样趋于零。此时，可以借由有限个等温过程和有限个等熵循环，使整个系统温度下降至绝对零度。但依据热力学第三定律，所有系统在绝对零度时，熵值为零，故 X1 和 X2 两系统的熵值在绝对零度时会交于一点。如此一来，就又必须有无限个的等温过程和等熵过程，才能实现两个系统的交集。但在真实的世界中，无穷级的过程无法达到，故绝对零度不能实现。由于任何真实过程可视为等温过程和等熵过程的过程组合，因此上述推导并未丧失一般性。

能氏定理在提出后，历经了三十余年的实践与理论研讨，由其提出的大量推

论均为实验结果所证明，它的准确性才得以确立。现在我们普遍认为，能氏定理是完全自立于热力学第一定律和第二定律的另一条定理，即热力学第三定律。而通过热力学第三定律，能够得出许多重要推论，如$T \to 0$时物质系统熵值变化量为零与体积和压强无关，同时热容趋于零等。上述结果为目前对所有已知物质的试验检测和理论解析所支持[3]。

2.2 传统传热学经典理论

下面将介绍一些传统传热学相关的经典理论，包括温度场、傅里叶定律、量子态和三种统计分布等内容。

2.2.1 温度场

温度场是物体在某一时刻温度的分布情况，温度场的数学表示方式是

$$T = T(x, y, z, t) \tag{2.27}$$

其中，t为时间；x、y、z为空间坐标。

主要有两大类研究在我们对物体温度场进行研究时需要重点关注。一类是稳定温度场，有时人们只关注于物质最后的温度分布状态，稳定温度场则是只和物质空间位置相关的温度函数。另一类是不稳定温度场，物体的温度在不停地变化，这是一个与温度和坐标都相关的函数。稳定导热是在稳定温度场中的导热现象。当物体各部分温度不同时，就有热量从高温部分向低温部分传递，这就导致了温度分布在各部分中自发地趋于均匀。如果想要遏制这一势头，就必须从外部不断地给高温部分补充热量，同时不断地从低温部分取走热量。若要保证物体内温度场的平衡，则需要保持补充的热量等于被取走的热量。

温度的梯度的定义为

$$\nabla T = \frac{\partial T}{\partial x} a_x + \frac{\partial T}{\partial y} a_y + \frac{\partial T}{\partial z} a_z \tag{2.28}$$

在三维坐标中，温度的梯度是关于三个坐标轴方向的偏微分方程，具体是

$$\frac{\partial T}{\partial n} = \nabla T \cdot n = \frac{\partial T}{\partial x}\cos\alpha + \frac{\partial T}{\partial y}\cos\beta + \frac{\partial T}{\partial z}\cos\gamma \tag{2.29}$$

其中，α、β、γ分别为向外的法线方向与三个坐标轴之间的角度[4]。

2.2.2　傅里叶导热定律

大量的实践经验证明，在单位时间内通过单位截面积所传导的热量，正比于当地垂直于截面方向上的温度变化率。即

$$\frac{\Phi}{A} \sim \frac{\partial t}{\partial x} \tag{2.30}$$

其中，x 为垂直于面积 A 的坐标轴。引入比例常数能够得到

$$\Phi = -\lambda A \frac{\mathrm{d}t}{\mathrm{d}x} \tag{2.31}$$

此式是广为人知的导热基本定律即傅里叶导热定律（Fourier's law of heat conduction）的数学表达式。在该式中，A 为比例系数，又称导热系数（thermal conductivity），其中负号表示热量传递的方向指向温度降低的方向，这也是为了符合热力学第二定律。用文字来表达傅里叶导热定律是：在导热过程中，单位时间内通过给定截面的导热量，正比于垂直该截面方向上的温度变化率和截面面积，而热量传递的方向则和温度升高的方向相反[5]。

2.2.3　独立粒子的统计力学

当粒子的总能量等于各个粒子的能量之和而且相互独立时，可以认为这些粒子是彼此独立的。如果考虑一种限定于体积 V，由 N 个同种类独立粒子组成的系统，系统总的内能为 U，即各种物质的内能总和。因此这些物质粒子可能具有不同的能量，而且还能够按照它们的能量加以分类。人们很有兴趣了解，在特定的能量区间中有多少个粒子。目前人们已经把能量区划分成了数量众多的离散能级。如图 2.2 所示，在第 i 个能级中有 N_i 个粒子，每个粒子的能量精确等于 ε_i。该系统满足的守恒方程如下：

$$\sum_{i=0}^{\infty} N_i = N; \sum_{i=0}^{\infty} \varepsilon_i N_i = U \tag{2.32}$$

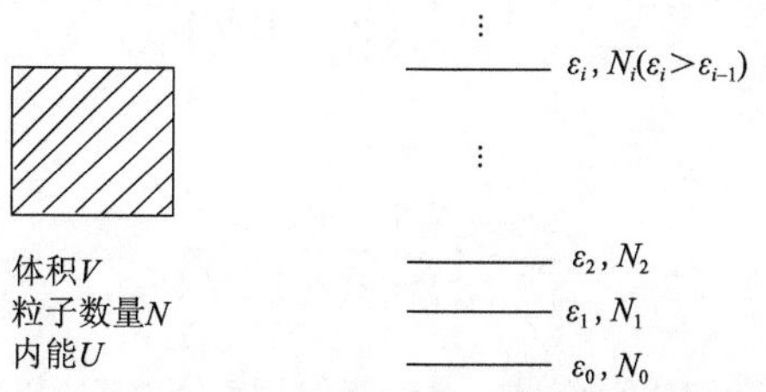

$\varepsilon_i, N_i(\varepsilon_i > \varepsilon_{i-1})$

体积 V
粒子数量 N
内能 U

ε_2, N_2
ε_1, N_1
ε_0, N_0

图 2.2　独立粒子系统和其能级示意图[3]

从经典力学的观点出发，同一能带间的能量增量应该无穷小。所有这些粒子都是能够识别的，而且每个能级的粒子数都是毫无限制的。但量子力学认为：能级的确是离散的，同一能级间的能量增加也有限，而且各个能级的物质都是不能辨别的（无法分辨）。

在量子理论中，同一类型的独立粒子之间是不可区别的。量子力学的基础是薛定谔方程，它是一个时间-空间相关的复杂概率密度函数的偏微分方程。薛定谔方程的解支持波粒二象性，并证实了离散的量子能级。另外，在每个能级中通常有一个以上可区分的量子态，即能级可能会简并，一个给定能级的量子态的数目被称作简并度。至于一些微粒，如电子，各个量子态不会被一个以上的粒子占据。这便是由诺贝尔物理学奖得主沃尔夫冈·泡利（Wolfgang Pauli）在1925年提出的泡利不相容原理。结论就如同我们所见，可以用费米-狄拉克（Fermi-Dirac）统计方法来说明自由电子的现象。金属中自由电子的集合有时也称作自由电子气，但它展现出与理想分子气体非常不同的特性。下面介绍不同类型粒子的统计方法。

（1）麦克斯韦-玻尔兹曼（MB）统计：粒子都是可以分类的，而且在各个能级上的粒子数目没有限制。以图 2.2 所示系统为例，其粒子分布的热力学概率如下：

$$\Omega = \frac{N!}{N_0!N_1!N_2!\cdots} = \frac{N!}{\prod_{i=0}^{\infty} N_i!} \tag{2.33}$$

假设在 i 能级上的简并度为 g_i，那么

$$\Omega_{\mathrm{MB}} = N!\prod_{i=0}^{\infty}\frac{g_i^{N_i}}{N_i!} \tag{2.34}$$

（2）玻色-爱因斯坦（BE）统计：微粒是无法分类的，而且所有量子态的粒子数没有限制；假设第 i 个能级有 g_i 个量子态。众所周知，将 N_i 个不可区分的物体放到 g_i 个可区分的盒子中，共有 $\frac{(g_i+N_i-1)!}{(g_i-1)!N_i!}$ 种方法。因此，BE 统计的热力学概率如下：

$$\Omega_{\mathrm{BE}} = \prod_{i=0}^{\infty}\frac{(g_i+N_i-1)!}{(g_i-1)!N_i!} \tag{2.35}$$

（3）费米-狄拉克（FD）统计：粒子无法区分并且能级是可简并的。同样假

设第 i 个能级有 g_i 个量子态，则其中的某个量子态就可能同时被不多于某个数量的粒子所占据。由此，就能够得出 FD 所计算的总热力学概率为

$$\Omega_{\mathrm{FD}} = \prod_{i=0}^{\infty} \frac{g_i!}{(g_i - N_i)!N_i!} \tag{2.36}$$

上述三种统计方式对于认识中、微尺度的热能传输过程中需要的理想物质气体、电子、晶体和射线的能量情况都是十分关键的。MB 统计也可以认为是 BE 或 FD 统计的极限状态。MB 统计有助于认识理想物质气体的热力学关系和能量情况。BE 统计学对于研究光子、固态中的声子和不同温度下的分子变化都特别有用。它也是研究绝对黑体中的普朗克理论、绝对固体热容量的德拜理论和玻色-爱因斯坦凝聚的重要依据，对超导、超流态、分子之间的激光冷却研究也都特别有用[6]。FD 统计学还可作为对电子气和声子的研究工具，对于超导、超流态、原子的激光冷却技术等非常重要。FD 统计可以用来模拟电子气和电子对固体比热容的贡献。它对理解金属和半导体的电学和热力学性质很重要。

2.3　热能传导的三种形式

目前，热能的传导被认为有三种基本方式，分别是热传导、热对流和热辐射。

2.3.1　热传导

物质的各组成部分间并不产生相对位移时，分子、原子及自由电子等微观粒子的热运动所引起的热能传递称为热传导（heat conduction），又称导热。因此，固体的热能由温度较高的部分传导给温度较低的局部，以及由温度较高的固体将热能传导给所接触的温度较低的某一固体，都是导热问题。人们通过观察大量的导热过程研究和提取它们的知识，导热过程的基本规律已经被总结成了傅里叶定律，如前文所述。

单位时间内通过某一给定面积的热量称为热流量（heat flow），记为 Φ，单位为 W。通过单位面积的热流量称为热流密度[或称面积热流量（heat flux）]，记为 q，单位为 $\frac{\mathrm{W}}{\mathrm{m}^2}$。当物体的温度仅在 x 方向发生变化时，按照傅里叶定律，热流密度的表达式为

$$q = \frac{\Phi}{A} = -\lambda \frac{\mathrm{d}t}{\mathrm{d}x} \tag{2.37}$$

该公式在三维情况下同样成立，此时其表达式可以写为

$$q = -\kappa \nabla T \tag{2.38}$$

这里κ称为热导率，即反应的传热速度，是对材料导热能力的最直观反映，因为金属的热导率通常很高，而在其参数随环境温度改变的情况中，热导率也会随之出现相应的改变，所以在对器件研究时，应针对具体现象适当取值。q是一个向量，其方向始终垂直于吸附等温线，而和温度梯度的方向完全相反。在各向异性材料上，如薄膜或者细丝，热导率取决于测量的方向。

在各向同性介质中，对某个控制流体利用能量平衡加以解析，即可得出一条有关瞬态温度分布为T（t，r）的微分方程式，这便是

$$\nabla \cdot \left(k \nabla T\right) + \dot{q} = \rho c_p \frac{\partial T}{\partial t} \tag{2.39}$$

其中，$\nabla \cdot$为散度算子；$\dot{q}$为体积热量产生率；ρc_p为体积热容。所以上式称为热扩散方程或者热方程。但必须注意的是，热量产生的概念与熵生成的概念有所不同。热量产生是指其他种类的能量（如电能、化学能或者原子能）向系统内能的转换，而总的能量是不变的，而熵无须保持不变，并且熵的产生指的是不可逆过程中熵的创造。如果假设没有热量产生并且热导率与温度无关，那么上式在稳定状态下可简化为$\nabla^2 T = 0$。联立给定的初始温度分布和边界条件，对简化算例能够解析计算这个热量方程式，对于更复杂的系统几何构造及其初始温度和界限状态也能够用数值求解该方程式。常见的边界条件包括恒温、恒定热通量、对流、辐射。

通常高电导率的金属和一些结晶固体的热导率很高[100～1000W/（m·K）]；合金和低电导率的金属材料的热导率稍低[10～100W/（m·K）]；水、土壤、玻璃和石头的热导率为 0.5～5W/（m·K）；隔热材料的热导率大约为 0.1W/（m·K）数量级；气体的热导率最小。例如，300K 的空气的热导率是 0.026W/（m·K）。但必须注意的是，热导率通常与温度相关。在室温条件下，金刚石在所有的天然材料中具有最高的热导率，κ=2300W/（m·K）。

2.3.2 热对流

热对流（heat convection）是指热流线的宏观流动所造成的热流线各组成部分的方向上产生相对位移，以及冷、热流线的物质互相掺混而引发的能量传导流程。虽然热对流现象通常仅会出现于流线中，但同样也因为热流线中的所有物质都产生了不规律的热力流动，所以热对流现象也必定伴随着热传导流程的产生。工程上特别

感兴趣的是流体流过一个物体表面时流体与物体表面间的热量传递过程，并称其为对流传热（convective heat transfer），以区别于一般意义上的热对流。

从形成热传递的因素上来说，对流传热可区分为自然对流与强制对流两大类。自然对流（natural convection）是由流体冷、热各组成部分的密度差别而形成的，暖气片表层周围空气受热向上流动便是一种例证。假如流体的流动是由水泵、风机或其他压差作用所形成的，称为强制对流（forced convection）。冷油器、冷凝器等管内冷却水的流动都由水泵驱动，而它们都属于强制对流。此外，工程上还常遇到液体在热表面上沸腾及蒸气在冷表面上凝结的对流传热，分别简称沸腾传热（boiling heat transfer）及凝结传热（condensation heat transfer），而且是伴随着相变的对流传热。

对流传热的最基本计算式是牛顿冷却定律（Newton's law of cooling）。

流体被加热时，

$$q = h\left(t_{\mathrm{w}} - t_{\mathrm{f}}\right) \tag{2.40}$$

流体被冷却时，

$$q = h\left(t_{\mathrm{f}} - t_{\mathrm{w}}\right) \tag{2.41}$$

其中，t_{w} 及 t_{f} 分别为壁面工作温度和流体工作温度。若将温差记为 Δt，且约定永远取正值，则牛顿冷却公式可表示为

$$q = h\Delta t \tag{2.42}$$

$$\Phi = hA\Delta t \tag{2.43}$$

其中，h 为对流传热系数，单位是 $\mathrm{W/(m^2 \cdot K)}$ [7]。

表面传热系数的多少与对流在传热过程中的诸多影响直接相关。它不仅取决于流体的物性（λ、ρ、η、c_p 等）及其对流换热表面的形式、尺寸和布置，同时还和流量大小有很大的关联。以上二式中并没有阐明产生直接影响表面传热系数的各种复杂原因的具体关系式，而只是提供了表面传热系数的概念。探究对流传热量的最主要工作就是用分析或试验方式具体分析得出在不同情况下 h 的计算关系式，本书碍于篇幅将不展开论述。

2.3.3　热辐射

物体利用电磁波来传递能量的方式称为辐射。物质由于不同情况产生辐射能，由于热的影响而产生辐射能的情况称为热辐射。本书以后所介绍的辐射均为

热辐射。热辐射一般指波长在 100nm～1000 μ m 波长范围内的电磁波辐射。它还包括了部分紫外区、全部的可见光区（400～760nm）和红外线区。单色辐射指在某一个波长下（或者一个很窄的光谱带）的辐射，如激光和一些原子发射谱线。辐射从热源发出，如太阳、烤箱，辐射覆盖了一个很宽的光谱范围，可以看作是对单色辐射的光谱积分。与热传导或者热对流相比，辐射能以电磁波的形式传递而不需要中间介质。因此不管波长范围，电磁波在真空条件中均以光速传递。辐射还可认为是物质的集合，这种物质称为光分，它的数量和辐射的数量成正比。自然界的所有物质都不停地向它产生电子辐射，同时也不断地接受其他物质产生的电子辐射。放射和吸收过程的综合结果就形成了以辐照方法完成的物质之间的热能传导即辐射传热（radiative heat transfer），故又常称其为辐射对流换热。当物质和环境都处在热平衡状态时，辐射传热量等于零，而这又是动态平衡，因此辐射和吸收的工作过程仍在不息地发生。导热、对流这两个热力传输方法都仅在有物质存在的条件下可以实现，但是电子辐照能够在真空中传播，并且实际以在真空中辐照能的传播最为高效。这是热射线区分于导热、对流与传热的基础特征。当两种物质相互之间被以最大真空度相隔时，如在大地和阳光中间，导热和对流都无法实现，而只有通过辐射传热。辐射热量转移区别于导热、对流与传热的另一特征在于，它不但引起了能量的转化，而且也伴随着能量类型的转化，如在辐射后由热量转化为辐射能，而在吸收后则由辐射能转化为热量。实验表明，物体的辐射能力与温度有关，同一温度下不同物体的辐射与吸收本领也大不一样[8]。

在探讨热辐射原理的过程中，一种被称为绝对黑体（简称黑体）的理想物体的概念具有重大意义。黑体就是一个可以接受所有入射辐射并放出巨大辐射力的理想物体。一个等温腔体内部的辐射类似于黑体辐射。现实中，在等温室上做一个小孔即可获得黑体腔。黑体的吸收本领和辐射本领在同温度的物体中是最大的。

绝对黑体在单位时间内发出的热辐射热量由斯特藩-玻尔兹曼（Stefan-Bolzmann）定律揭示：

$$\Phi = A\sigma T^4 \tag{2.44}$$

其中，T 为黑体的热力学温度，单位为 K；σ 为斯特藩-玻尔兹曼常量，即通常所说的黑体辐射常数，它是个自然常数，其值为 $5.67\times10^{-8}\,\mathrm{W/\left(m^2\cdot K^4\right)}$；$A$ 为辐射表面积。一个黑体也是一个漫射体，其辐射强度与方向无关。

任何具体物质的辐射强度均低于同高温下的黑体。真实的太阳辐射热流量的数值可通过斯特藩-玻尔兹曼定理的经验修正：

$$\Phi = \varepsilon\sigma T^4 \tag{2.45}$$

其中，ε 为物体的发射率[习惯上又称黑度（blackness）]，其值总小于 1，它与物体的种类及表面状态有关，将在下文进一步讨论。

斯特藩-玻尔兹曼定律又称四次方定律，是辐射传热计算的基础。

应当说明，上述二式中的 Φ 中是指物质本身所向外放射的热流量，并非指辐射传热量。因此要计算辐射传热量还应当考察投射在物质上的放射热能的作用，也要计算发射、吸收的总量。这种最单纯的放射传热系统，也就是在两个极为靠近的互相平行黑体壁面之间的放射传热系统，可以使用前面已讲过的理论知识来解决。另外一种简单的辐射传热情形是，一个表面积为 A_1、表面温度为 T_1、发射率为 ε_1 的物体被包容在一个很大的表面温度为 T_2 的空腔内，此时该物体与空腔表面间的辐射换热量按下式计算：

$$\Phi = \varepsilon_1 A_1 \sigma \left(T_1^4 - T_2^4\right) \tag{2.46}$$

绝对黑体发射的光谱分布由普朗克定律描述，它给出光谱辐射强度与温度和波长的关系为

$$I_{b,\lambda}\left(\lambda,T\right) = \frac{e_{b,\lambda}\left(\lambda,T\right)}{\pi} = \frac{2hc^2}{\lambda^5\left(e^{hC/k_B\lambda T}-1\right)} \tag{2.47}$$

其中，h=$6.626\times10^{-34}\,\mathrm{J\cdot s}$，为普朗克常数；$c$ 为光速；k_B 为玻尔兹曼常数。

针对灰体表层，光谱的比与波段没关系。而针对会发生漫射的表层，表层发出的辐照强烈程度则与方位没关系。和绝对黑体表层一样，实际物质也可以反映辐照。对像透镜的表层来说，反光也可以是镜反光，但相对于粗糙表层更多的可以是漫反光。一些窗户的涂层也是半透明的。但一般来说，反光和透过性能主要取决于波段、入射角以及入射电磁波的偏振程度。材料的吸收率、反射率和透射率可以被描述为被吸收、被反射和被透过照射的总概率。光谱方向吸收率、光谱方向半球反射率和光谱方向半球透射率之间的关系是

$$\alpha'_\lambda + \rho'_\lambda + T'_\lambda = 1 \tag{2.48}$$

对于不透明的材料，透射率 T'_λ =0。通常，对于不透明的材料只使用吸收率 α'_λ 和反射率 ρ'_λ；因此有 $\alpha'_\lambda + \rho'_\lambda$ =1。

另外，基尔霍夫定律表明光谱方向发射率通常等于光谱方向吸收率，即 $\varepsilon'_\lambda = \alpha'_\lambda$。针对漫射式灰体表面，也可以得出 $\varepsilon = \alpha$，但这对于非漫射灰体表面一般不成立，除非它们和环境处于热平衡状态。

此外，大气辐射产生、吸收和传播对于大气辐射的传输过程来说也十分关

键。当射线通过整个大气云团时，部分热量就会被带走。吸收光子也会增加单个物质的能级。当温度足够高时，气态物质在自动地减少其能级的同时放出光子。这些能级的变化称为辐射跃迁，主要包括了约束-约束跃迁（未电离的分子状态中间）、约束-自由跃迁（未电离和电离的阶段中间）和自我-自我跃迁（电离的阶段中间）。约束-自由和自由-自由跃迁一般发生在较高的工作温度下（高于5000K），并主要在紫外光区和可见光区域中间发生。在辐射传热中最主要的跃迁形式是约束-约束跃迁，这个跃迁通常在振动能级间进行，其间耦合着转动跃迁。光子能（或者频谱）需要与两个波长相互之间的能量差保持一致，才能吸收和放出光子，这样波长的量子化就形成了吸收和放出电子的离散光谱线。很多转动线叠加到一根振动线给出了一个密集排列的光谱线带，这就称为振动-转动光谱。

粒子还能够辐射电磁波和光子，从而引起其传播方式发生变化。20 世纪早期，Gustav Mie 首先证明了关于球状物质所辐射电磁波的麦克斯韦方程，即现在大家所熟悉的可以预言散射相函数的 Mie 散射原理。当微粒的直径远小于波长时，方程式即可简化为最早期的 Lord Rayleigh 得到的简单表达式，并且这种现象也被称为瑞利散射，其散射效率和光波长的四次方成反比。小颗粒散射光的波长依赖特征能够帮助人们理解为何天空是蔚蓝的，以及日落时阳光是鲜红的。对于直径远大于波长的球体，则能够利用几何光学原理把表面做镜反光和漫反射的处理。

在参与性介质中的光谱辐射强度 $I_\lambda = I_\lambda(\xi, \Omega', t)$ 取决于距离（坐标 ξ ）、方向（立体角 Ω ）以及时间 t。在一个时间间隔 $\mathrm{d}t$ 内，光束从 ξ 传播到 $\xi + \mathrm{d}\xi$ ，辐射强度由于吸收和向外散射而衰减，但由于发射和内散射而增强。辐射强度的宏观描述称为辐射传递方程（RTE）。

$$\frac{1}{c}\frac{\partial I_\lambda}{\partial t} + \frac{\partial \bar{l}\lambda}{\partial \xi} = a_x I_{b,\lambda}(T) - (a_\lambda + E_\lambda) I_\lambda + \frac{\sigma_\lambda}{4\pi}\int_{4\pi} I_\lambda(\xi, \Omega', t)\Phi_\lambda(\Omega', \Omega)\mathrm{d}\Omega' \tag{2.49}$$

其中，α_λ 和 σ_λ 分别为吸收系数和散射系数；Ω 为立体角和 I_λ 的方向；Ω' 为内散射立体角和 $I_\lambda(\xi, \Omega', t)$ 的方向。因此，$\Phi_\lambda(\Omega', \Omega)$ 为散射相函数（各向同性散射时 Φ_λ=1），它满足方程 $\int_{4\pi}\Phi_\lambda(\Omega', \Omega)\mathrm{d}\Omega' = 4\pi$ 。该方程的右边由三项组成：第一项指发射的贡献（它取决于局部介质温度 T）；第二项指由吸收和外散射引起的衰减；第三项指所有方向（ 4π 立体角）内散射到 Ω 方向的贡献。

除非是超快激光脉冲，否则瞬态项是可忽略的。稳态的 RTE 可简化为

$$\frac{\partial I_{\lambda}(\zeta_{\lambda},\Omega)}{\partial\zeta_{\lambda}}+I_{\lambda}(\zeta_{\lambda},n)=(1-\eta_{\lambda})I_{b,\lambda}+\frac{\eta_{\lambda}}{4\pi}I_{\lambda}(\zeta_{\lambda},\Omega')\Phi_{\lambda}(\Omega',\Omega)\mathrm{d}\Omega' \quad (2.50)$$

这里$\zeta_{\lambda}=\int_{0}^{\xi}(\alpha_{\lambda}+\sigma_{\lambda})\mathrm{d}\xi$，是光学厚度，而$\eta_{\lambda}=\sigma_{\lambda}/(\alpha_{\lambda}+\sigma_{\lambda})$被称为散射反照率。这是一个积分-微分方程，方程的右侧项称为源函数。在所有波长和所有方向上对光谱辐射强度积分就可以得到辐射热通量。除非温度场已知，否则方程在宏观静止介质中要与热传导方程耦合，在对流流体中则需将其与能量守恒方程耦合[9]。

多维和非均匀的介质中，极少人能获得 RTE 的解析值。但目前人们已经开发了几种近似模型以解决某些特定性质的问题，如 Hottel 的区域分析法、导数和矩量法（通常使用球谐函数近似）和离散坐标分析法。关于复杂几何构造中的辐射特性，通常采用蒙特卡罗法的统计模型模拟和分析。但有极少的简化特例可以得到解析解[10]。

解析一个复杂的实际热能传输流程，需分析清其各个环节构成，以及各环节中的主要热能传输方式，这是解决实际热能传输问题的基本功。因此，在锅炉或省煤器中，为什么从烟气到管道外壁的热能传输要同时考虑对流传热和辐射传热，而从蒸气或热水到内壁的热能传输只是对流传热。

最后还必须说明，傅里叶定理、牛顿冷却方程和斯特藩-玻尔兹曼定理关于稳态问题都是有效的。关于非稳态过程，上面三个定理的表达式中的环境温度当然是瞬时值，而且由于环境温度并不仅仅是x的函数，$\mathrm{d}t/\mathrm{d}x$应改为$\partial t/\partial x$。

2.4　传热界面与材料

2.4.1　导热系数

导热系数的定义式由傅里叶定律的数学表达式给出。其定义为

$$\lambda=\frac{|q|}{\left|\frac{\partial t}{\partial x}n\right|} \quad (2.51)$$

数值上，它等于在单位温度梯度作用下物体内热流密度矢量的模。

工程计算中使用的所有材料的导热关系的值都是用专业实验计算得出的。计

算导热系数的方式可分为稳态法与非稳态法两大类，傅里叶导热法为以稳态法计算的主要方式。

导热系数的具体参数取决于材质的类型和操作环境温度等条件。通常金属材料的导热系数都较大。常温 20℃环境下，金属材料导热系数的典型值为：纯铜为 399W/（m·K），碳钢（含碳量 $w_C \approx 1.5\%$）为 36.7W/（m·K）。气体的导热系数极其小，如 20℃时干空气的导热系数为 0.0259W/（m·K）。液体的数值介于金属和气体之间，如 20℃时水的导热系数为 0.599W/（m·K）。非金属固态的导热系数在较大范围内发生了改变，数值高的同液态很相似，如耐火黏土砖 20℃时的导热系数值为 0.71～0.85W/（m·K），数值低的则接近甚至低于空气导热系数的数量级。

习惯上把导热系数小的材料称为保温材料，又称隔热材料或绝热材料（thermal insulation material or thermal insulating material）。至于小到多少才算是保温材料，则与各国保温材料生产和节能技术水平有关。近年来，我国发展生产了岩棉板、岩棉玻璃布缝毡、膨胀珍珠岩、膨胀塑料及中孔微珠等许多新型隔热材料，它们都有质量轻、隔热性能好、价格便宜、施工方便等优点。这些效能高的保温材料多呈蜂窝状多孔性结构。严格地说，多孔性结构的材料不再是均匀的连续介质，导热系数是一种折算导热系数，或称表观导热系数（apparent thermal conductivity）。高温时，这些保温材料中热量转移的机理包括蜂窝体结构的导热及穿过微小气孔的导热几种方式；在更高温度时，穿过微小气孔不仅有导热，同时还有辐射方式。

2.4.2 导热材料的一般分类

随着各种复杂场合的需求，实际工程中往往采用导热性能复杂的材质与构造。工程上使用的导热材料和构件一般分成四类。

最广泛采用的是均匀各向同性的导热材料，见图 2.3（a）。

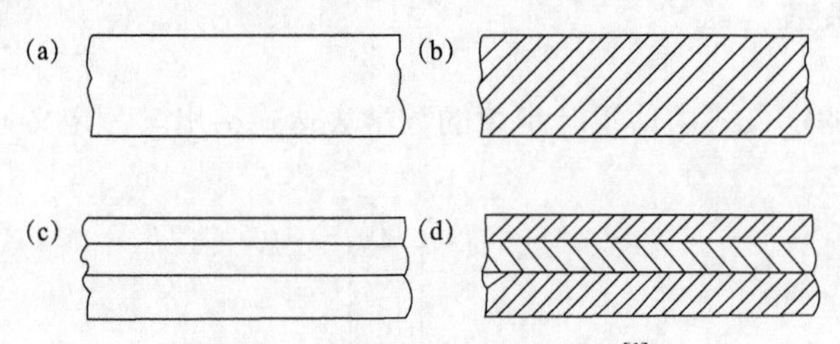

图 2.3　四类导热材料与结构[1]

（a）均匀各向同性材料；（b）均匀各向异性材料；（c）不均匀区域各向同性材料；（d）不均匀各向异性材料

图 2.3（b）表示了均匀但各向异性的材料，木材、石墨、变压器的铁芯均属

于此类。例如，木材顺木纹方向的导热系数是垂直于木纹方向的数倍。为了存储液氢、液氦等超低温流体以及航天事业的需要，发展了具有极好隔热效果的超级保温材料。一种有效的方法是采用具有多层间隔的结构（每厘米厚度多达十余层）。间隔材料的反射率很高，可减少辐射传热；夹层中抽真空可削弱通过导热而造成的热损失。

图 2.3（c）表示了不均匀但每个区域中都各向同性的导热结构。为了提高建筑节能的效果，必须尽量减少砖墙等围护结构的散热损失，将黏土砖从实心变为空心，即采用空心砖，是提高砖墙导热阻力的有效方法。空心砖中的热量传递由砖的导热及空心部分空气的导热或自然对流组成。一块标准黏土砖从实心改为空心率为 40%的空心砖，其当量导热系数可以减少大约 50%。

采用不同的木材压制成的多层板属于不均匀而且各向异性的情形[图 2.3（d）]，在航天飞行器燃烧室中采用的层板结构也属于这一类型。一般情况下，航天飞行器燃烧室中高温燃气温度高达数千摄氏度，而金属壁面最高耐温只有千余摄氏度。为制冷燃烧室壁面并使之保持在规定的工作温度，壁面往往采用层板结构，其内流过冷却介质。为了强化冷却介质与壁面间的传热，冷却介质流经的通道做成复杂的总体上看来是各向异性的结构，这就形成了图 2.3（d）所示的一类导热材料。

2.4.3　定解条件

导热微分方程式是导热过程中共性的几何表示。如果想要解决导热难题，可以将其归结为解决导热微分方程式。要达到符合某一具体导热现象的温度分布，还需要提供可以用于表征某特殊问题的某些附加条件。而这些可以使微分方程得出符合某一特殊问题的解的附加条件就称作定解条件。而对于非稳态导热现象，定解条件主要有两个方面，既提供现象开始时温度分布的初始状态（initial condition），又提供在导热物体边界上环境温度及换热状况的边界状态（boundary condition）。导热微分方程式及定值条件可以构成对一个具体导热现象的整体的数理描述。关于稳态传导式传热过程，定解条件中并没有初始状态，仅存在边界条件。

导热问题的常见边界条件可归纳为以下三类。

（1）规定了边界上的温度值，称为第一类边界条件。此类边界条件最经典的例子就是规定边界温度保持常数，即 t_w =常量。对于非稳态导热，这类边界条件要求给出以下关系式。

$\tau>0$ 时，

$$t_w = f_1(\tau) \tag{2.52}$$

（2）确定了界限上的热流密度，一般称其为第二类边界条件。该类界限状态最简洁的经典实例便是要求在边界上的热流密度维持一定值，即 q_w =常数。而针对非稳态的传导性传热系统，这一类界限状态则需要得出如下关系式。

τ >0 时，

$$-\lambda\left(\frac{\partial t}{\partial n}\right)_w = f_2(\tau) \tag{2.53}$$

其中，n 为表面 A 的法线方向。

（3）规定了边界上物体与周围流体间的表面传热系数 h 及周围流体的温度 t_f，称为第三类边界条件。以物体被冷却的场合为例，第三类边界条件可表示为

$$-\lambda\left(\frac{\partial t}{\partial n}\right)_w = h\left(t_w - t_f\right) \tag{2.54}$$

对于非稳态导热，式中 h 及 t_f 均可为时间的已知函数。上式中 n 为换热表面的外法线，t_f 及 $\left(\frac{\partial t}{\partial n}\right)_w$ 都是未知的，但是它们之间的联系由上式所规定。该式对固体无论是加热还是冷却都适用。

以上三种边界条件与数学物理方程理论中的三类边界条件相对应，又分别称为 Dirichlet 条件、Neumann 条件与 Robin 条件。在处理复杂的实际工程问题时，还会遇到下列两种情形。

（1）辐射边界条件。如果导热物体表面与温度为 T 的外界环境只发生辐射换热，则有

$$-\lambda\frac{\partial T}{\partial n} = \varepsilon\sigma\left(T_w^4 - T_e^4\right) \tag{2.55}$$

其中，n 为物体壁面的向外法线角度，即为导热物质表面的辐射率。当飞船在宇宙中航行时，这类边界条件是符合飞船上的加热部件在宇宙中散热的。

（2）界面的连续条件。针对出现于不平衡物质上的导热现象，在各种物质的领域必须各自遵循导热微分方程。而随着导热系数阶跃改变，无论是分析计算还是数值运算都通常采用面积计算的方法，假设界面两边的物质依次是材料一与材料二，则边界面上必须满足以下温度和热流密度连续性要求：

$$t_1 = t_2, \left(\lambda\frac{\partial t}{\partial n}\right)_1 = \left(\lambda\frac{\partial t}{\partial n}\right)_2 \tag{2.56}$$

参 考 文 献

[1] 汪志诚. 热力学 · 统计物理[M]. 5 版. 北京: 高等教育出版社, 2013.
[2] Lee J H, Ramamurthi K. Fundamentals of Thermodynamics [M]. Boca Raton: CRC Press, 1998.
[3] 张卓敏. 微纳尺度传热 [M]. 北京: 清华大学出版社, 2016.
[4] 王栋良. 基于热平衡模型的汽车乘员舱内温度场分析 [D]. 长沙: 湖南大学, 2011.
[5] 党帅. 微波无源器件的热分析 [D]. 西安: 西安电子科技大学, 2014.
[6] Metcalf H, der Straten P V. Laser Cooling and Trapping [M]. New York: Springer-Verlag , 1999.
[7] Hahn D W, Özışık M N. Heat Conduction [M]. New York: John Wiley & Sons, 1993.
[8] Kaviany M, Kanury A. Principles of heat transfer [J]. Applied Mechanics Reviews, 2002, 55(5): 100-106.
[9] Incropera F P, DeWitt D P, Bergman T L, et al. Fundamentals of Heat and Mass Transfer [M]. New York: Wiley, 1996.
[10] Mahan J R. Radiation Heat Transfer: A Statistical Approach [M]. New York: John Wiley & Sons, 2002.

第3章 固体导热

固体导热的机制包括晶格导热、电子导热和界面导热，它们的贡献程度会受到材料的性质和条件的影响。晶格导热是固体中最主要的导热机制，通过固体晶体结构中原子或离子的振动传播热量。电子导热则发生在具有导电性的固体中，自由电子在固体中的移动导致热量的传递。而界面导热则发生在相邻固体表面接触区域，通过分子间的相互作用和振动来传递热量。

从晶格理论进行分析，可以得知晶体的规则形状来源于晶体内部的规则排布。而伴随着 X 射线衍射的发展，人们对于晶体内部的结构有了更多认识，上面的观点也得到了更好的验证。对于晶体而言，围绕着格点周围的内部原子的热振动引发了晶格振动，且这种振动可以由两种形式来描述，分别是简正振动和振动模。使用 X 射线衍射等手段对晶格内部进行观测，可以看到其内部明显的周期性，这种周期性给晶格的振动带来了波的形式，这种波被定义为格波。对于晶体内部的所有原子而言，都参与了格波振动。此外，格波本身又具有不同的形式，分别是声学波和光学波。从微观角度对格波进行分析，格波的能量子又被称作声子，由于格波的不同形式，其能量子也被分为光学波声子和声学波声子。从宏观角度来看，晶体内部的热运动表现出来的就是热容。著名的杜隆-珀蒂定律，依据大量实验数据统计得来，成为联系原子振动和热容量的重要规律。

为了研究固体中的热传导过程，可以使用数学建模方法来模拟和分析，其中常用的方法包括有限差分法、有限元法和边界元法。这些数值方法可以帮助我们理解固体中的热传导行为，并在热管理、材料设计和工程优化等领域发挥重要作用。通过对导热机制和数值方法的研究，可以更好地控制和利用热传导过程，为实际应用提供指导和优化方案。

3.1 固体热容

热容是指物体在温度升高过程中所需要的热量。它反映了物体对温度变化的敏感程度，是研究固体导热性质的重要指标。固体热容的大小与物体的性质和传递热量的方式有关，可以反映出物体的固有特性。固体的比热容一般指定容热容 C_V，定义为温度每升高 1℃，固体的平均内能 $\overline{E}$ 增加：

$$C_V = \left(\frac{\partial \overline{E}}{\partial T}\right)V \tag{3.1}$$

它有两个来源：一是晶格振动，称为晶格比热容，二是电子的热运动，称为电子比热容[1]。当温度并非极低时，电子比热容比晶格比热容小得多，一般可以忽略。固体热容是指单位质量或单位摩尔物质在温度变化下吸收或释放的热量。它是固体材料对热量变化的响应能力的度量。固体的热容可以分为质量热容和摩尔热容两种形式[2]。质量热容是指单位质量物质在温度变化下吸收或释放的热量，通常用符号 C 来表示，单位是 J/（kg·K）或 J/（g·K）。质量热容可以表示为

$$C = \frac{\Delta Q}{m\,\Delta T} \tag{3.2}$$

其中，ΔQ 为吸收或释放的热量；m 为物质的质量；ΔT 为温度变化。

摩尔热容（molar heat capacity）：摩尔热容是指单位摩尔物质在温度变化下吸收或释放的热量，通常用符号 C_{m} 来表示，单位是 J/（mol·K）。摩尔热容可以表示为

$$C_{\mathrm{m}} = \frac{\Delta Q}{n\Delta T} \tag{3.3}$$

其中，ΔQ 为吸收或释放的热量；n 为物质的量；ΔT 为温度变化。

固体的热容与其物质的性质、结构以及温度有关。一般来说，普通固体的热容随着温度的升高而增加。这是因为温度升高会导致固体的振动增加，从而吸收更多的热量。固体的热容也可以在不同温度范围内显示出不同的行为。例如，低温下的固体可能表现出德拜模型行为，其中热容与温度的立方成正比。高温下的固体则可能显示出与温度相关的更复杂的行为。

3.1.1 固体热容的经典理论

能量均分定理是统计力学中的基本原理之一，描述了分子或原子系统中能量在不同自由度上的分配情况。根据能量均分定理，在平衡态下，每个自由度上的平均能量与系统的温度成正比。这个定理是基于经典统计物理的假设，适用于高温和经典力学系统。

能量均分定理的数学表达为

$$\overline{E}=\frac{kT}{2} \tag{3.4}$$

其中，$\overline{E}$为每个自由度上的平均能量；k 为玻尔兹曼常数（约为 $1.38\times10^{-23}\mathrm{J/K}$）；$T$为系统的热力学温度（K）。

此公式表明，每个自由度平均具有$\frac{kT}{2}$的能量。对于具有多个自由度的系统，可以将每个自由度的平均能量相加，得到总能量。例如，在一个分子系统中，考虑平动、转动和振动自由度，能量均分定理可应用于每个自由度，从而得到系统的总能量。

杜隆-珀蒂于 1819 年发现大多数固体常温下的摩尔热容量差不多都等于一个与材料和温度无关的常数值[25 J/（mol·K）]，这个结果就称为杜隆-珀蒂定律。根据经典统计中的能量均分定理，原子在简谐力作用下可被视为谐振子。在一摩尔固体中，有 N_A 个原子，因此每摩尔晶体可以看作 N_A 组谐振子，所以每摩尔晶体晶格的振动能为

$$\overline{E}=3N_\mathrm{A}k_\mathrm{B}T \tag{3.5}$$

进而可得到

$$C_V=\left(\frac{\partial\overline{E}}{\partial T}\right)_V=3N_\mathrm{A}k_\mathrm{B}=\mathrm{const} \tag{3.6}$$

根据这个定律，固体的热容量为 $3Nk$，其中 N 为振动自由度；k 为玻尔兹曼常量。这个定律告诉我们，固体的热容量是一个与温度无关的常数。然而，这个定律与实验结果相比，在低温时存在偏差。当温度趋于零时，热容也趋于零，这与经典统计理论不符。此外，根据能量均分定理，简单单原子气体的摩尔热容应该约为 12.6 J/（mol·K），而双原子气体应该约为 29.4 J/（mol·K）。然而，实验观测发现双原子气体的摩尔热容约为 21.0 J/（mol·K），在低温下下降至约 12.6 J/（mol·K）。这引发了对能量均分定理有效性的质疑。

这些失败表明了经典理论在一些情况下无法很好地描述物理现象，特别是在低温、微观领域或高能量范围内。为了更准确地描述这些现象，需要使用量子力学或其他更先进的理论和模型[3]。

3.1.2 爱因斯坦和德拜理论

在低温、微观领域或高能量范围内，经典理论无法很好地描述固体的热容和其他性质。这是因为经典理论基于经典力学和统计力学的假设，而这些假设在这些极端条件下不再适用。在这些情况下，量子力学是更准确描述固体性质的理论框架，为了更准确地描述固体的热容和其他性质，需要借助量子力学和其他更先进的理论和模型。这些理论提供了更深入的理解，使我们能够解释实验观测并推导出更准确的结果。

从量子角度考虑，每一个简谐振动的能量都是量子化的，其能量为

$$\varepsilon = h\omega\left(n+\frac{1}{2}\right) \tag{3.7}$$

根据玻尔兹曼统计学，在温度为 T 的情况下，系统的平均能量将会有所变化：

$$\overline{E} = \frac{h\omega}{e^{\frac{h\omega}{kT}}} \tag{3.8}$$

而对于晶体而言，假设内部有 N 个原子，则晶格振动可以看作 $3N$ 个谐振子的振动，总动能为

$$\overline{E} = \sum_{i=1}^{3N}\frac{h\omega}{e^{\frac{h\omega}{kT}}-1} \tag{3.9}$$

这时需要知道在单位频率区间内格波振动的模式数，在宏观范围内，可以将其看作准连续，使用模式密度 $D(\omega)$ 代表这一模式数，并用积分加以描述：

$$E = \int_0^{\omega_m}\frac{h\omega D(\omega)\mathrm{d}\omega}{e^{\frac{h\omega}{kT}}-1} \tag{3.10}$$

则可得到

$$E = \int_0^{\omega_m} k\left(\frac{h\omega}{kT}\right)^2\frac{e^{\frac{h\omega}{kT}}D(\omega)}{\left(e^{\frac{h\omega}{kT}}-1\right)^2} \tag{3.11}$$

经过以上推导可以看出，解决这一理论问题关键在于 $D(\omega)$ 的获取，这一步

骤显然过于复杂，因此需要引入更简单的方法，实际上，可以使用近似的手段解决问题[3]。

在爱因斯坦对固体热容进行研究时，进行了简单假设，在爱因斯坦的假设中，晶格内各原子的振动相互独立，且具有相同的频率 ω_0 。在这种假设下，晶格内每个原子都可以沿着三个方向振动，且频率为 ω_0 ，共计 $3N$ 个，进而可以得到

$$C_V = 3N\frac{k\left(\frac{\hbar\omega_0}{kT}\right)^2 \mathrm{e}^{\frac{\hbar\omega_0}{kT}}}{\left(\mathrm{e}^{\frac{\hbar\omega_0}{kT}}-1\right)^2} \tag{3.12}$$

对式（3.12）得到的结果进行验证时，需要将其和实验测得的晶体的热容值进行比较，因此可以选择合适的 ω_0 ，使得实验数据与理论值尽可能符合。就金刚石这种晶体而言，可以在图 3.1 中看到其理论值与实验值之间的差异，可以看到二者具有较高吻合度。为此，爱因斯坦量子理论对于经典理论的改进十分显著，可以看到在温度较低时热容下降的基本趋势，然而当温度非常低时，爱因斯坦理论下降趋势过于陡峭，与实验观测值偏离较多。为此需要对爱因斯坦的理论进行修正，德拜理论正是对其理论的进一步补充与修正。

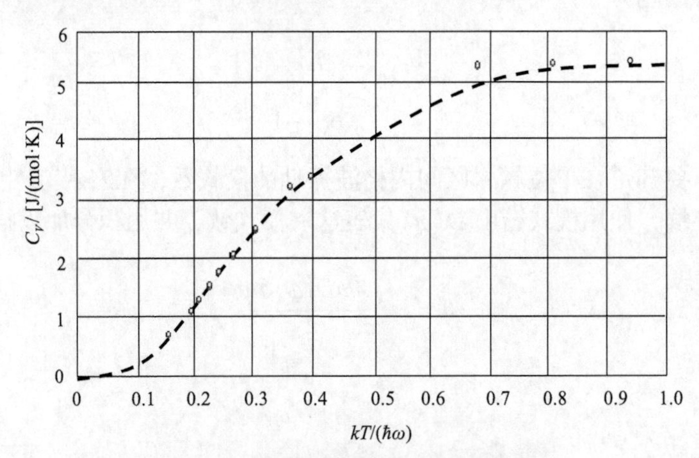

图 3.1　爱因斯坦理论值和实验值比较

圆点为金刚石实验值，虚线为理论值，温度取值为 $\omega_0/\hbar = 1320\mathrm{K}$

爱因斯坦在考虑晶体内部原子振动时，认为其振动相互独立，且具有相同的频率，显然有些过于简化，晶体内部各原子间存在着相互作用，因此原子在振动时会带动周围原子的振动。在对晶格振动进行处理时，不能简单将其独立

开来，而应当将其看作一个整体，每个原子的振动并非仅仅涉及它自身的振动，而是会影响晶体内部所有原子，其他原子也会受到影响并参与此进程。同时，这些原子还具有相同的振动频率，这种所有原子参与其中的共振被称作振动模。

在德拜的理论中，正是从振动模的角度来考虑热容量的计算的，但为了进行简化处理，德拜将晶格构建为近似模型，将其看作弹性介质。实际上从宏观角度来考虑，晶体正是一个弹性介质，为此德拜的近似存在其合理性。但是这种近似实际上也存在着一定的局限性。德拜的理论认为，当进行晶体分析时，它被视为一个均匀的、均方根的弹性介质，其内部的振动模也被视为一个弹性波。

对于波数矢量 $\boldsymbol{k}$ ，存在一个纵波：

$$\omega = 2\pi\nu = \frac{2\pi_{//}}{\lambda} = 2\pi c_{//} k \tag{3.13}$$

和两个独立的横波：

$$\omega = 2\pi\nu = \frac{2\pi_{\perp}}{\lambda} = 2\pi c_{\perp} k \tag{3.14}$$

从纵波和横波的公式可以看出，纵波和横波具有不同的波速 $c_{//}$ 和 $c_{\perp}$ 。在德拜的理论模型中，各种不同波矢 $\boldsymbol{k}$ 的纵波和横波构成了晶格的全部振动模。

由于存在边界条件的限制，波矢 $\boldsymbol{k}$ 并不能任意变化。可以考虑一维振动模型中两端固定的弹性弦的情况，弦长 L 必须是半波长 $\frac{\lambda}{2}$ 的整数倍，或者说 $k=\frac{1}{\lambda}$ 只能取 $\frac{1}{2L}$ 的倍数。

因此 $\boldsymbol{k}$ 值并不是连续存在的，从量子理论的角度可以得知其分布存在离散度，但是从宏观的角度来看，V 空间范围内的 $\boldsymbol{k}$ 值是准连续的，因为 $\boldsymbol{k}$ 的分布十分密集。同时，依据上述横波和纵波的性质，得知其取值也可以看作是准连续的。当将其看作是准连续时，就可以写出 ω 和 $\omega+\mathrm{d}\omega$ 内的振动模的数目：

$$\Delta n = f(\omega)\Delta\omega \tag{3.15}$$

$f(\omega)$ 是 ω 的函数，对 ω 和 $\omega+\mathrm{d}\omega$ 内的振动模进行了描述，将其称为振动的频谱。此外，振动模热容量是由频率决定的，那么可以确定频率为

$$k\frac{\left(\frac{\hbar\omega}{kT}\right)^2 \mathrm{e}^{\frac{\hbar\omega}{kT}}}{\left(\mathrm{e}^{\frac{\hbar\omega}{kT}}-1\right)^2} \tag{3.16}$$

就可以依据晶体的频谱得到晶体的热容：

$$C_V(T)=k\frac{\left(\frac{\hbar\omega}{kT}\right)^2 \mathrm{e}^{\frac{\hbar\omega}{kT}}}{\left(\mathrm{e}^{\frac{\hbar\omega}{kT}}-1\right)^2}f(\omega)\mathrm{d}\omega \tag{3.17}$$

再依据之前推导得到的公式，得知纵波和横波的公式后，就可以得知德拜模型的频谱，首先是在 ω 到 $\omega+\mathrm{d}\omega$ 内的纵波，波数为

$$k=\frac{\omega}{2\pi c_{//}}\longrightarrow k+\mathrm{d}k=\frac{\omega+\mathrm{d}\omega}{2\pi c_{//}} \tag{3.18}$$

在 $\boldsymbol{k}$ 空间中占据着半径为 r，厚度为 $\mathrm{d}r$ 的球壳，球壳体积 $4\pi Vr^2\mathrm{d}r$，$\boldsymbol{k}$ 的分布密度为 V，得到纵波的数目为

$$4\pi Vr^2\mathrm{d}r=\frac{V}{2\pi^2 c_{//}^3}\omega^2\mathrm{d}\omega \tag{3.19}$$

类似地，可写出横波的数目为

$$2\cdot\frac{V}{2\pi^2 c_{\perp}^3}\omega^2\mathrm{d}\omega \tag{3.20}$$

其中，考虑了同一个 $\boldsymbol{k}$ 有两个独立的横波。加起来就得到总的频谱分布：

$$f(\omega)=\frac{3V}{2\pi^2 c^{-3}}\omega^2 \tag{3.21}$$

其中，

$$\frac{1}{c^{-3}}=\frac{1}{3}\left(\frac{1}{c_{//}^3}+\frac{1}{c_{\perp}^3}\right) \tag{3.22}$$

使用上式进行热容量的计算时，仍有一个待解决的问题。在弹性条件下，ω 可以赋值为 0～∞之间的任意值，也将会使得从无限长的波到任意短的波能够与

之对应，也就是说这种计算所得的振动模的数目是无穷无尽的。这也就带来了德拜理论模型的局限性。若将晶体从宏观角度来考量，可以将其看作是连续介质模型，可以认为振动模的数目是无限的，因为理想情况下，连续介质包含无限的自由度。然而当考虑的尺度缩小时，并不能够将晶体看作连续介质，因为晶体内部实际上是原子，并不能够进行无限划分。假设晶体内部存在 N 个原子，实际上最多的自由度只有 $3N$，德拜宏观处理方法的局限性也就因此而体现。进一步分析可以看出，当波长远大于原子尺度时，可以近似将晶体看作连续介质，这种情况下德拜模型可以很好地适用。然而当波长缩短时，短至原子尺度时，再使用宏观模型的处理方法就会不可避免地出现偏差，以致带来错误的结果。因此，德拜的处理方法是：假设 ω 大于某一 ω_m 的短波实际上是不存在的，而对 ω_m 以下的振动都可以应用弹性波的近似，ω_m 则根据自由度确定为

$$\int_0^{\omega_m} f(\omega)\mathrm{d}\omega = \frac{3V}{2\pi^2 c^{-3}}\int_0^{\omega_m} \omega^2 \mathrm{d}\omega = 3N \tag{3.23}$$

这样把式（3.21）代入式（3.17），得到

$$C_V(T) = \frac{3V}{2\pi^2 c^{-3}}\int_0^{\omega_m} \frac{\left(\frac{\hbar\omega}{kT}\right)^2 \mathrm{e}^{\frac{\hbar\omega}{kT}}}{\left(\mathrm{e}^{\frac{\hbar\omega}{kT}}-1\right)^2}\omega^2 \mathrm{d}\omega \tag{3.24}$$

进一步得到：

$$C_V(T) = 9R\left(\frac{kT}{h\omega_m}\right)^3 \int_0^{\xi} \frac{\xi^4 \mathrm{e}^{\xi}}{\left(\mathrm{e}^{\xi}-1\right)^2}\mathrm{d}\xi \tag{3.25}$$

其中摩尔气体常量 $R = Nk$，$\xi = \dfrac{\hbar\omega}{kT}$。

令 $\Theta_{\mathrm{D}} = \dfrac{\hbar\omega_m}{k}$，代入式（3.25）可得到：

$$C_V\left(\frac{T}{\Theta_{\mathrm{D}}}\right) = 9R\left(\frac{T}{\Theta_{\mathrm{D}}}\right)^3 \int_0^{\frac{\Theta_{\mathrm{D}}}{T}} \frac{\xi^4 \mathrm{e}^{\xi}}{\left(\mathrm{e}^{\xi}-1\right)^2}\mathrm{d}\xi \tag{3.26}$$

其中，Θ_{D} 为德拜温度。根据德拜的理论，德拜温度是影响晶体热容的唯一因素，因此可以通过实验测量来精确地确定德拜温度，从而使得理论 C_V 与实际测量结果尽可能接近。图 3.2 中展示了某些晶体依据德拜理论得到的理论值和实验

值之间的对比。

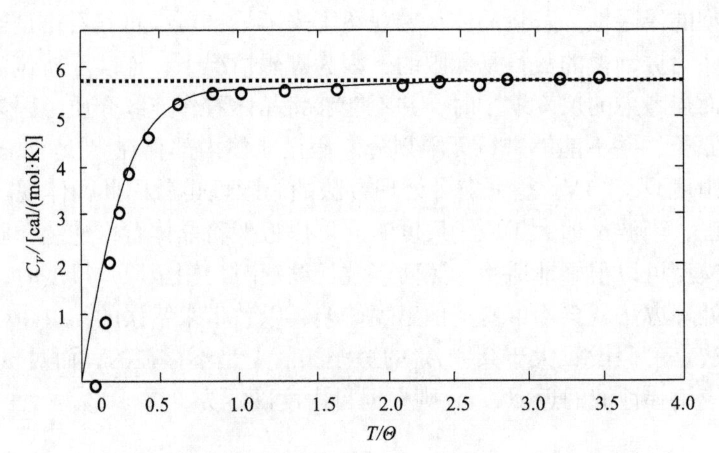

图 3.2　德拜理论值和实验值比较，水平线代表杜隆-珀蒂定律

曲线代表德拜理论计算结果，圆圈代表 Pb 元素的实验值

根据图 3.2，可以发现德拜理论在较高温度下与实验值具有较高的一致性。然而，随着温度降低，德拜理论值与实验值之间的差异开始显现，这暗示着德拜理论在更低温度下的适用性受到限制。为了验证德拜理论的准确性，一种方法是比较在不同温度下的理论函数和实验值是否相等。根据德拜理论，不同温度下得到的理论函数应该是相同的。然而，实际的观测结果显示，不同温度下得到的理论函数是不同的，即它们与实验值存在偏离。尽管德拜理论值在较高温度下与实验值具有较高的符合性，但在更低的温度下，德拜理论值与实验值之间存在差异，揭示了德拜理论的局限性。这个发现促使我们进一步探索和发展更精确的理论模型，以更好地描述在不同温度条件下的系统行为。

从前面的讨论可以推导出，当温度极低时，比热容主要由最低频率的振动决定。在这种情况下，振动表现为弹性波，并且在波长最大时得到。当波长远大于原子尺度时，可以用德拜的近似方法来处理。因此，可以认定在低温极限下，德拜的理论是准确的，$T \to 0\ \mathrm{K}$ 时，热容量可以表示为

$$C_V\left(\frac{T}{\Theta_\mathrm{D}}\right) \longrightarrow 9R\left(\frac{T}{\Theta_\mathrm{D}}\right)^3 \int_0^\infty \frac{\xi^4 \mathrm{e}^\xi}{\left(\mathrm{e}^\xi - 1\right)^2} \mathrm{d}\xi = \frac{12\pi^4}{15} R\left(\frac{T}{\Theta_\mathrm{D}}\right)^3 \tag{3.27}$$

从式（3.27）可以看出，C_V 与 T^3 成比例，因此也将这一定律称为德拜 T^3 定律。但是实际上 T^3 定律一般只适用于大约 $T < \dfrac{1}{30}\Theta_\mathrm{D}$ 的范围，可以将其理解为比绝对零度稍高几开尔文的极低温度。

德拜温度可以粗略地指示出晶格振动频率的数量级，从表 3.1 中可以看出，德拜温度大多处在数百开尔文的范围，依据这一数值，可以推算出晶格振动频率的大致范围在 $10^{13}s^{-1}$ 区间。通过测量德拜温度，能够大致估算出晶格振动的频率。根据表 3.1，大部分晶体的德拜温度介于 200～400 K 之间，而金刚石、Be 等特殊物质，由于其弹性模量大、致密度小，其德拜温度甚至能够超过 1000K。这是由于弹性波速很大，导致振动频率和德拜温度较高。实际上，即使是在常温下，这些密度较低的固体，其热容量也远低于经典值[5]。

表 3.1 固体元素的德拜温度 （单位：K）

元素	$\frac{\Theta}{K}$	元素	$\frac{\Theta}{K}$	元素	$\frac{\Theta}{K}$
Al	428	Ge	374	Pt	240
As	282	Gd	200	Sb	211
Au	165	Hg	71.9	Si	645
B	1250	In	108	Sn（灰）	260
Be	1440	K	91	Sn（白）	200
Bi	119	Li	344	Ta	240
C（金刚石）	2230	La	142	Th	163
Ca	130	Mg	400	Ti	420
Cd	209	Mn	410	Tl	78.5
Co	445	Mo	450	V	380
Cr	630	Na	158	W	400
Cu	343	Ni	450	Zn	327

3.1.3 自由电子与晶格振动对固体热容的影响

在金属中存在大量自由电子，其能带结构特征使得电子能级密度很高。自由电子的热容主要通过费米-狄拉克统计来解释。根据泡利不相容原理，每个能级上只能容纳两个自旋相反的电子。在 0 K 下，自由电子按照能级的顺序填充，直到填满费米能级。随着温度的升高，部分电子从低能级跃迁到高能级，导致费米-狄拉克分布函数发生变化，进而影响自由电子的热容。

自由电子的热容主要源于两个方面。首先，随着温度的升高，电子从低能级跃迁到高能级的概率增加，增加了热容。其次，自由电子的热运动对热容有贡献，因为热运动增加了自由电子的平均动能。这些热运动的效应可以通过简单的经典统计理论来解释，其中自由电子被视为经典的理想气体，其热容与温度成正比。

在非金属固体中，自由电子的贡献通常较小，因为非金属中自由电子的数量有限。实际上，非金属固体中的热容主要由离子晶格的振动引起。在晶格热导中，格波在晶格中的传播过程中也会发生类似的碰播效应。格波经过晶格中的原子时，会与原子发生交互，交换能量，这就使得格波的能量分布发生改变，从而导致晶格的热导。晶格的热导与气体的热导有所不同，因为晶格的热导是由格波的传播引起的，而不是由分子的热运动引起的。因此，晶格的热导受到晶格结构和晶格常数的影响，这是气体的热导所不能比拟的。总之，晶格的热导是由格波在晶格中的传播所引起的，这一特性和气体的热导性具有一定的共性，即当自由程 λ 变化时，冷热分子所处位置会发生变化，从而产生温度变化，如图 3.3 所示。

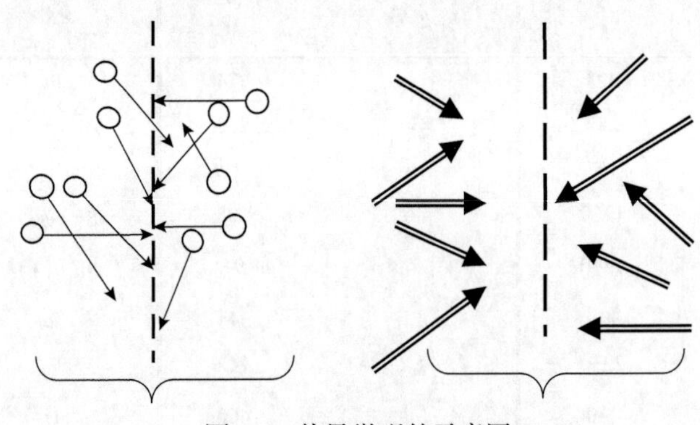

图 3.3　热导微观的示意图

据此，可以得到热导率为

$$\kappa = \frac{1}{3} C_V \lambda \overline{v} \tag{3.28}$$

其中，C_V 为单位体积热容量；λ 为自由程；$\overline{v}$ 为热运动的平均速度。图 3.3 表明，晶格导热也可以做相同的分析，并且同样可以用热导率的近似公式，只是这时 $\overline{v}$ 和 λ 分别表示格波的波速和自由程。

在小振动理论中，最初的假设认为不同格波之间是完全独立的，它们可以无限传播而不受距离限制。然而，这种假设忽略了气体分子之间的相互作用、碰撞和能量交换，因此无法使格波达到统计平衡。此外，小振动理论还忽略了分子间的相互作用，这导致了在某些情况下结果的不准确性。

格波导热的自由程是一个在理论上具有复杂性的问题，其受多种因素的影响。在研究中发现，自由程随温度的变化呈现出一定的特征。在较高温度下，格波的振动增强导致相互作用加强，从而导致自由程减小。这是因为高温条件下，原子或分子的振动更加剧烈，导致更频繁的碰撞和相互作用。这些相互作用限制了格波的传播范围，使其自由程减小。因此，在高温条件下，格波的热导特性主要受到原子或分子之间的相互作用影响。相反，在较低温度下，格波的自由程迅速增长。这是由于低温条件下，格波的振动能量较低，更短波长、高能量的格波对导热起主导作用。这些短波高能量格波在晶体中传播的距离更远，导致自由程增加。因此，在低温条件下，短波高能量格波对导热的贡献比较显著。

除了格波相互作用对自由程的影响外，实际固体中存在其他限制自由程的因素[4]。例如，晶体的不均匀性、晶界、杂质和缺陷等因素会引起格波的散射，从而限制了其传播范围。这些散射过程对自由程的贡献在不同温度和材料条件下可能具有不同的重要性。特别是在低温条件下，格波相互作用的影响减弱，而散射因素对自由程的决定作用更加显著。因此，在低温下，晶体的不均匀性、晶界和缺陷等因素对格波导热的影响更为显著，而格波之间的相互作用则相对较弱。

3.2 固体导热机制

固体导热是热量在固体中传递的过程，其机制涉及晶格导热、电子导热和界面导热。晶格导热是固体中最主要的导热机制，通过固体晶体结构中原子或离子的振动传播热量。原子或离子的振动以声子的形式传递，并通过相邻原子或离子的碰撞和相互作用来实现热量传递。电子导热发生在具有导电性的固体中，自由电子在固体中的移动导致热量的传递。电子通过与周围电子和晶格的散射来传递能量和动量。界面导热发生在相邻固体表面接触区域，通过分子间的相互作用和振动来传递热量。这些机制在固体导热中同时存在，其贡献程度取决于固体性质、温度和条件。理解这些机制对于材料设计、热管理和能量转换等领域具有重要意义。

3.2.1 晶格导热

固体导热中晶格导热是一个重要的机制。晶格导热是通过晶格振动传递能量的方式来实现的。在固体中，原子或离子以晶格的形式排列。这些原子或离子在平衡位置附近振动，形成了各种振动模式，包括纵波和横波。这些振动模式的传播导致了热量的传递。

晶格导热的机制可以分为以下几个步骤。

（1）振动激发：热能被加入固体中，使得晶格原子或离子开始振动。这可以通过吸收热量的方式，如热传导或吸收辐射能量。

（2）振动传播：振动能量以波的形式在晶格中传播。纵波是沿着振动方向传播的压缩波，而横波则是垂直于振动方向传播的剪切波。这些振动以一定的频率和波长传播，类似于声波在介质中的传播。

（3）散射和碰撞：在振动传播过程中，晶格中的缺陷、杂质、边界以及晶格原子或离子之间的相互作用会导致振动的散射和碰撞。这些散射和碰撞会改变振动的方向、频率和振幅。

（4）能量传递：散射和碰撞使得能量从高能区域传递到低能区域。在散射和碰撞过程中，能量以热传导的形式从一个原子或离子传递到另一个原子或离子。

（5）热平衡：通过振动的传播和能量的传递，热量在固体中逐渐传播和分散，直到达到热平衡状态。在热平衡状态下，固体中不同位置的温度相等，热量不再净流动。

晶格导热的效率取决于多个因素，包括晶体的结构、晶格常数、原子或离子的质量和相互作用强度等。通过降低超晶格的周期长度，也就是降低其界面密度，可以提高声子的界面散射率[5]，从而降低材料的热导率，且其研究的周期长度为均匀分布[6]。此外，晶体中原子或离子之间的键的强度会影响振动的频率和传播速度，从而影响导热性能，掺杂杂质或引入缺陷等因素也会影响晶格导热。掺杂杂质和缺陷可以散射振动并减弱热的传递，从而影响导热性能。

3.2.2 电子导热

自由电子气模型可以用来解释固体的电子对热容的影响。在自由电子气模型中，金属中的电子被假设为自由粒子，它们在晶格中自由运动，并且彼此之间没有相互作用。根据自由电子气模型，固体的电子对热容的主要贡献来自电子的动能。由于电子是自由运动的，其能量是连续的，遵循费米-狄拉克分布。根据费米-狄拉克分布，电子在填充能级时遵循泡利不相容原理，即每个能级上最多只能容纳两个电子，一个自旋向上，一个自旋向下。

当固体受热时，电子的能级会随温度发生变化。根据玻尔兹曼分布，电子在各个能级上的分布会随温度发生改变。在高温下，更多的能级被填充，电子的平均能量增加，从而贡献较大的热容。而在低温下，只有较低能级上的电子被填充，因此电子对热容的贡献较小。自由电子气模型能够解释金属的电子对热容与温度之间的关系。根据该模型，固体的电子热容随温度的升高而增加，因为更多的能级被填充。然而，需要注意的是，自由电子气模型忽略了电子与晶格之间的相互作用，因此无法完全准确地描述实际固体的电子热容。在更精细的理论模型中，如能带理论和密度泛函理论，会考虑电子与晶格之间的相互作用，从而更准确地描述电子对热容的温度依赖性。

根据能带理论，固体中的电子可以分布在一系列能量带中，其中包括价带（valence band）和导带（conduction band）。价带是最高填充的能带，而导带则是在高温或者通过外加电场等外部条件下可以被电子占据的能带。

对于电子对固体热容的影响，主要考虑的是电子的能级分布和热运动对热容的影响。根据费米-狄拉克统计，电子在填充能级时，会占据最低的可用能级，并遵循泡利不相容原理。因此，在低温下，价带和导带的能级都被电子填满，而在高温下，一部分电子从价带跃迁到导带中。当温度升高时，由于电子跃迁和热激发等因素，电子在能带中的分布发生变化，导致电子的平均能量增加。这意味着热运动的电子对固体的热容有贡献，因为它们具有较高的能量。因此，电子的热运动对固体的热容的贡献随温度变化。

此外，能带理论还解释了电子在导带和价带中的能量分布。通过研究能带结构和带隙，可以确定固体的导电性和绝缘性质。在绝缘体中，价带和导带之间存在较大的能隙，电子难以跃迁到导带中，因此热容主要由原子的振动贡献。而在导体中，能隙很小或者没有，电子容易在价带和导带之间跃迁，因此电子的热运动对热容有显著贡献。

电子对固体热容的影响还可以通过库仑散射和粒子输运理论进行解释[7]。这两个理论分别描述了电子在固体中的散射过程和输运行为。库仑散射理论描述了电子与固体中的离子之间的相互作用。在固体中，电子受到来自固体晶格中离子的库仑势能作用。当电子在晶格中传播时，它们会与离子发生散射，改变它们的动量和能量。在固体中，电子的能量与其波矢（$\boldsymbol{k}$）之间存在能带结构。在低温下，电子主要填充于能带的较低能量态。随着温度升高，电子会占据更高能量态，这会导致更多的散射事件发生。这些散射事件会使得电子的平均自由程减小，并且电子的动能会转化为晶格的振动（即声子）。库仑散射理论可以解释高温下固体的热容增加。随着温度的升高，更多的电子与离子散射，从而增加了电子的平均自由程减小程度。这导致电子对声子的散射增加，从而增加了声子的能量和振动。因此，固体的总能量增加，热容也相应增加。

粒子输运理论描述了电子在固体中的输运行为，包括电流、热流等。在固体中，电子在能带结构中存在不同的散射机制，如声子散射、杂质散射等。这些散射事件会影响电子的运动，并对固体的输运性质产生影响。当温度升高时，声子的散射概率增加，导致电子在固体中的平均自由程减小。这会限制电子的输运距离，使得电子更容易与散射中心相互作用。因此，热容的增加可以通过粒子输运理论解释。

3.2.3 界面导热

固体导热中界面导热是一个重要的研究领域，涉及不同材料之间的热能传递过程。界面导热的理论主要涉及两个方面：界面传热阻抗和界面热导率。界面传热阻抗是描述两个相邻材料之间热能传递的阻碍程度。它是由两个材料之间的接触不完全、界面层的存在或者表面粗糙度等因素引起的。界面传热阻抗可以通过界面热阻和接触电阻来描述。界面热阻是指热流在界面上的阻碍程度，而接触电阻则是指由于两个材料之间电子或声子的散射而引起的热传导的阻碍。

界面传热阻抗的理论描述通常采用两种方法：波动理论和散射理论。波动理论基于界面处的温度和热流的连续性条件，考虑波的反射和透射现象，通过计算界面反射和透射系数来描述传热过程。散射理论则将界面传热阻抗看作是散射中心引起的热流散射，通过计算界面的散射概率和散射幅角等参数来描述传热过程。这些理论方法可以应用于不同类型的界面，如固-固界面、固-液界面和固-气界面等。

界面热导率描述了热流在界面处的传递能力。界面热导率是界面附近热传导性能的一个重要参数。在界面附近，热流的传递受到界面结构、晶格匹配程度以及散射机制的影响。界面热导率的理论描述通常采用格波法、分子动力学模拟和微观热输运理论等方法。这些方法考虑了界面处晶格振动的散射和反射，以及界面结构的影响。

3.3 固体导热建模

固体导热建模是对固体材料中热传导过程进行数学建模和模拟的方法。通过热传导方程，可以描述热量在材料中的传播规律。常见的热传导模型包括均匀导热模型、非均匀导热模型、相变导热模型和界面导热模型，它们考虑了材料特性和几何形状对热传导的影响。为了解决复杂的导热问题，数值方法如有限差分法、有限元法和边界元法被广泛应用。这些方法和模型可通过计算机程序实现，输入材料特性、几何形状和边界条件，模拟和预测固体材料中的导热过程。固体导热建模在热管理、材料设计和工程优化等领域具有重要应用价值。

3.3.1 热传导方程

热传导方程（heat conduction equation）：热传导方程描述了热量如何在材料中传播。对于一维情况下的导热建模，热传导方程通常写作：

$$\frac{\partial T}{\partial t}=\alpha\frac{\partial^2 T}{\partial x^2} \tag{3.29}$$

在二维情况下，热传导方程可以写作：

$$\frac{\partial T}{\partial t}=\alpha\left(\frac{\partial^2 T}{\partial x^2}+\frac{\partial^2 T}{\partial y^2}\right) \tag{3.30}$$

在三维情况下，热传导方程可以写作

$$\frac{\partial T}{\partial t}=\alpha\left(\frac{\partial^2 T}{\partial x^2}+\frac{\partial^2 T}{\partial y^2}+\frac{\partial^2 T}{\partial z^2}\right) \tag{3.31}$$

其中，T 为温度；t 为时间；x、y 和 z 为空间位置；α 为材料的热扩散系数。这些热传导方程描述了温度随时间和空间的变化率，即温度梯度与热扩散系数之间的关系。通过求解这些偏微分方程，可以模拟和预测材料中的热传导行为[8]。上述方程是基于假设材料的热扩散系数（热导率除以密度和比热容）在整个空间是恒定的。

热传导方程是热传导建模中的核心方程，结合适当的边界条件和初始条件，可以用数值方法进行求解，如有限差分法、有限元法等。这些数值方法使我们能够分析和预测材料中的温度分布、传热速率以及热传导过程中的其他相关参数。

3.3.2 热传导模型

热传导模型是一种更为详细和复杂的建模方法，考虑了材料的特性和几何形状对热传导的影响。常见的热传导模型包括以下几种。

均匀导热模型是固体导热建模中的一种简化模型，假设材料内的热传导是均匀的，即热导率在整个区域内保持恒定[9]。这个模型适用于某些情况下，特别是当材料的热导率在所考虑的温度范围内变化较小或可以近似为常数时。

在均匀导热模型中，热传导可以由热传导方程描述，其形式为

$$\frac{\partial T}{\partial t}=\alpha\nabla^2 T \tag{3.32}$$

其中，T 为温度；t 为时间；α 为材料的热扩散系数；∇^2 为温度的拉普拉斯算子。

这个方程表示了热量在空间中的扩散和传播过程。通过在空间上离散化并应用适当的数值方法，可以对这个方程进行求解，以模拟和预测材料中的热传导行为。

需要注意的是，均匀导热模型是一种简化模型，忽略了材料内部可能存在的非均匀性和异质性。在实际应用中，特别是对于复杂的材料和几何结构，可能需要使用更精确的模型和数值方法来考虑非均匀性和异质性的影响。

非均匀导热模型：考虑材料中不同位置的热导率不同，通常用于描述具有复杂几何形状的材料。非均匀导热模型是固体导热建模中考虑材料内部非均匀性和异质性的模型。相比于均匀导热模型，非均匀导热模型更加精确地描述了材料中

的热传导行为，适用于具有复杂几何形状和非均匀性分布的材料。在非均匀导热模型中，热传导方程考虑了热导率在空间上的变化。通常热传导方程写作：

$$\frac{\partial T}{\partial t}=\nabla\cdot\left(\kappa\nabla T\right) \tag{3.33}$$

其中，T 为温度；t 为时间；κ 为位置的热导率（可能是位置的函数）；∇ 为温度的梯度运算符。这个方程描述了温度梯度和热导率之间的关系。通过在空间上离散化并应用适当的数值方法，可以对这个方程进行求解，以模拟和预测材料中的非均匀导热行为。

非均匀导热模型可以更准确地描述材料中的温度分布和热流分布。它对于研究材料的局部温度变化、热流聚焦以及材料界面处的热传导现象非常有用。在实际应用中，可以通过实验测试或材料特性的数值模拟来获取材料的非均匀性分布，然后将这些数据应用于非均匀导热模型，进行进一步的分析和预测。非均匀导热模型在固体导热建模中提供了更精确和现实的描述，使得我们能够更好地理解和预测材料中的热传导行为。

相变导热模型：适用于涉及相变过程（如固液相变或固气相变）的材料，考虑相变过程中潜热的释放或吸收。相变导热模型是固体导热建模中用于描述相变过程中热传导行为的模型。相变是物质从一种相态到另一种相态的转变，如固体到液体的熔化和液体到气体的气化。在相变过程中，热量的传递方式与固体导热或液体/气体对流的方式有所不同，因此需要考虑相变对热传导的影响。

在相变导热模型中，热传导方程被修正以考虑相变过程中的潜热效应。潜热是相变过程中吸收或释放的热量，用于改变物质的相态而不改变温度。在相变发生时，热量被用于相变的潜热，而不会引起明显的温度变化。

一种常见的相变导热模型是在热传导方程中引入相变潜热的源项：

$$\frac{\rho c\partial T}{\partial t}=\nabla\cdot\left(\kappa\nabla T\right)+Q \tag{3.34}$$

其中，T 为温度；t 为时间；ρ 为材料的密度；c 为材料的比热容；κ 为材料的热导率；∇ 为温度的梯度运算符；Q 为相变潜热的源项。源项 Q 的形式取决于相变类型和相变过程的特性。相变导热模型的求解需要结合相变理论和热传导方程的数值方法。通过在空间上离散化并应用适当的数值方法，可以对相变导热模型进行求解，以模拟和预测相变过程中的温度变化和热传导行为。

相变导热模型在多个领域中具有重要应用，如材料科学、能源储存和转换以及相变储存器等。它可以帮助我们理解相变过程中的热耦合效应，优化相变材料的设计，并提供有关相变行为的定量预测。

界面导热模型是固体导热建模中用于描述材料界面或接触面上的热传导行为的模型。界面导热模型用于描述不同材料之间的热传导，会考虑界面热阻和接触热导率。在实际应用中，材料之间的接触界面或界面间隙是常见的情况，如两个固体的接触或涂层材料与基底材料之间的接触。在这些接触界面上，热量的传递方式与材料内部的传导方式有所不同，因此需要考虑界面对热传导的影响。界面导热模型主要涉及两个方面的描述：界面热阻和界面热传导机制。

（1）界面热阻：界面热阻是指两个接触材料之间的热阻障碍，阻碍了热量的传导。界面热阻的存在可能是由于表面粗糙度、氧化层、接触压力等因素引起的。在界面导热模型中，通常引入界面热阻参数，用于描述界面上热传导的阻碍程度。

（2）界面热传导机制：界面上的热传导机制主要包括两种：接触传导和界面传导。接触传导发生在直接接触的固体表面上，通过固体之间的直接接触而传递热量。界面传导发生在界面间隙中，通过界面材料（如填充物或涂层）传递热量。界面导热模型需要考虑这两种传导机制，并根据具体情况确定热传导的贡献。

界面导热模型可以采用各种数值方法进行求解，如有限元法、边界元法或分子动力学模拟等。通过建立适当的界面模型和边界条件，可以模拟和预测材料界面上的温度分布和热传导行为。

3.3.3 数值方法

有限差分法是一种常用的数值方法，用于求解偏微分方程的数值近似解。它将连续的偏微分方程转化为离散的差分方程，通过在空间和时间上进行离散化，将求解域划分为网格，然后使用差分近似来逼近方程中的导数[10]。这样，原始的偏微分方程就被转化为一个由离散节点之间的差分方程组成的代数方程系统。

有限差分法的基本思想是通过近似导数的定义，将方程中的微分算子用差分算子来替代。最常用的是中心差分近似，其中一阶导数使用一阶中心差分，二阶导数使用二阶中心差分。例如，在一维空间上，对于函数 $f(x)$ 的一阶导数和二阶导数的近似可以分别表示为

一阶导数：$f'(x) \approx \dfrac{f(x+h)-f(x-h)}{2h}$

二阶导数：$f''(x) \approx \dfrac{f(x+h)-2f(x)+f(x-h)}{h^2}$

其中，h 为空间步长。

通过将偏微分方程中的导数项替换为相应的差分近似，可以得到一个离散的

代数方程系统。然后，使用迭代方法求解这个代数方程系统，以获得原始偏微分方程的数值近似解。

有限差分法具有简单易实现、计算效率高的优点，并且适用于各种类型的偏微分方程，包括热传导方程、扩散方程、波动方程等。然而，它也有一些限制，如对网格的选择敏感、数值误差的累积等。因此，在实际应用中需要仔细考虑网格布局和步长的选择，以及数值稳定性和收敛性的分析。

有限元法（finite element method）是一种常用的数值方法，用于求解偏微分方程的数值近似解。它将求解域划分为许多小的子区域（称为有限元），然后利用数学上可行的近似函数在每个有限元上建立一个局部逼近解[13]。在整个求解域上组合这些局部逼近解，可以获得原始偏微分方程的全局数值近似解。

有限元法的基本步骤如下。

（1）离散化：将求解域划分为一组互不重叠的有限元，通常使用简单的几何形状（如三角形或四边形）来表示有限元。这样的划分称为网格或网格剖分。在每个有限元内，选择适当的插值函数（如线性、二次或高阶多项式）来逼近原始方程的解。

（2）弱形式：将原始偏微分方程转化为等效的弱形式，通过将方程两侧乘以测试函数，并进行积分得到。测试函数是在每个有限元上定义的已知函数，用于验证逼近解的准确性。

（3）近似解：在每个有限元内，使用适当的插值函数来逼近原始方程的解。这样可以将原始方程转化为一组代数方程。

（4）装配：将局部有限元方程组装配成一个全局代数方程。这涉及将局部节点的约束和边界条件应用到全局方程中。

（5）求解：求解得到全局代数方程的数值解。通常使用迭代方法（如共轭梯度法、高斯消元法等）或直接求解法来获得数值解。

（6）后处理：根据数值解，计算和分析感兴趣的物理量，并可进行可视化展示和结果分析。

有限元法适用于各种类型的偏微分方程，如热传导方程、流体力学方程、结构力学方程等。它具有广泛的适用性和灵活性，并且能够处理复杂的几何形状和边界条件。然而，有限元法的实施较为复杂，需要考虑网格划分、插值函数的选择、数值稳定性和收敛性等因素。

边界元法（boundary element method）是一种数值方法，用于求解偏微分方程边界值问题。在固体导热建模中，边界元法将问题的主要关注点放在边界上，而不需要离散化整个区域。边界元法将偏微分方程转化为积分方程，并使用边界上的边界元进行近似。这样，问题的维数从整个区域减少到了边界上，简化了问题的求解。边界元法在处理边界条件和几何形状时具有优势，但对于内部域的信息获取可能需要额外的技术。这些数值方法在固体导热建模中各有特点和适用范围，可以根据具体问题的要求选择合适的方法进行建模和求解[14-17]。

3.4 小　结

固体的比热容包括晶格比热容和电子比热容两个重要组成部分。晶格比热容是指由固体的晶格结构和振动模式引起的热容变化，而电子比热容则是由固体中自由电子和束缚电子的热运动引起的热容变化。一般情况下，当温度不太低时，晶格比热容对固体的总比热容贡献较大，而电子比热容可以被忽略。金属材料是一类重要的固体，其热容量由晶格和电子气贡献。在低温下，由于晶格结构的复杂性和振动模式的多样性，晶格对热容的贡献较大。随着温度的升高，晶格振动的能量也会增加，导致晶格比热容逐渐增大。在常温下，金属材料的热容量主要由晶格部分贡献，而电子比热容对总热容的贡献可以忽略不计。然而，在极低温下，晶格的热容趋于零，而电子的热容仍随温度变化。因此，在这种情况下，电子对金属材料的热容起到了重要的作用。尤其是在超低温实验中，电子的热容对于描述金属材料的热学性质至关重要。

为了更准确地描述固体材料的热容特性，固体的定容热容被分解为与温度无关的部分和与温度有关的部分。对于金属材料而言，与温度有关的部分主要由晶格振动能和电子的热运动能构成。在一般情况下，当温度适中时，可以忽略电子的贡献，而只考虑晶格振动能对热容的影响。然而，经典的能量均分定理在低温下无法准确解释实验观测值，表明经典理论在描述固体的热容时存在局限性。为了解决这个问题，爱因斯坦将量子理论应用于固体热容问题，并提出了爱因斯坦模型，该模型成功地解释了低温下的实验数据，并与实验结果符合良好。

此外，德拜模型是另一种常用的理论框架，将固体的晶格振动视为弹性波进行处理。该模型通过描述晶格振动的频谱分布和声子数密度来预测固体材料的热容行为。特别是在极低温下，德拜热容理论与实验结果相符，进一步验证了其在描述固体热容性质方面的有效性。

固体热容在微观传热学中具有重要的意义。微观传热学研究热量在固体内部的传递过程，包括热传导、热扩散等现象。而固体的热容则是描述固体材料在吸收热量时所能增加的热能与温度变化之间的关系。固体导热的机制包括晶格导热、电子导热和界面导热，其贡献取决于材料和条件。为了研究固体中的热传导过程，可以使用数学建模方法，如有限差分法、有限元法和边界元法。这些方法对于热管理、材料设计和工程优化等领域具有重要的应用价值。

参考文献

[1] 黄昆. 固体物理学[M]. 北京: 人民教育出版社, 1966.
[2] 黄昆. 固体物理学[M]. 韩汝琦, 改编. 北京: 高等教育出版社, 1998.
[3] 范建中. 关于固体热容量的研究[J]. 雁北师范学院学报. 2005, (2): 75-76.
[4] 臧国忠, 陈起静. 高温下爱因斯坦模型与德拜模型热容结果的一致性[J]. 聊城大学学报(自然科学版), 2008, 21(4): 106-107.
[5] 范建中. 金属固体热容量的统计理论研究[J]. 太原师范学院学报(自然科学版), 2018, 17(2): 93-96.
[6] 孙峪怀, 刘福生, 孙阳, 等. 蓝宝石 Al_2O_3 晶体的高压热传导系数研究[J]. 原子与分子物理学报, 2007, 24(6): 1271-1274.
[7] 刘英光, 郝将帅, 任国梁, 等. 不同周期结构硅锗超晶格导热性能研究[J]. 物理学报, 2021, 70(7): 84-90.
[8] Lin K H, Strachan A. Thermal transport in SiGe superlattice thin films and nanowires: Effects of specimen and periodic lengths[J]. Physical review. B. Condensed Matter and Materials Physics, 2013, 87(11): 115302.
[9] 胡渝民, 宋飞, 汪忠. 广义布里渊区与非厄米能带理论[J]. 物理学报, 2021, 70(23): 14-35.
[10] 赵毅, 李骏康, 郑泽杰.硅/锗基场效应晶体管沟道中载流子散射机制研究进展[J]. 物理学报, 2019, 68(16): 7.
[11] 应济, 贾昱, 陈子辰, 等. 粗糙表面接触热阻的理论和实验研究[J]. 浙江大学学报(自然科学版), 1997, 31(1): 104-109.
[12] 杨平, 吴勇胜, 许海锋, 等. TiO_2/ZnO 纳米薄膜界面热导率的分子动力学模拟[J]. 物理学报, 2011, 60(6): 557-563.
[13] Narasimhan T N. Fourier's heat conduction equation: History, influence, and connections[J]. Reviews of Geophysics, 1999, 37(1): 151-172.
[14] Jacquemet V, Henriquez C S. Genesis of complex fractionated atrial electrograms in zones of slow conduction: A computer model of microfibrosis[J]. Heart Rhythm, 2009, 6(6): 803-810.
[15] Ostrowski P, Michalak B. A contribution to the modelling of heat conduction for cylindrical composite conductors with non-uniform distribution of constituents[J]. International Journal of Heat and Mass Transfer, 2016, 92: 435-448.
[16] Moczo P, Kristek J, Halada L. The finite-difference method for seismologists[M]. Bratislava: Comenius-Univ, 2004.
[17] Zienkiewicz O C, Taylor R L, Zhu J Z. The Finite Element Method: Its Basis and Fundamentals[M]. Oxford: Elsevier, 2005.

第4章 流固耦合

流固耦合力学是流体力学和固体力学相互交叉而形成的一门力学分支，它研究了变形固体在流场作用下的各种行为和固体位形对流场的影响，以及这两者之间的相互作用[1]。在微观传热学领域，研究流固耦合现象具有重要意义。微观尺度下，流体和固体之间的相互作用对热传递和热流行为起关键作用，尤其在微纳米尺度的设备和现象中更为显著。微观传热学研究关注微观尺度下的热传导，涉及固体和流体之间的相互作用，对热性能产生影响。理解流固耦合现象有助于更好地控制和优化热传递过程。在微观尺度下，流固耦合行为受到表面效应和分子间相互作用的显著影响，研究微观流固耦合有助于理解和利用这些效应以优化微观传热过程。此外，流固耦合在微纳米尺度设备设计中具有重要应用，如微通道热交换器、微型电子设备冷却和微纳米能源转换等。通过研究流固耦合，可以精确预测和优化这些设备的热性能。

流体动力学和流固耦合是紧密相关的研究领域，涉及流体和固体之间的相互作用。流体动力学关注流体的运动和力学行为，利用基本方程描述流体的流动，应用于水力学、空气动力学等领域。而流固耦合则研究流体与固体相互影响的现象，如物体在流体中的阻力、流体流动受固体影响的变化等。在工程和科学研究中，流固耦合问题常常出现，需要综合考虑流体动力学和固体力学，通过数值模拟和实验研究来分析流体和固体的相互作用，以优化设计和提高系统性能。流体动力学是一门复杂的学科，包括液体动力学和气体动力学，并由理论、计算和实验三个部分组成，它们之间存在着密切的联系，相互促进，提供了一种综合性的研究方法。这些方法相互补充，相互促进。

第 3 章着重介绍了固体导热及固体热容的相关知识，而在流固耦合过程中，流体的作用力施加到结构上，结构的变形反过来影响流体区域。因此需要对流体力学的知识有更多的了解。下面将对流体力学的相关知识进行介绍，并结合理想气体模型、理想不可压缩模型及纳米流体动力学，介绍流固耦合的内容及其在微观传热领域的应用。

4.1　流体动力学与纳米流体动力学

4.1.1　流体动力学

流体动力学是研究液体和气体在力的作用下的运动规律以及它们与固体边界的相互作用的学科。它是流体力学的一个分支，涵盖了广泛的学科领域，并在科学和工程的众多领域中占据核心地位。流体动力学的研究对于理解和解释自然界中的许多现象以及设计和优化各种工程系统至关重要。

对流体动力学深入理解的需求，促进了应用数学、计算物理和试验技术的不断进展。核心问题是它的基本方程 Navier-Stokes 方程（Navier-Stokes equation，NSE）没有一般的解析解，数值求解也具有挑战性。当前，流体动力学的成果丰硕，令人振奋，部分原因是新近发展的试验诊断技术和并行计算机在流动模拟与分析中得到了广泛的应用，所以，研究者可以获得流体动力学某些复杂、丰富、完整的细节。鉴于数值模拟具有很好的重复性，模拟时没有物理条件的限制等许多优点，计算流体动力学（computational fluid dynamics，CFD）在流体动力学研究方面凸显出更加重要的作用。

在计算流体动力学研究中，对 Navier-Stokes 方程的求解通常可以分为以下五个阶段[2]。

（1）求解线性无黏流方程：这一阶段主要针对小扰动位势流方程等线性无黏流方程进行求解。尽管这类方法比较成熟并且早期应用较多，但其计算精度较低，局限性较为明显。

（2）求解非线性无黏流方程：这一阶段涉及对全位势方程、欧拉方程等非线性无黏流方程进行求解。相比于前一阶段，这种方法已经取得了显著的改善，它不仅能够简化主流，而且还能够有效地处理壁面附近的边界层，从而获得更优的效果。

（3）求解黏性、时间平均的 Navier-Stokes 方程：这一阶段涉及对雷诺时均 Navier-Stokes 方程进行求解，其中考虑了流体中的脉动应力项（雷诺应力）。为了使控制方程组封闭，需要引入湍流模型来对湍流效应进行建模。目前，从简单的代数模型（零方程模型）到标准 k-ε 模型（两方程模型）以及复杂的高阶矩封闭模型，紊流模型的选择非常丰富，而 k-ε 模型或其他形式的两方程模型是工程领域中应用最广泛的湍流模型。

（4）求解黏性、滤波后的 Navier-Stokes 方程：这一阶段涉及大涡模拟（large eddy simulation，LES），对滤波后的 Navier-Stokes 方程进行求解。将小尺度的湍流结构滤掉，LES 方法能够模拟大尺度的湍流结构，对湍流现象进行更为准确的预测和模拟。

（5）求解非定常 Navier-Stokes 方程：这一阶段涉及直接数值模拟（direct numerical simulation，DNS），即对非定常 Navier-Stokes 方程进行求解[3,4]。DNS 方法以较高的计算代价模拟流场中的全部尺度，能够提供高精度的湍流流场解，但在实际工程中往往受到计算资源限制。

CFD 的发展不仅仅局限于五个步骤的计算，而且还需要实际中的复杂情境来创造出一个能够反映真实情境的湍流模拟。目前，许多物理模拟都在努力探索复杂的流体力学过程，如应力-应变的复杂相互作用。CFD 的应用能够有效地处理复杂的方程，它的核心在于将方程的复杂性降到最低，从而进一步提高方程的准确度，并且能够有效地提升方程组的求解速度。解的精度取决于离散化方法，而求解的效率则取决于求解方法。在 CFD 中，比较成熟和常用的离散化方法包括有限差分法、有限体积法和有限元法。有限差分法是最古老且最简单的离散化方法之一，通过有限差分逼近导数项，并通过截断误差评估精度。有限体积法是有限差分法与流动控制方程的守恒形式相结合的产物，具有牢固的数学基础和明确的物理背景。有限元法是一种基于泛函分析理论的离散方法，在固体力学领域有广泛应用。从 20 世纪 60 年代开始，人们开始将有限元法应用于求解 Navier-Stokes 方程的研究。有限元法的优点是适应各种复杂流动边界条件，但主要缺点是需要直接求解大规模线性方程组，需要大量存储资源[5,6]。

在流体力学中，针对不可压缩流体和可压缩流体的流动性质的差异，具有不同的解法分析和求解策略。对于低速不可压缩流动，连续方程和动量方程能够形成一个完整的方程组，但是，由于连续方程的限制，它们无法完全反映流动的特性，因此，在计算流动的动量时，就会面临着极大的挑战。因此，人们提出了多种方案来应付此类流动。早期的流函数-涡量法已经被普遍采纳，而如今，人造的、经过改进的、具有更高精确性的、能够更好地反映实际情况的数学技术也在发展。在这些技术的基础上，Patankar 与 Spalding 在 1972 年发明的简化版的压力-速度校准法，成功地引领着无法被压缩的流动数学研究的潮流。随后，SIMPLE 方法经历了多次改进，其中最著名的有 SIMPLER 方法、SIMPLEC 方法以及 PISO 方法[7]。它们都使用多种离散化形态，如迎风形态、混合形态、指数形态、QUICK 形态以及斜分形态。通过有限体积法和有限差分法，能够有效地实现离散化。

对于可压缩流动，需要联立求解连续方程、动量方程和能量方程，这称为耦合解法。耦合解法可以将时间和空间混合进行离散化，如 20 世纪 70 年代流行的 Lax-Wendroff 格式、MacCormack 预测校正格式和 Richtmyer 两步格式等[8]。也可以将时间和空间分开处理，首先对空间进行离散化，得到离散化后的方程组，然后使用常微分方程组的数值积分方法对时间进行求解。后一种方法更容易处理，目前得到广泛采用。在 20 世纪 80 年代后期，基于总变差减小（TVD）和矢通量分裂（FVS）、通量差分分裂（FDS）等方法的高精度计算格式（HRS）有效解决了流体力学中跨声速和超声速激波的精确捕捉问题[9]。近年来，针对非定常多尺度复杂流动的研究，紧致格式成为一种主要方法，它具有高精度和少量网格节点的优点。此外，计算方法的研究还涉及带限制器的高阶插值、谱方法、拉格朗日方法、时空守恒元方法等。

4.1.2　纳米流体动力学

近年来，微流体动力学研究领域涉及了大量微型器件，这些器件包括微型传感器、执行器、阀门、热管以及热机和热交换器中使用的微管等。微纳米流体动力学在生物医学诊断（如芯片实验室）、药物输送、MEMS/NEMS 传感器领域有广泛的应用，包括驱动器、微型泵喷墨打印中的应用，以及微通道散热器在电子冷却中的应用。此外，还有许多研究人员致力于研究纳米结构（如纳米管）中的流体流动，并且正在开发一些独特的设备，如纳米喷流等。

在微纳米结构中，如果假设物体是连续的并且可以无限可分，那么当单元的尺寸远大于流体的微观结构尺寸但远小于宏观器件的尺寸时，这些单元的平均值就可以被定义为参数。然而，在微纳米结构中的流体中，流体分子的平均自由程可能与其特征尺寸相当或更小。由于分子与固体表面的相互作用变得非常重要，连续性假设通常不再成立。早在 1946 年，钱学森的开创性论文就引起了空气动力学家对非连续性流体动力学的关注，该领域后来发展成为稀薄气体动力学。钱学森根据平均自由程与特征尺寸之比，即克努森数（Knudsen number），划分出滑移流、过渡流（后来被称为“空白流”）和自由分子流等区域[10]。在微结构中的流体流动方面，早期的研究结论仍然有效，有助于我们理解微流体动力学。然而，与稀薄流体动力学相比，微流体动力学也具有一些独特的方面。在微结构中表面-体积比远大于宏观结构中的表面-体积比，因此表面力相对于体积力占据主导地位。与连续性理论的预测相比，一个直接的影响是显著的压降和更大的质量流量。由于压降很大，速度通常较低。由于尺寸较小且速度相对较低，雷诺数相当小。在宏观流动中可以忽略的轴向热传导在微纳米流动中可能变得非常重要。即使速度远低于声速，由于压降很大，可压缩性也是需要考虑的因素之一。密度变化使得压力分布更加复杂，沿流线方向出现非线性变化。在许多应用中，如微通道冷却，液体也被使用。此外，蒸发和冷凝产生的相变也是许多微型器件（如微型热管）中需要考虑的重要因素。

对微纳尺度的流体动力学进行研究时，克努森数是纳米流体动力学中一个重要的无量纲参数，用于描述气体分子在纳米尺度下运动的相对重要性。克努森数由平均自由程与特征尺寸之比定义：

$$Kn=\frac{\lambda}{L} \tag{4.1}$$

其中，λ 为气体分子在流体中的平均自由程；L 为流体的特征长度，可以是流体容器的尺寸或纳米颗粒的特征尺寸。克努森数的大小可以指示纳米流体中气体分子与纳米颗粒碰撞的频率和流体分子在流动过程中的微观行为。当克努森数很小（$Kn\leqslant 1$）时，流体行为主要由连续介质力学来描述，即流体可以视为连续的。而当克努森数很大（$Kn\geqslant 1$）时，流体行为将受到气体分子自由运动和碰撞的影响，即流体变得非连续，克努森系数很大的流体行为也被称为气体动力学区域。在纳米流体动力学中，克努森数的大小对纳米颗粒与流体相互作用的影响至关重要。当克努森数较小时，纳米颗粒的运动主要受到流体的黏性阻力和扩散行为的影响。而当克努森数较大时，气体分子的运动开始对纳米颗粒的运动产生显著影响，包括气体分子的滑移效应和气体分子对纳米颗粒的撞击。

斯托克斯-爱因斯坦方程是纳米颗粒在流体中扩散行为的基本关系之一，它描述了纳米颗粒的扩散系数与温度、纳米颗粒尺寸和流体的黏度之间的关系。

斯托克斯-爱因斯坦方程可以表示为

$$D=\frac{kT}{6\pi\eta r} \tag{4.2}$$

其中，D 为纳米颗粒的扩散系数；k 为玻尔兹曼常量；T 为温度；η 为流体的黏度；r 为纳米颗粒的半径。这个方程基于斯托克斯定律和爱因斯坦关系，考虑了流体黏度、温度和纳米颗粒的尺寸对扩散行为的影响。它指出扩散系数与温度成正比，与纳米颗粒的半径和流体黏度成反比。这意味着在相同温度下，较小的纳米颗粒和低黏度的流体将有更大的扩散系数，因为它们在流体中更容易扩散。

斯托克斯-爱因斯坦方程在研究纳米颗粒在流体中的运动、扩散以及输运行为时具有重要的应用价值[11]。通过实验测量或数值模拟，可以利用该方程来估计纳米颗粒的扩散行为和运动特性，从而深入了解纳米颗粒与流体之间的相互作用。

扩散修正的爱因斯坦方程在纳米流体动力学中用于考虑纳米颗粒对流体黏度的修正关系，它基于爱因斯坦方程并考虑了纳米颗粒的体积分数。扩散修正的爱因斯坦方程可以表达为

$$\eta_{\mathrm{eff}}=\eta_0\left(1+2.5\varphi\right) \tag{4.3}$$

其中，η_{eff} 为纳米流体的有效黏度；η_0 为纯流体的黏度；φ 为纳米颗粒的体积分数。

这个方程通过引入纳米颗粒的体积分数修正了纯流体的黏度，从而考虑了纳米颗粒对流体黏度的影响。当纳米颗粒的体积分数增加时，修正的爱因斯坦方程表明纳米流体的有效黏度将增加。这是因为纳米颗粒的存在会对流体的流动性质产生影响，导致流体分子间的相互作用增加，从而提高了流体的黏度。通过扩散修正的爱因斯坦方程，可以更准确地估计纳米流体的黏度，并更好地理解纳米颗粒对流体性质的影响。

阻力修正公式是基于斯托克斯定律（Stokes' Law）的一种修正形式，用于计算纳米颗粒在流体中悬浮时受到的阻力[12]。它考虑了纳米颗粒与流体之间的相互作用和流体的黏度。根据阻力修正公式，纳米颗粒所受到的阻力（F）可以表示为

$$F=6\pi\eta r\left(v-u\right) \tag{4.4}$$

其中，η 为流体的黏度；r 为纳米颗粒的半径；v 为纳米颗粒的终端速度；u 为流体的流动速度。这个公式可以看作是斯托克斯定律的修正版本。斯托克斯定律描述了粒径较大的颗粒在流体中的运动，忽略了颗粒与流体之间的相互作用。但对于纳米颗粒来说，其尺寸较小，与流体分子之间的相互作用变得更加显著。因此，阻力修正公式引入了纳米颗粒与流体之间的相互作用项，通过流体的黏度来描述。

在阻力修正公式中，纳米颗粒的终端速度（v）与流体的流动速度（u）之间的差异会导致纳米颗粒受到阻力的作用。当纳米颗粒处于静止状态时（v=0），阻力修正公式简化为斯托克斯定律。而当纳米颗粒与流体速度不同步时，流体分子对纳米颗粒的碰撞会导致额外的阻力。阻力修正公式可用于估计纳米颗粒的运动行为、颗粒浓度对流体流动的影响以及纳米颗粒在流体中的分散性等方面的研究。

4.2 理想气体与理想不可压缩模型

4.2.1 气体动理论

分子物理学和热力学是深入探索物质内部热力学特性的学科，它们以不同的视角和技术手段来研究物质的热力学行为。分子物理学着重于探索单个粒子的微观结构，利用统计学的方法来分析物质的宏观热力学特性，并建立宏观量与微观量之间的联系，以期更好地理解物质的热力学性质。热力学以能量为基础，通过观察、实验和研究，探索物态变化中热功转换的规律，而不受物质的微观结构和

过程的限制。它是一种宏观的理论，而分子物理学则更加注重微观的研究。两者相互联系和补充，分子物理学提供了对热力学理论的微观基础解释，而热力学验证了分子物理学的理论。物体的宏观性质由分子间相互作用和分子热运动两个基本因素决定。

热现象是大量粒子热运动的集体表现，也称为分子运动或分子热运动。由于大量粒子的无规则热运动无法逐个描述，因此需要探索它们的群体运动规律。虽然单个粒子的运动具有偶然性和复杂性，但在总体上，它们在一定条件下遵循确定的统计规律，如速率分布和平均碰撞频率等。这种特点促使统计方法在研究热运动时得到广泛应用，并形成了统计物理学。统计物理学从物质的微观结构出发，根据每个粒子所遵循的力学规律，使用统计方法推导宏观量和微观量的统计平均值之间的关系，解释和揭示系统宏观热现象及其规律的微观本质。

总体而言，热力学和分子物理学在研究热现象和热运动方面具有不同的研究角度和方法。热力学是基于热力学规律进行推理的宏观理论，而分子物理学是从微观结构出发，基于统计方法推导宏观和微观之间的关系。热力学和分子物理学是两个互补的学科，它们的结合为我们提供了一种新的视角，从而验证了微观气体动力学理论的正确性，并且为我们提供了更深入的理解。

4.2.2 气体的状态参量、平衡状态

热学研究的目标是探索热力学系统，这些系统在没有外部因素的情况下，经过一段时间的运行，最终会达到稳定的状态，而且宏观特征不会随着时间的推移而改变。平衡态是一种理想模型，用于近似描述实际情况下的系统状态。尽管实际系统无法完全不受外界影响，但只要偏离平衡态的程度不大，仍然可以将其视为平衡态进行处理，这样可以简化问题并具有实际指导意义。平衡态实际上是一种热动平衡状态，即粒子的热运动效果的平均值不随时间改变，因此系统的宏观状态性质保持不变。当系统处于平衡态时，可以使用一组特定的物理量来具体描述系统的状态，这些物理量称为状态参量或态参量。在热学中，常用的状态参量包括体积（V）、压强（p）和温度（T）。使用哪些参量来完全描述系统的状态取决于系统本身的性质和所研究问题的要求。

气体的体积指的是气体分子活动的范围，即气体充满的空间。由于分子的热运动，气体分散在容器的不同部分，因此体积是描述气体状态的重要参量。体积的国际单位是立方米（m^3），常用单位还包括升（L）。

气体的压强体现为单位面积上气体对容器壁施加的压力。压强是大量气体分子频繁碰撞容器壁产生的平均冲力的宏观表现，与分子热运动的频繁程度和剧烈程度有关。压强的国际单位是帕斯卡（Pa），常用的单位还包括厘米汞柱

（cmHg）和标准大气压（atm），它们之间满足以下关系：

$$1\text{cmHg} = 1.333\times10^{3}\text{Pa}$$

$$1\text{atm} = 76\text{cmHg} = 1.013\times10^{5}\text{Pa}$$

虽然体积、压强等物理量可以帮助我们更好地掌握系统的几何特点，但无法完全捕捉到其内部的热学特性。因此，将温度（T）作为一种新的物理量来更准确地捕捉到系统的内部特点，从宏观角度来看，T 可以反映出系统的冷暖状态，从微观角度来看，T 可以揭示出分子的热运动的情况。在热力学领域，平衡状态被认为是一种最佳的状况，它可以抵御任何外部因素的干扰，并且具有稳定的宏观特征。体积、压强和温度是常用的状态参量，用于描述系统的状态。体积和压强与系统的几何和力学性质相关，而温度反映了系统的热学性质。这些参量在研究热学过程和解决实际问题中起着重要作用。

4.2.3 理想气体与其物态方程

理论上，理想气体可被视为某种特定情况下的最佳状态，它可以通过玻意耳定律、盖-吕萨克定律和查理定律来精确地反映实验中的情况，特别是当气体的密度、温度或者压力较小的情况下[13]。基于这三个基本原则，将理想气体视作完全符合物态方程的物质，它能够准确地反映出物质的物态变化，并且能够准确地表达出物质的物态变化，它的物态方程是由这三个基本原则所构建的：

$$pV = vRT \tag{4.5}$$

其中，p 为气体的压强；R 为摩尔气体常量，R=8.314J / (mol·K)；T 为气体的温度；v 为气体的摩尔数，可表示为

$$v = \frac{m}{M} = \frac{N}{N_{\text{A}}} \tag{4.6}$$

式中，m 为气体质量；M 为气体的摩尔质量；N 为气体的分子数；N_{A} 为阿伏伽德罗常量，$N_{\text{A}}=6.02\times10^{23}\text{mol}^{-1}$。还可以进一步写成

$$p = \frac{N}{V}\cdot\frac{R}{N_{\text{A}}}\cdot T \tag{4.7}$$

或

$$p = nkT \tag{4.8}$$

其中，$n=\dfrac{N}{V}$，称为气体的分子数密度，即单位体积内的分子数；$k=\dfrac{R}{N_A}$，称为玻尔兹曼常量，$k=1.38\times10^{-23}$J/K。

理想气体的物态方程表明，即使物质处于不同的平衡态，其中的每个状态参数也可能随着外界环境的改变而改变，因此，这些改动必须符合物态方程的规律，以保证物质的稳定性。这个方程为研究理想气体的性质和行为提供了基本的数学描述，对于热学、物理化学等领域中的气体研究具有重要的意义。

4.2.4 理想气体的微观模型

理想气体是一种在宏观条件下遵守玻意耳定律、盖-吕萨克定律和查理定律的气体。然而，从微观角度来看，我们需要了解构成这种气体的分子的特性才能理解其宏观行为，它的宏观行为无法被人类直接感知。因此，研究者必须深入探究它的组成部分，以便更好地理解它的微观形态。因此，理想的微观模型建立在对宏观实验数据的深入研究的基础上，并以此作为基础，进一步推导出它的宏观行为，可以判断模型的准确性[13]。经过多年的研究，我们现在了解到理想气体的微观模型具有以下特征。

（1）分子之间以及分子与容器壁之间的相互作用只在碰撞瞬间发生，其他时间可以忽略不计。

（2）在气体中，分子的大小几乎可以被忽略，因此可以把它们看作是一个个独立的质点。

（3）分子与容器壁以及分子与分子之间的碰撞属于牛顿力学中的完全弹性碰撞。

实验证明，实际气体中分子本身所占的体积只占整个气体体积的约千分之一。此外，气体中分子之间的平均距离远大于分子的几何尺寸。因此，将分子视为质点模型是完全合理的。另外，对于已达到平衡态的气体，在没有外界影响的情况下，分子与容器壁以及分子与分子之间的碰撞不会改变气体的温度、压强等态参量，同时分子的速度分布也保持不变。因此，分子与容器壁以及分子与分子之间的碰撞被假定为完全弹性碰撞是合理的。因此，通过抽象和简化，理想气体可以被看作是一组彼此无相互作用的、无规运动的弹性质点的集合。这就是理想气体的微观模型。这个模型为理解和描述理想气体的宏观行为提供了基础。

为了基于上述模型求解平衡态时理想气体的宏观状态参量，需要了解理想气体在平衡态时分子的群体特征，即平衡态的统计特性。这些特性反映了气体分子在平衡态下的分布和运动规律。在忽略重力场的影响时，根据平衡态的定义，气体分子的数密度在容器内的任何位置都是相等的。换句话说，气体分子在容器中的分布是均匀的，任何一个空间位置上都有相同的机会出现气体分子。这种分布的空间均匀性是平衡态的基本特征，如果不满足这个条件，就会发生扩散，即不再是平衡态。

另外，在平衡态下，向各个方向运动的气体分子的数量是相同的。换句话说，气体分子在各个方向上运动的概率是相等的，表现出运动的各向同性。显然，如果气体分子具有定向运动，或者在某个方向上的运动概率明显不同于其他方向，那就不符合平衡态的要求。因此，将上述分析的结果总结为平衡态的统计假设：理想气体在平衡态时，气体分子在容器内的任何空间位置出现的概率相等，并且分子向各个方向运动的概率也相等。平衡态的统计假设的正确性需要通过将基于这一统计性假设得出的理论结果与实验结果进行比较来验证。将统计假设应用于理论模型，并将模型的预测结果与实验观测进行对比，可以评估假设的准确性。这种验证过程为理解和描述理想气体的宏观行为提供了理论基础，并为进一步研究气体的统计物理性质奠定了基础。

根据平衡态的统计假设，对于理想气体分子的速度分量，有以下重要的统计特性。

（1）分子沿各个方向运动的速度分量的各种平均值应该相等。例如，在 x、y、z 三个方向上，速度分量的方均值应该相等。方均值表示分子在该方向上的速度分量的平方的平均值，即将所有分子在该方向上的速度分量的平方加起来，然后除以分子总数。

$$\overline{v_x^2}=\frac{\sum_{i=1}^{N}v_{ix}^2}{N},\overline{v_y^2}=\frac{\sum_{i=1}^{N}v_{iy}^2}{N},\overline{v_z^2}=\frac{\sum_{i=1}^{N}v_{iz}^2}{N} \tag{4.9}$$

根据统计性假设，分子群体在 x、y、z 三个方向的运动应该是各向同性的，因此这些方均值应当相等，即

$$\overline{v_x^2}=\overline{v_y^2}=\overline{v_z^2} \tag{4.10}$$

另外，方均速度是分子速度的平方的平均值，根据统计假设和推导可得，速度分量的方均值等于方均速率的 1/3：

$$\overline{v_x^2}=\overline{v_y^2}=\overline{v_z^2}=\frac{\overline{v^2}}{3} \tag{4.11}$$

（2）速度和它的各个分量的平均值为零。在平衡态的理想气体中，各个分子

朝各个方向运动的概率是相等的，因此分子速度的平均值为零。这意味着在长时间内观察理想气体中的分子运动，速度的正负值及其各个分量的正负值将会相互抵消。因此，分子速度及其各个分量的平均值都为零。

4.2.5 流体的可压缩性与理想不可压缩模型

首先介绍流体的可压缩性，其是指在外力作用下，流体的体积或密度发生改变的性质。当受到外界影响时，流体的可压缩特征会显著增强，其中，液体的可压缩特征最低，气体的可压缩特征最高。因此，要准确地测定流体的可压缩特征，一般会采用等温体积压缩率来反映。尽管等温体积压缩系数越高，压缩性也会越明显，但这种情况下，即使压强发生了巨大的波动，也无法改变流体的形状，因此，这种情况下的流体仍属于非压缩状态。相反地，当等温体积压缩系数较小而压强变化较大时，流体应被视为可压缩的。气体的压缩性远大于液体，因为气体的密度会显著随温度和压强的变化而改变。

考虑流体可压缩性时，流体的运动将变得更加复杂，原因如下。

首先，流体密度不再是常数，密度的变化不仅会导致流体热力学状态的变化，同时也反过来影响流体的力学状态。这会导致方程中多出一个未知量，需要引入其他方程来求解，因此方程组中会包含状态方程和能量方程与温度（T）作为未知数。

其次，连续性方程变为非线性方程，增加了求解的难度。

最后，某些情况下可能会产生物理量的间断面，通常称为激波。当流体通过激波时，密度、压强、温度和速度等物理量都会急剧（跳跃）变化。

在处理实际问题时，一种方法是，假设物质的密度保持恒定，也就是说，$\mathrm{d}p/\mathrm{d}t=0$。然而，事实上，物质的密度并不是很大，它们的大小取决于物质的压强。大多数时候，由于水击等因素的存在，液体的压强几乎是无限的，因此它的密度是一个恒定的值。而气体通常较容易被压缩，但在某些情况下，也可以将气体视为不可压缩的。

另一种理想的不可压缩特性假设是流体的体积（V）为常数，这适用于不可压缩固体和液体的状态方程。在这种情况下，等压比热容等于等容比热容，即$C_P=C_V$。这种假设是一个很好的近似，因为比热容只与温度有关。通常使用 C_P 表示固体和液体的比热容。采用不可压缩流体模型可以大大简化方程组，因为此时密度或体积被视为常数（均质流体），方程组的未知数减少一个。

对于可压缩流体，流体运动变得更加复杂，涉及密度和压强的变化以及额外的方程来描述流体的力学和热力学状态。在某些情况下，可以将流体视为不可压缩的，以简化问题的处理。

4.3 流固耦合的方法

4.3.1 流固耦合力学的定义和特点

流固耦合力学是一门交叉于流体力学和固体力学的力学分支，它旨在探索流体与固体之间的相互作用，以及它们如何影响流场的行为，从而改变载荷的分布和大小。它的研究范围涵盖了流体力学、固体力学、流动力学等多个学科，并且可以帮助我们更好地理解流动力学的本质。为了解决这个问题，必须建立耦合方程，其中流体领域和固体领域都不能单独求解，并且无法显式消去描述流体或固体运动的独立变量。

流固耦合问题涉及工程实际应用中的多个方面，包括水锤效应、结构振动以及声音与结构的相互作用等。这些问题在航空、航天、建筑、化工、海洋和生物领域都具有重要意义。

根据耦合机理的不同，流固耦合问题可以分为两大类：部分或全部重叠的问题和仅在两相交界面上发生的问题。部分或全部重叠的问题包括气动弹性力学问题和具有流体有限位移的短期问题，如由爆炸或冲击引起的问题。

气动弹性力学问题涉及在流场作用下，固体结构的弯曲、振动和变形等行为。在航空和航天领域，飞行器的结构必须能够承受来自气流的力量和压力，并保持稳定的飞行状态。流体有限位移的短期问题通常与爆炸、冲击波或高速液体流动等相关，这些情况下固体结构可能会遭受临时的变形和破坏。

对于仅在两相交界面上发生的问题，主要研究固体边界对流场的影响以及流场对固体边界的影响。例如，在水利工程中，水流通过堤坝或水闸时会产生涡流和湍流，这些流动会对固体结构产生冲击和摩擦力，可能导致结构损坏。在海洋工程中，海浪和潮汐会对海岸线和海洋结构物施加压力，需要考虑流固耦合效应来设计可靠的结构。总之，流固耦合力学在工程实践中起着重要的作用，它的研究范围广泛，涉及多个领域，可以帮助我们更好地理解和解决与流体和固体相互作用相关的问题。

4.3.2 流固耦合求解

流固耦合问题是指涉及流体域和固体域之间物理场的相互作用和耦合的问题。根据流体域和固体域之间的耦合程度，可将流固耦合求解方法划分为强耦合和弱耦合。

强耦合（strong coupling）方法也称直接解法，可以有效地把流体动力学与固体力学的控制方程整合到一个方程矩阵，从而使得求解流固控制方程变得更加容易。但是，由于其复杂性，这种方式很少能够真正地把流体动力学与固体力学的控制方程有机地整合起来。此外，直接解法存在收敛困难和计算时间长的问题，主要适用于相对简单的流固耦合问题。

弱耦合（weak coupling）方法也称分离解法，通过分别求解流体和固体的控制方程，并通过流固耦合交界面进行数据传递来实现耦合效果。分离解法对计算机性能的要求较低，适用于处理大规模实际问题。商业软件中的流固耦合分析通常采用分离解法，如 ANSYS。

图 4.1 展示了流固耦合解法的分类。ANSYS 是一个早期研究和应用流固耦合的软件，其流固耦合分析算法和功能已经非常成熟[14]。在 ANSYS 中，可以通过使用第三方软件或直接结合不同模块的功能来进行流固耦合分析，如使用第三方软件（如 MPCCI）或者直接结合 ANSYS Mechanical APDL + CFX、ANSYS Mechanical APDL+FLUENT、ANSYS Mechanical + CFX 等模块进行流固耦合分析。在选择流固耦合求解方法时，需要考虑耦合程度和可行性。直接解法适用于简单问题或特定耦合情况，而分离解法则适用于更为复杂的实际问题。因此，在实际应用中，应根据具体问题的复杂性和求解需求来选择合适的流固耦合求解方法。

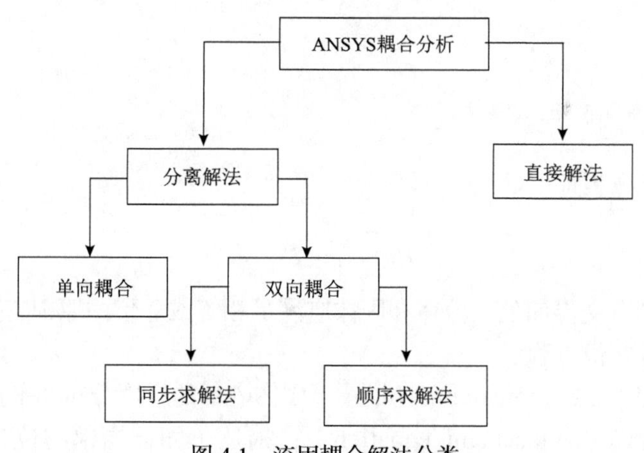

图 4.1 流固耦合解法分类

流固耦合问题的控制方程包括流体的连续性方程、动量方程和能量方程，以及固体的应力方程、位移方程、热流量方程和温度方程。在流固耦合交界面处，还需要满足流体和固体变量的相等或守恒关系。这些控制方程在流固耦合分析中起着关键的作用，通过求解这些方程可以得到流体和固体之间的相互作用和耦合效应。

1. 流体控制方程

连续性方程（continuity equation）：描述了流体质量守恒的方程[15]。

$$\frac{\partial \rho}{\partial t}+\frac{\partial}{\partial x_j}\left(\rho U_j\right)=0 \tag{4.12}$$

动量方程（momentum equation）：描述了流体动量守恒的方程，通常采用Navier-Stokes（N-S）方程进行描述。

$$\frac{\partial \rho U_i}{\partial t}+\frac{\partial}{\partial x_j}\left(\rho U_i U_j\right)=-\frac{\partial \rho}{\partial x_i}+\frac{\partial}{\partial x_j}\left(\tau_{ij}-\rho \overline{u_i u_j}\right)+S_M \tag{4.13}$$

能量方程（energy equation）：描述了流体能量守恒的方程，考虑了流体的热传导和热对流等因素。

$$\frac{\partial \rho h_t}{\partial t}-\frac{\partial p}{\partial t}+\frac{\partial}{\partial x_j}\left(\rho U_j h_t\right)=\frac{\partial}{\partial x_j}\left(\lambda \frac{\partial T}{\partial x_j}-\rho \overline{u_j h}\right)+\frac{\partial}{\partial x_j}\left[U_i\left(\tau_{ij}-\rho \overline{u_i u_j}\right)\right]+S_E \tag{4.14}$$

2. 固体控制方程

固体控制方程如下。

$$\rho_s \overline{d_s}=\nabla \cdot \rho_s+f_s \tag{4.15}$$

在流固耦合交界面处，流体和固体应满足相等或守恒的原则，其中包括以下变量的相等或守恒方程。

应力方程（stress equation）：描述了固体内部的应力分布和平衡条件。

位移方程（displacement equation）：描述了固体内部的位移分布和平衡条件。

热流量方程（heat flow equation）：描述了固体内部的热流分布和平衡条件。

温度方程（temperature equation）：描述了固体内部的温度分布和平衡条件。

$$\begin{cases}\tau_f \cdot n_f=\tau_s \cdot n_s \\ u_f=u_s \\ q_f=q_z \\ T_f=T_z\end{cases} \tag{4.16}$$

此外，对于特定问题（如流固热耦合），还需要考虑热传导方程等其他方程。

4.3.3 分离解法的耦合方式与数据传递

在普通仿真过程和单向流固耦合分析过程中，通常包括一系列步骤，如问题分析、模型建立、求解模型选择、有限元网格建立、仿真设置、求解和后处理等。单向流固耦合分析过程中，流场仿真和结构仿真是主要的步骤。每个步骤都包含上述提到的一般仿真过程中的步骤，而流场仿真的结果会被施加到结构分析中。

在单向耦合中，数据传递是单向的，即从流体分析传递结果给固体结构分析，而没有固体结构分析结果传递给流体分析。单向耦合分析适用于流体对结构有显著影响，而结构对流体影响较小的情况。例如，在热交换器的热应力分析、阀门应力分析、塔吊静态结构分析等情况下，流体对结构的影响显著，而结构对流体的影响相对较小。

另外，双向流固耦合分析涉及双向数据交换，即流体分析结果传递给固体结构分析，同时固体结构分析的结果也反向传递给流体分析。双向流固耦合分析常用于流体和固体介质密度相差不大、高速高压、固体变形显著且对流体流动产生显著影响的情况。例如，在挡板振动分析、血管壁和血液流动的耦合分析、油箱晃动和振动分析等问题中，流体和固体之间相互作用显著，需要进行双向数据传递和耦合分析。

总之，单向流固耦合分析适用于流体对结构影响显著且结构对流体影响较小的情况，而双向流固耦合分析适用于流体和固体之间相互影响显著的情况。在选择分析方法时，需要考虑问题的特点和耦合程度来确定合适的分析方法。

在流固耦合中，数据传递是通过交界面将流体计算结果和固体结构计算结果相互交换传递的过程。在 ANSYS 中，多场求解器 MFS（multi-field solver）和 MFX（multi-field extension）能够有效完成数据传递，无论是在完美对应的流固耦合网格还是相差很大的非对应网格情况下。对于非对应网格的数据传递，插值运算是必不可少的一步。MFS 和 MFX 提供了不同的插值方式，以确保精确的数据传递[16]。

MFS 提供了两种插值方式：剖面保持插值法和全局守恒插值法。在剖面保持插值法中，接收端节点被映射到发射端相应单元上，并在发射端单元上进行插值操作，然后将插值结果传递给接收端，如图 4.2 所示。

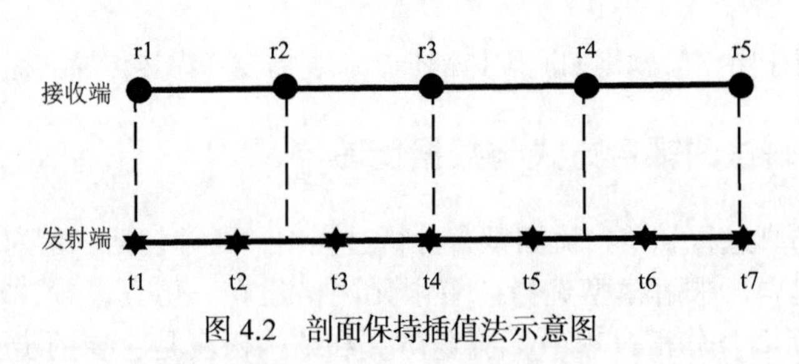

图 4.2 剖面保持插值法示意图

而全局守恒插值法则首先将发射端节点映射到接收端单元上，然后按比例切分需要传递的参数数据到各个接收端节点上，如图 4.3 所示。

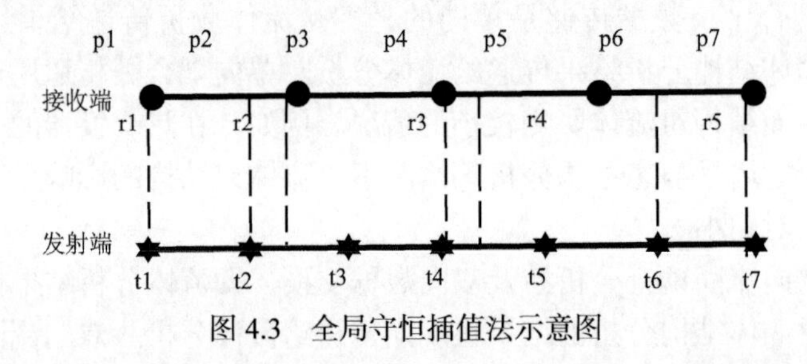

图 4.3 全局守恒插值法示意图

多场求解器 MFX 也提供了两种插值方式：剖面保持插值法和守恒插值法。其中，守恒插值法采用了单元分割、像素概念、桶算法和新建控制面等方法，以确保在流固耦合面完全重合对应的情况下精确传递参数数据。对于流固耦合面不完全对应的情况，守恒方法会通过在不对应区域设置 0 值或特殊边界条件等方式忽略此区域数据的传递，以保持严格的守恒传递。

通过合适的插值方式，MFS 和 MFX 能够在流固耦合分析中实现准确的数据传递，无论是在对应网格还是非对应网格的情况下。这样，流体计算结果和固体结构计算结果可以相互交换，并在耦合过程中保持一致性和精确性。

4.3.4 流固耦合应用

下面以纳米流体传热分析、微通道传热分析与纳米尺度热浸润分析为例，介绍流固耦合在微纳尺度传热领域的应用。

1. 纳米流体传热分析

纳米流体传热分析是在微纳尺度下研究纳米颗粒悬浮在基础流体中的传热行为的关键分支。纳米颗粒的存在对流体的热导率和对流传热特性产生显著影响[17]，因此，通过流固耦合分析方法可以深入探究纳米流体的传热机制以及热阻变化规律。在纳米流体传热分析中，首先需要考虑基础流体的运动和传热行为，通常采用 N-S 方程描述其连续性、动量和能量守恒。这些方程包括质量守恒方程、动量守恒方程和能量守恒方程，其中考虑了黏性和湍流等效应。同时，纳米颗粒的悬浮和分布状态对流体的热传导和对流传热有着显著影响。因此，通过耦合纳米颗粒悬浮状态和流体运动的方程，可以模拟纳米流体的传热行为。

在纳米流体传热分析中，纳米颗粒的分布和流动行为是关键要素。可以使用扩散方程和分散方程来描述纳米颗粒的输运和分布情况。扩散方程考虑了浓度梯度和扩散系数的影响，而分散方程则描述了纳米颗粒的沉降和输运过程。通过求解这些方程，可以得到纳米颗粒的分布情况，并进一步揭示纳米流体的传热特性。

此外，纳米颗粒的表面特性对流体的传热行为也具有重要影响。例如，纳米颗粒表面的疏水性或亲水性涂层会改变流体的界面热阻和传热系数。因此，考虑纳米颗粒表面性质的边界条件，如表面热阻和表面热传导系数，对于准确模拟纳米流体传热过程至关重要。

2. 微通道传热分析

微通道传热分析是指研究微尺度下流体在微通道内的流动和热传导行为的分析方法。微通道具有小尺寸和高比表面积的特点，广泛应用于微流体领域和热管理领域[18]。在微通道传热分析中，流固耦合方法被广泛应用，以探究微通道内流体和固体壁面之间的传热特性、流动特性以及它们之间的相互作用。微通道传热分析的关键是建立流体和固体之间的耦合模型，并考虑流体流动和热传导过程。以下是微通道传热分析的一般步骤。

（1）流体控制方程求解：采用 N-S 方程描述微通道内的流体运动，包括质量守恒、动量守恒和能量守恒方程。通常考虑黏性、湍流、压力梯度等影响因素，求解这些方程可以得到流体在微通道内的流速、压力和温度分布。

（2）固体壁面传热分析：考虑固体壁面与流体之间的传热过程，包括对流传热和壁面传热阻力。对流传热通常使用努塞特数或对流换热系数来描述。壁面传热阻力可以通过壁面摩擦系数和壁面温度梯度来计算。

（3）边界条件设定：确定微通道的入口条件和出口条件，如流体流速、温度等。此外，还需要考虑固体壁面的边界条件，如壁面温度或热流量。

（4）耦合计算和迭代：将流体和固体的控制方程耦合起来，在迭代求解过程中进行数据交换，通过迭代计算得到收敛的流体和固体场。

（5）结果分析：根据求解结果，可以获得微通道内的流速、压强和温度分布，进而分析传热特性、流动特性及其对应的热阻、压降等参数。

微通道传热分析的应用范围广泛，包括微流体器件的设计与优化、微电子散热问题的研究、生物医学领域的微流控传感器等。通过流固耦合分析方法，可以深入了解微通道内的流体运动和热传导行为，为微尺度传热问题的研究和应用提供有效的分析工具。

3. 纳米尺度热浸润分析

纳米尺度热浸润分析是研究纳米尺度下液体在固体表面的热浸润行为的分析方法。热浸润是指液体在固体表面上形成连续薄液膜或液滴的过程，其传热行为对于纳米尺度热传导和界面热阻的研究具有重要意义。在纳米尺度热浸润分析中，涉及液体分子与固体表面之间的相互作用、界面能和表面张力等物理现象。具体而言，纳米尺度热浸润分析采用分子模拟方法，如分子动力学模拟或分子静力学模拟，来模拟纳米尺度下液体分子与固体表面之间的相互作用[19]。通过模拟计算，可以获得液体分子在固体表面附近的结构、运动和能量变化等信息。在分析过程中，界面能是一个重要的物理量，它描述了液体与固体表面之间相互作用的强度。通过计算界面能和界面张力，可以评估液体-固体界面的稳定性和界面特性。

热传导分析是纳米尺度热浸润分析的另一个重要方面。通过模拟计算固体表面的温度分布和液体内部的热传导行为，可以了解热浸润过程中的能量传递和热阻特性。此外，界面热阻也是液体-固体界面传热过程中的关键参数。通过模拟计算，可以评估界面热阻的大小和影响因素，如固体表面的结构特征、界面分子层的厚度等。

综合分子模拟、界面能计算、热传导分析和界面热阻分析的结果，可以获得液体分子的分布、界面能、热传导和界面热阻等关键参数。进一步分析这些参数的变化和相互关系，有助于深入理解纳米尺度热浸润行为及其对热传导性能的影响。纳米尺度热浸润分析在纳米材料、纳米润湿、纳米热管理等领域具有重要应用价值。通过深入研究纳米尺度下的热浸润行为，可以为设计和优化纳米材料的传热性能提供理论指导，并为纳米尺度热传导和界面热阻的理解提供新的见解。这对于发展高效热管理材料、纳米电子器件及其他相关领域的研究具有重要意义。

以上三种应用示例仅是微纳尺度传热领域中流固耦合分析的一部分，实际上还有许多其他领域和问题可以应用到流固耦合分析中，如微尺度热管、纳米颗粒增强热界面材料等。通过流固耦合分析，可以深入理解微纳尺度下的传热机制和行为，并为相关领域的研究和应用提供支持。

4.4 小　　结

本章探讨了微观传热学中的流固耦合问题，重点介绍了流固耦合在微纳尺度传热领域的应用。通过对流体动力学、纳米流体动力学、理想气体与理想不可压缩模型以及流固耦合的定义、求解方法和应用的研究，能够更好地理解微观尺度下流体和固体之间的相互作用，并为微观传热问题的分析和解决提供理论基础和方法。在流体动力学与纳米流体动力学的部分，讨论了流体在微观尺度下的运动行为和特性。流体动力学研究了流体的连续性方程、动量方程和能量方程等基本方程，而纳米流体动力学则考虑了纳米尺度下表面效应、布朗运动和分子间力等因素的影响，为纳米尺度传热现象的理解提供了基础。通过研究气体动力学理论，包括气体的状态参量和平衡状态的描述，详细介绍了理想气体的物态方程和微观模型，为微观传热问题的建模和分析提供了基础。此外，本章还介绍了流体的可压缩性和理想不可压缩模型的适用性，以提高对微观尺度传热问题的准确建模和分析能力。结合以上内容，本章给出了流固耦合力学的定义和特点，并介绍了不同的流固耦合求解方法。其中，分离解法通过分别求解流体和固体的控制方程，并通过流固耦合交界面进行数据传递，实现了流体和固体之间的信息交流和能量传递。最后，本章以纳米流体传热分析、微通道传热分析和纳米尺度热浸润分析为例，详细介绍了流固耦合在微纳尺度传热领域的应用。

参考文献

[1] Venkateswaran S, Weiss J, Merkle C, et al. Propulsion-related flowfields using the preconditioned Navier-Stokes equations[C]//28th Joint Propulsion Conference and Exhibit, 1992: 3437.

[2] 任玉新, 陈海昕. 计算流体力学基础[M]. 北京: 清华大学出版社, 2006.

[3] 陈林烽. 基于 Navier-Stokes 方程残差的隐式大涡模拟有限元模型[J]. 力学学报, 2020, 52(5): 1314-1322.

[4] 穆保英, 侯延仁, 张运章. 求解非定常 Navier-Stokes 方程的自适应变分多尺度方法[J]. 工程数学学报, 2010, 27(2): 258-270.

[5] Moczo P, Kristek J, Halada L. The finite-difference method for seismologists[M]. Bratislava: Comenius-Univ. 2004, 2004.

[6] Zienkiewicz O C, Taylor R L, Zhu J Z. The Finite Element Method: Its Basis and Fundamentals[M]. Oxford: Elsevier, 2005.

[7] Caretto L S, Gosman A D, Patankar S V, et al. Two calculation procedures for steady, three-dimensional flows with recirculation[C]//Cabanne S H, Temam R. Proceedings of the Third International Conference on Numerical Methods in Fluid Mechanics: Vol. II. Problems of Fluid Mechanics. Berlin: Springer Berlin Heidelberg, 1973: 60-68.

[8] Chen J B. A stability formula for Lax-Wendroff methods with fourth-order in time and general-order in space for the scalar wave equation[J]. Geophysics, 2011, 76(2): T37-T42.

[9] 郑华盛, 赵宁. 一个基于通量分裂的高精度 MmB 差分格式[J]. 空气动力学学报, 2005,

23(1): 52-56.

[10] Liu Y, Changbin W, Fuquan S. Mechanism of diffusion influences to the shale gas flow[J]. Advances in Porous Flow, 2014, 4(1): 10-18.

[11] Einstein A. Investigations on the Theory of the Brownian Movement[M]. New York: Courier Corporation, 1956.

[12] Shearer S A, Hudson J R. Fluid mechanics: Stokes' law and viscosity[J]. Measurement Laboratory, 2008, 3.

[13] Pimbley J M. Volume exclusion correction to the ideal gas with a lattice gas model[J]. American Journal of Physics, 1986, 54(1): 54-57.

[14] Antonova E E, Looman D C. Finite elements for thermoelectric device analysis in ANSYS[C]. ICT 2005. 24th International Conference on Thermoelectrics, 2005. IEEE, 2005: 215-218.

[15] Seis C. A quantitative theory for the continuity equation[J]. Annales de l'Institut Henri Poincaré C, Analyse non linéaire, 2017, 34(7): 1837-1850.

[16] Stolarski T, Nakasone Y, Yoshimoto S. Engineering Analysis with ANSYS Software[M]. Oxford: Elsevier Butterworth-Heinemann, 2018.

[17] Kumar A, Subudhi S. Preparation, characterization and heat transfer analysis of nanofluids used for engine cooling[J]. Applied Thermal Engineering, 2019, 160: 114092.

[18] Zargartalebi M, Azaiez J. Heat transfer analysis of nanofluid based microchannel heat sink[J]. International Journal of Heat and Mass Transfer, 2018, 127: 1233-1242.

[19] Luo X. Characterization of Nano-scale Materials for Interconnect and Thermal Dissipation Application in Electronics Packaging[M]. Stockholm: Chalmers Tekniska Hogskola, 2014.

第5章　场驱动固液气三相传热

5.1　蒸　气　膜

图 5.1 列出了在液体/蒸气相变穿过固体表面的传热过程中，影响蒸发和冷凝速率以及固体表面温度的各种流体、固体表面和流动变量，本章将讨论这些变量。图 5.2 给出了固体表面周围非等温液-气两相流和传热（包括相变）的分类。

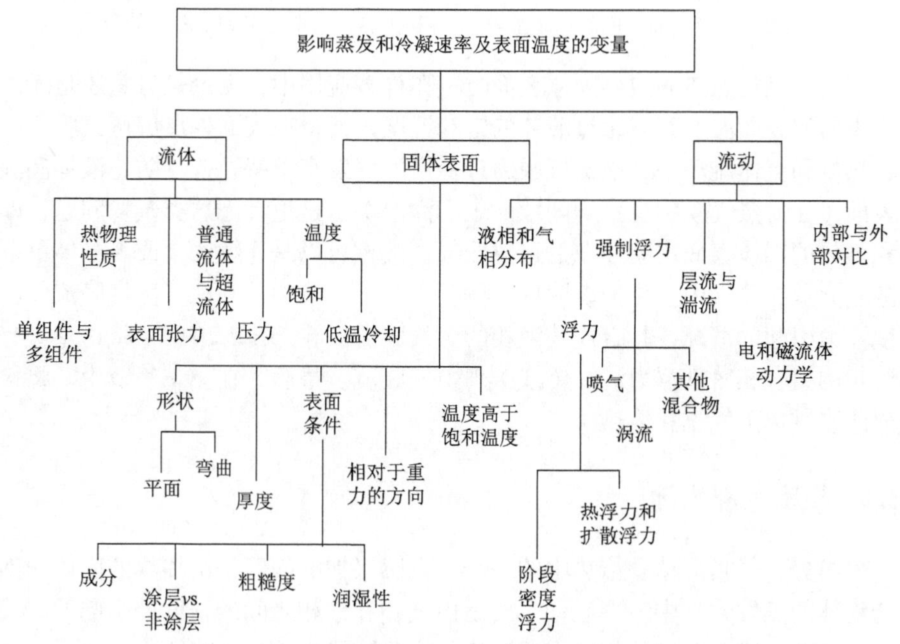

图 5.1　影响蒸发和冷凝速率以及液体/蒸气相变表面传热中的表面温度的流体、固体表面和流动变量图

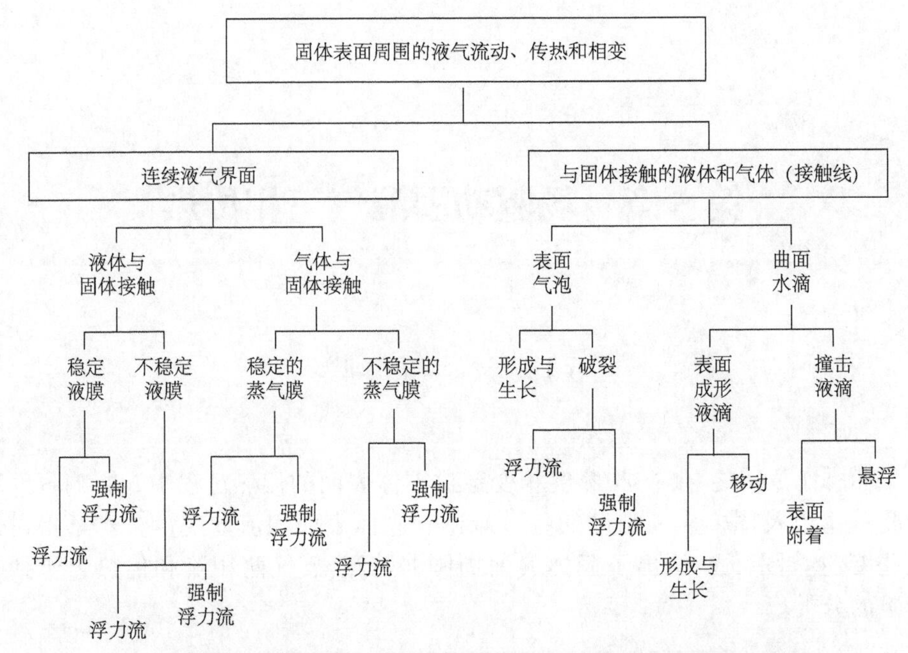

图 5.2　固体表面周围两相（液-气）流和传热（包括蒸发和冷凝）的分类

在液体流过加热的边界固体表面时，在许多应用中，无论是有意还是无意，加热表面的表面温度充分超过液体的饱和温度，使得在表面处形成蒸气膜。在稳定的热量和流体流动中，该蒸气膜通过稳定的蒸发来维持，并且防止液体润湿固体表面（在薄蒸气膜中观察到间歇性表面润湿）。这里考虑这类蒸发问题，即液体和加热的固体表面之间存在的过热蒸气。液相可以是连续的，或者液体可以作为液滴分散在蒸气中。作为说明性示例，在 5.1.1 节中，考虑了蒸气膜流仅由相密度浮力引起的情况，具有连续液相的蒸气膜流。在 5.1.2 节中，将讨论具有连续液相的组合相密度浮力流和（或）强迫气膜流。最后，在 5.1.3 节中，将检查分散液滴过热蒸气流和传热。

5.1.1　相密度浮力流

单组分、气膜流动和传热中的一个令人感兴趣的问题是由加热的固体表面限制的液体的蒸发，其中气液运动主要是由气相和液相之间的密度差引起的。我们将其称为蒸气膜、蒸发的相密度浮力流（也称池膜沸腾）。蒸气内的热浮力流动通常可以忽略不计，而液体内的热浮力流动仅是次要的。假设存在正常重力（在地球表面）或显著重力。

当过冷液体（即液体温度 $T_{l\infty}$ 低于液气平衡或饱和温度，$T_{lg}=T_s$）放置在加热边界表面附近并且该边界表面的温度 T_{sb} 高于饱和温度，温度升高时，可能发生蒸发相变。对于边界表面与水平轴成角度 θ 的半无限液体，该蒸发过程如图 5.3 所示。随着表面过热度 $T_{sb}-T_s$ 的增加，在达到表面气泡成核起始的阈值过热度（$T_{sb}-T_s$）之前，不会发生蒸发。图中显示了这种单相（液体）传热方式。

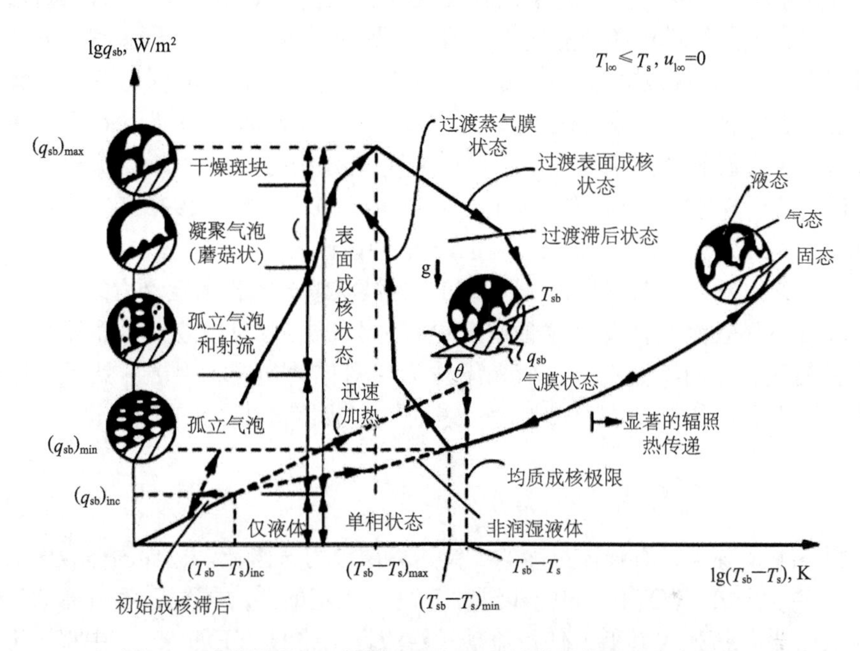

图 5.3　池沸腾过程：固体表面超温下的传热蒸发和状态转换

该阈值或初始过热取决于表面条件（粗糙度、空腔、涂层、空腔中截留的气体等）、流体（溶解气体含量、润湿性、可混溶液混合物、压力、过冷度等）、流体动力学（强制液体流动、表面相对于重力矢量的方向等）以及表面几何形状。对捕获气体和其他条件的依赖导致了初期成核滞后现象，这将在 5.5 节中讨论。

当固体表面加热非常快时（薄固体表面），表面成核可能会延迟，并且会发现较高的初始过热度。此外，对于理想的非润湿液体，表面气泡成核可能不会发生，这将在 5.4 节和 5.5 节中讨论。

随着表面过热度进一步增加，会遇到表面气泡成核状态，这对应于表面热通量 q_{sb} 的急剧增加，称为表面成核状态（或核沸腾状态）并具有几个子状态。如图 5.3 所示，在低表面热通量下，在活跃成核位点形成孤立气泡，这称为孤立气泡状态。当 q_{sb} 较高时，气泡离开的频率增加，活性位点的数量也增加，这被称为组合的孤立气泡和射流状态。接下来，这些相邻的射流合并并发现蒸气柱发展状态（蘑菇状）。随着 $T_{sb}-T_s$ 进一步增加，出现干斑区域。表面成核机制将在 5.5 节中讨论。在表面过热度（$T_{sb}-T_s$）$_{max}$ 处，q_{sb} 达到最大值，称为临界热通量，$T_{sb}-T_s$ 的任何进一步增加都会降低 q_{sb}，在过渡状态中，会发生气泡成核，但蒸气去除机制受到阻碍。

在这里讨论的蒸气膜状态中，假设液体不与边界表面接触，并且热量通过传导和辐射穿过蒸气膜传递到蒸气产生的气液界面。现在，从蒸气膜状态开始并降低过热度，可以将过热度降低到最小值（$T_{sb}-T_s$）$_{min}$，同时保持蒸气膜流。存在相应的表面热通量，称为最小热通量（q_{sb}）$_{min}$。Witte 和 Lienhard 于 1982 年已经讨论了过渡态的两个分支，即过渡蒸气-吉尔姆态和过渡表面-成核态。这种转换机制滞后现象将在 5.5 节中讨论。Bergles 和 Unal 等在 1992 年对表面成核机制进行了详细分析，这些内容也将在 5.5 节中讨论。

本节首先检查蒸气膜非波状情况和变为波状情况的相密度浮力蒸气膜流态。考虑垂直边界表面的情况，这种情况更容易分析，因为在液气界面处产生的蒸气穿过蒸气膜（而不是在其他倾角下作为气泡移动到液相中）。然后讨论递减过热分支中遇到的最小表面过热度。表面气泡成核将在 5.5 节中讨论。

1. 非波浪薄膜

图 5.4 呈现了带有液体过冷的二维边界层浮力气膜流。边界固体表面的温度为 T_{sb}，并且比单组分流体的饱和温度 T_s 高出稳定的浮力蒸气膜流所需的过热量 $T_{sb}-T_s$。蒸气流速足够低，使得流动是层流且无波的。正如 5.2 节中将讨论的，液体-蒸气界面在距离前缘不远的地方变成波状。这种波状薄膜状态之后是更下游的湍流薄膜状态，在那里速度变得相当大。Hsu 和 Westwater 于 1960 年通过实验观察到了向湍流的转变[1]。他们使用局部气液界面速度 u_{lg} 和局部气膜厚度 δ_g，并给出层流到湍流气膜流转变雷诺数为

$$\left(Re_{\delta_g}\right)_{tr}=\frac{u_{lg}\delta_g}{\nu_g}=100 \tag{5.1}$$

由于在层流状态中 u_{lg} 和 δ_g 随着轴向位置 x 单调增加，因此气膜流在下游轴向位置 x_{tr} 处变成湍流。这种转变通常发生在波状现象出现之前，即在流动变得不稳定之前，然而本节的讨论将专注于无波的层流气膜之前，即在流动转变为湍流之前的状态。

蒸气在位于 $y=\delta_g$ 处的液体-蒸气界面处形成，热量通过传导（对流贡献可以忽略不计）和穿过被认为是透明的蒸气膜辐射提供给该界面。当 T_{sb} 变得非常

大时，辐射贡献变得显著并且渐进地主导传导。当液体过冷时，即 $T_{l\infty} < T_s$，部分从边界表面流向界面的热量流入液体边界层，从而降低了蒸发速率。一般来说，热边界层厚度和黏性液体边界层厚度不相等（对于非统一的液体普朗特数）；然而，图 5.4 中假设它们相等。

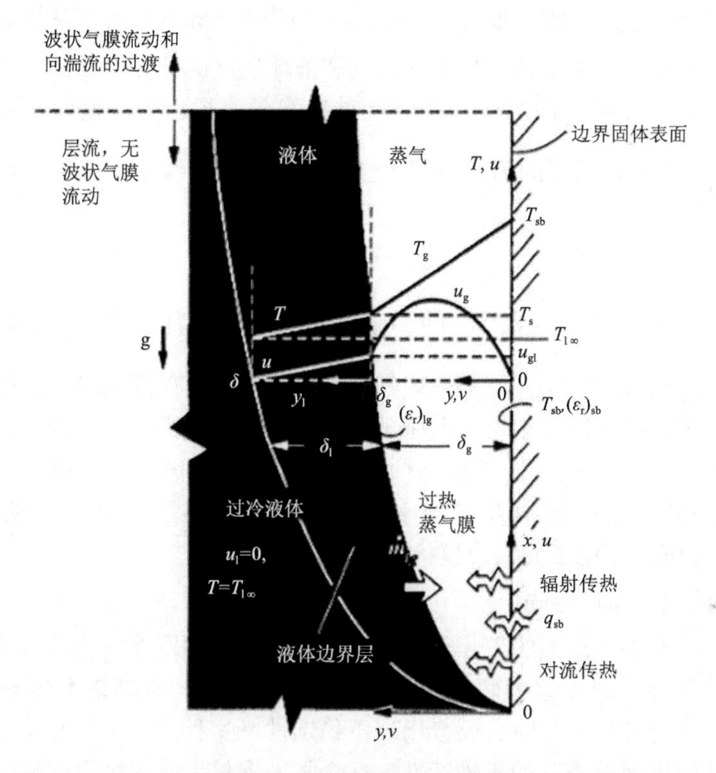

图 5.4　邻近等温垂直边界表面的非波状薄膜蒸发，还显示了蒸气膜和液体边界层以及它们各自的近似温度和速度分布

Koh 获得了一个类似于稳定二维层流边界层浮力蒸气膜流的解，没有液体过冷。Sakurai 等[2]对浮力蒸气膜流和传热分析进行了回顾，包括除了本研究中考虑的垂直、半无限平面边界表面之外的其他几何形状（如水平圆柱体及平面和球体）。液体过冷包含在 Sakurai 的边界层积分分析中，它保证惯性项和对流项可以忽略不计。

Sakurai 等[2]也考虑了允许密度变化且惯性项和对流项包含在动量和能量方程中的情况下的相似解。使用流函数和空间相似性变量。水平圆柱体的解也是由它们得到的，包括辐射。对于卧式圆柱体，在液-气界面处形成的蒸气被收集在圆柱体的顶部，并在那里以气泡的形式离开。对于小直径气泡，液-气界面除了顶部之外是非波状的，而对于大直径气泡，除了前驻点周围的小区域之外，界面是波状的。5.1.2 节将研究固-液-气系统中的蒸发现象以及水平圆柱体周围气膜流的情况，特别是在考虑浮力和强制流动相结合的条件下。

2. 波浪薄膜

上面讨论的层流气膜厚度 δ_{g} 通常很小，约为 1 mm，并且气液界面可能不稳定。这种不稳定性是由于远离界面的蒸气和液体速度的差异以及蒸气和液体密度的差异。然后，在距离前缘 $(x=0)$ 很短的距离处，界面变成波状。实验结果表明，由 $\frac{\langle (q_{\mathrm{sb}})_{\mathrm{c}} \rangle_x}{T_{\mathrm{sb}}} - T_{\mathrm{s}}$ 预测的努塞特数不会出现在距离前缘这么短的距离之外。实验结果表明，在波膜状态下，该关系不是 $\langle (Nu_x)_{\mathrm{c}} \rangle_x$ 的 $x^{\frac{3}{4}}$ 关系，也不是 $\frac{\langle (q_{\mathrm{sb}})_{\mathrm{c}} \rangle_x}{T_{\mathrm{sb}}} - T_{\mathrm{s}}$ 的 $x^{-\frac{1}{4}}$ 关系。观察到的 $\langle (q_{\mathrm{sb}})_{\mathrm{c}} \rangle_x$ 的均匀性已用于开发流动和传热模型以及预测 $\langle (q_{\mathrm{sb}})_{\mathrm{c}} \rangle_x$ 的大小。这些模型确保有蒸气膜和附有蒸气泡。正如控制无穷小界面位移增长的线性稳定性理论所预测的那样，晶胞沿表面的线性尺寸与增长最快的界面波的波长相关。下面回顾和讨论了界面位移波线性稳定性理论的结果、所使用的晶胞模型以及晶胞中蒸气和液体边界层的处理，从而预测了 $\langle (q_{\mathrm{sb}})_{\mathrm{c}} \rangle_x$ 或 $\langle (Nu_x)_{\mathrm{c}} \rangle_x$ 用于波状薄膜状态。

1）界面位移的临界波长

与邻近等温垂直表面的单相热浮边界层流一样，相密度浮力蒸气膜也可能变得不稳定。然而，对于这种两相流问题，不稳定背后的机制是不同的。当液-气界面上无限小的位移增长时，就会出现不稳定性。这种增长可能是由于不稳定的密度分层，即界面上密度的不连续性，这会将密度较大的流体置于密度较小的流体之上（称为瑞利-泰勒不稳定性），或者由于整体蒸气和液体速度存在差异（称为开尔文-亥姆霍兹不稳定性）。这些不稳定性也发生在等温液-气两相流中，并且已经针对简单的液体和气体速度场进行了检查（大多数是零黏度的均匀速度，使得速度的跳跃也发生在界面上）。Zuber 等[3]、Berenson 等[4]对相变气膜流中的应用进行了综述。

线性稳定性分析是通过向基流和界面位置引入无穷小的位移扰动，并确定这些扰动的增长或衰减来进行的。无条件不稳定的流动，这些扰动跟随增长最快的扰动波长的增长。即使位移幅度不是无穷小，也假定该临界波长占主导地位。然而，有限振幅扰动（或波）受非线性控制，这可能使主波长（即最大幅值波）与初始阶段增长最快的波长不同，在初始阶段，线性化是有效的，这是因为小幅度。对于前面讨论的二维液-气基流，没有详细的稳定性分析可用。实验表明，尽管存在许多理想化，如均匀（一维）速度和零黏度，但使用简单的基流可以相对准确地预测主波长。

2）空间周期、移动晶胞模型

人们不断努力使用增长最快的界面波的预测波长和实验观察结果来预测 $\langle q_{sb}\rangle_x$，如均匀 T_{sb} 条件下 $\langle q_{sb}\rangle_x$ 的均匀性。这些模型中描述的是空间周期、移动晶胞模型，如图 5.5 所示，它允许层状蒸气膜在装置中厚度增加并排入附着的气泡中。晶胞在边界表面上向上移动并且轴向晶胞长度大于临界值 λ_c。研究表明，在距离前缘 λ_c 后，这种周期性结构得以维持。所附气泡的尺寸、几何形状和传热特性已经通过不同程度的严格建模进行了研究（如 Bui 等[5]、Nishio 等[6]的工作）。

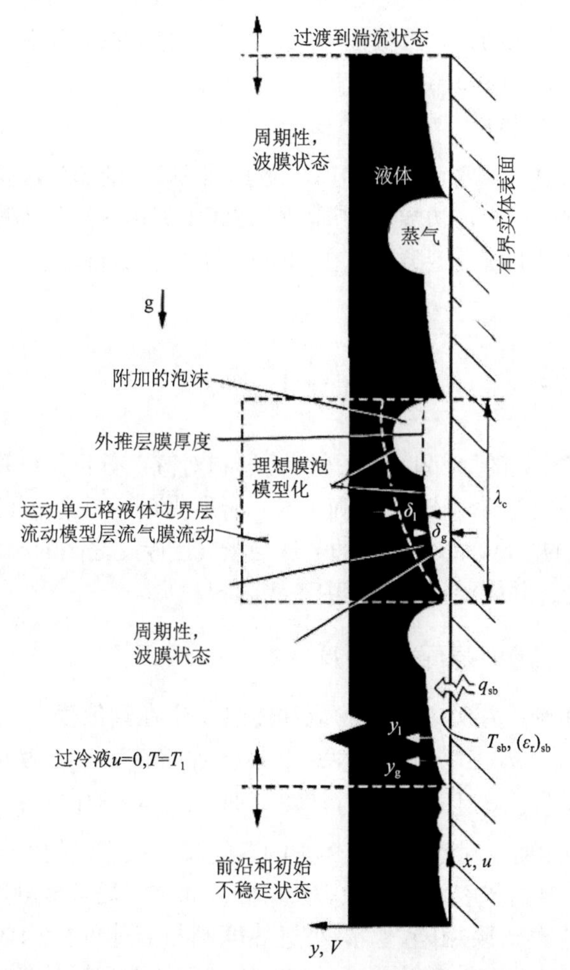

图 5.5　与等温、垂直边界固体表面相邻的波状蒸气膜的晶胞模型

该模型假设晶胞上游边缘处的蒸气膜厚度为零，且该膜是层状的，且可以通过与上面讨论的类似的边界层分析进行预测。观察表明，随着越来越多的蒸气流入其中，附着的气泡随着距前缘的距离增加而增大。在 Bui 等[5]的模型中，附着气泡区域也允许传热（约占晶胞传热的 30%），而 Nishio 等[6]没有考虑气泡传热，而是假设层流气膜延伸到晶胞的末端，如图 5.5 所示。波状界面的液相和气相流体动力学尚不清楚，并且流场不是二维的、周期性的和准稳态的，如晶胞模型中所描述的。在附着的气泡之间的液体中可能会发生再循环流动，并且气泡可能会脱离。

波状界面的液相和气相流体动力学尚不清楚，并且流场不是二维的、周期性的和准稳态的，如晶胞模型中所描述的。Bui 等指出，在附着的气泡之间的液体中可能会发生再循环流动，并且气泡可能会脱离。作为两相流和传热建模的说明性示例，下面回顾了 Nishio 等[6]的分析。

3）液体和蒸气边界层

在波状膜状态中，努塞特数或$\langle q_{sb}\rangle_{xc}$大于不断增长的蒸气膜边界层所预测的值。图 5.5 的晶胞模型允许边界层的周期性破坏（即边界层的周期性重启）。这与常用的其他边界层更新模型类似。在 Nishio 等[6]的二维模型中，晶胞平均努塞特数定义为

$$\langle Nu\rangle_x = \frac{1}{\lambda_{cr}}\int_0^{\lambda_{cr}} Nu_x \mathrm{d}x \tag{5.2}$$

其中，Nu_x为努塞特数的局部非辐射（即传导和对流）分量。该局部努塞特数通常使用边界层积分方法来确定。在确定Nu_x时所做的一些近似可以被放宽，而Nu_x取决于蒸气膜的厚度，以及液体边界层与蒸气层厚度之间的比率。Nishio 等[6]对这些进行了讨论，并简要提到了其中一些内容。

3. 蒸气薄膜的最小表面过热度

上面讨论的相密度浮力、蒸气膜流和传热发生在阈值表面过热度$T_{sb}-T_s$之外。最小过热度$T_{sb}-T_s$也以 1756 年最初报告者的名字命名为莱顿弗罗斯特极限[7]，最初与面积蒸气产生率的能力相关，即$k_v(T_{sb}-T_s)/\left(\delta_g\Delta h_{lg}\right)$，以保持液体远离边界表面[8]。然而，对于饱和液体中的蒸气膜，在稳定的蒸气膜状态中观察到局部间歇性液体与边界表面的接触。然后假设间歇性局部接触液体的异质（即表面）成核可防止蒸气膜塌陷[9]。最小过热度则与液体的异相成核过热极限相关。该限制不仅与流体特性有关，而且与固体表面特性和流动条件有关。固体表面的润湿性被合并为接触角θ_c。这种液体接触是间歇性和动态的。对于电导率

低于理想值的边界表面，接触液体会将表面温度降低到其初始值和远场值以下。然后，该瞬态界面温度预计将高于稳定蒸气膜状态的非均质过热极限。对于润湿液体，非均质过热度低于均质过热度极限（因为当存在表面非均质性和外来物质时，阈值成核能较低）。

而且液体过冷基本上抑制了间歇性的局部液-固接触。最小热通量 q_{sb} 的现象学模型取决于流体动力学，并涉及接触频率和接触面积的建模[9]。半经验处理利用流体动力学不稳定性理论以及蒸气和固体中的瞬态热传导的结果。Witte 等[10]讨论了受控实验的必要性，其中通过降低 $T_{sb}-T_s$ 并避免图 5.3 中过渡状态的过渡表面成核状态分支，从稳定蒸气膜状态达到 q_{sb}。否则，将获得高于实际值的 q_{sb}，即报道的 q_{sb} 的多值性。

5.1.2　浮力强制流动

对于浸没在流动液体中的固体表面，由于相密度浮力引起的蒸气流可以通过该强制流来辅助、反对或偏转，具体取决于远场液体流相对于重力矢量的方向。当强制流与重力矢量相反时，这种强制流辅助的浮力蒸气流的结构与纯浮力流的结构没有显著差异。对于反向和交叉的强制液体流，蒸气流显著改变，并且当强制流占主导地位时，蒸气膜流场仅由液体流动方向决定。研究最多的固体表面几何形状之一是水平放置的圆柱体。布罗姆利最初研究了围绕该圆柱体的蒸气膜流。根据辅助强制流的实验结果，浮力流主导状态用弗劳德数 $Fr_D=\frac{v_{l\infty}}{(g_D)^{\frac{1}{2}}}<1$ 表示，其中 $v_{l\infty}$ 是强制液体流的远场速度，D 是圆柱体直径。强制流主导状态的标志是 $Fr_D>2$。

Chou 等[11]对气膜流动和辅助液体流动的传热进行了分析。图 5.6 给出了理想化二维流动和传热的渲染。实心圆柱体的表面处于比饱和温度 T_s 大得多的 T_{sb} 处，从而实现了气膜状态。通过检查强制膜流的最小过热度 $T_{sb}-T_s$，并发现该最小值几乎对应于接近非均质核态气缸表面温度。蒸气膜在角度 $\theta=0$（即前驻点）处具有最小厚度。

蒸气流以分离角 $\theta=\theta_s$ 分离，然后形成 $\theta>\theta_s$ 的尾流，其中蒸气尾流是三维的。蒸气膜和尾流周围都存在液体热边界层和黏性边界层。由于整个气缸可能会出现显著的压降，因此液-气界面处出现的饱和温度可以随压力而变化。薄黏性边界层外部的液体流动由势流近似，在液体边界层的边缘，速度作为 x 轴位置的函数给出，如图 5.6 所示，其中 $x=0$（前驻点）。Witte 等[12]已经讨论了气缸周围纯强制蒸气膜流的一些流体动力学。尾流区域的流动和传热很复杂，并且已使用二维近似。

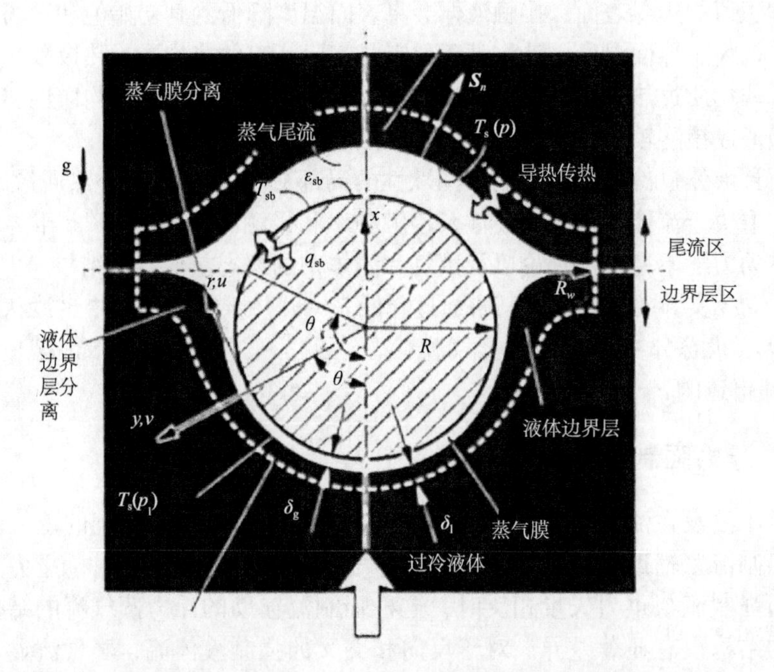

图 5.6　等温水平圆柱体周围的薄膜蒸发，结合向上强制流和相密度浮力流，还显示了蒸气膜和尾流区域、液体边界层和热渗透层

Chou 等[11]的研究表明蒸气和液体边界层方程的速度场和温度场存在相似解。这些边界层解预测蒸气和液体边界层分离（即液体先于蒸气分离）。对于尾流区域，使用数值积分方案，并将液体过冷度$T_{l\infty}-T_s(p_l)$与蒸气过热度$T_{sb}-T_s$相比，得出热浮力层厚度的最大值 δ_g 和 δ_l，在配置文件保持不变的情况下进行更改。

若水的蒸气膜和液体边界层分离，$R=1\,\text{cm}$，蒸气过热度大，液体过冷度小。弗劳德数 $Fr_D=\dfrac{v_{l\infty}}{(g_D)^{\frac{1}{2}}}=2.26$ 处于强制流主导状态。蒸气膜和液体边界层厚度的增加最初几乎是线性的，并且液体先于蒸气分离（但分离角的差异很小）。结果表明，随着过冷度的增加，蒸气膜厚度减小。对于三个不同的液体过冷值，与蒸气膜状态类似，随着液体过冷程度的增加，蒸气膜厚度减小，因此，局部传热速率增加。请注意，根据势流解，在$\theta=\dfrac{\pi}{2}$时，边界层边缘的液体速度最大，等于$2u_{l\infty}$。液体过冷时蒸气膜的分离角为 93.3°。

5.1.3　分散的液滴

考虑了浸没在无界液体中的固体表面附近的蒸气流（固体温度高于最小蒸气

膜状态限制）。在这些蒸气膜之外，远场单相液体是饱和的或过冷的、静止的或运动的。在内部（即有界）流中，这些远场条件成为入口条件。当最初过冷的单相液体在加热管中流动并经历相变（蒸发）时，产生的蒸气（如果没有塌陷）向下游流动。那么液-汽界面就不会是连续和简单的。图 5.7 描绘了初始（入口条件）过冷液体通过用恒定热通量 q_{sb} 加热的垂直管的内部向上流动。在管的入口处，固体表面温度 T_{sb} 接近入口过冷液体温度 T_{li}，因为尚未形成热边界层。随着距入口距离 x 的增加，表面温度升高，当达到表面气泡成核起始温度时，气泡在表面开始成核。这些气泡在过冷液体中破裂并加热液体，直到下游一定距离，液体过冷度减弱并且气泡不再破裂并开始聚结。管横截面中的蒸气量随着距离 x 的增加而增加，即空隙（或蒸气）体积分数增加，液体将以液膜和分散液滴的形式流动。最后，液膜消失，只有分散的液滴流动，然后完全蒸发，发生过热蒸气流。

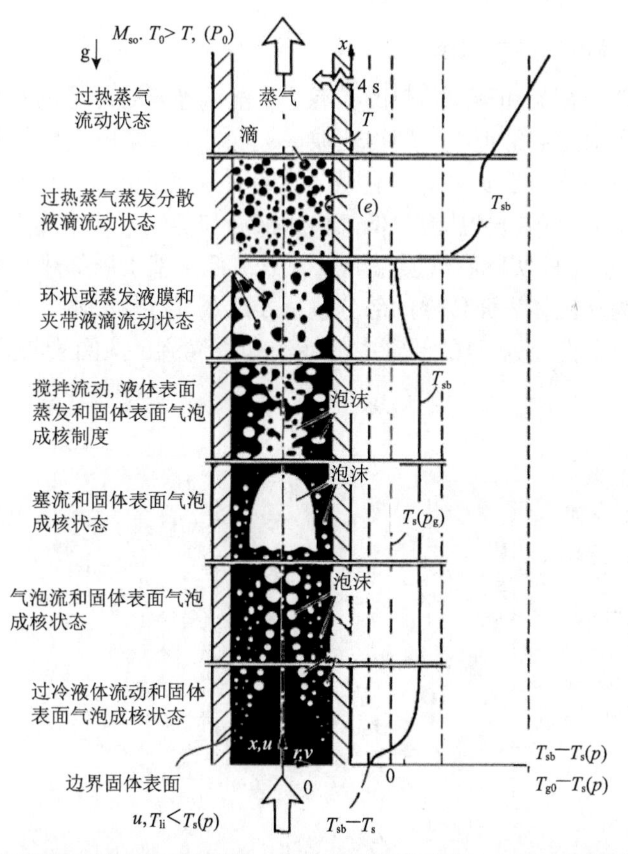

图 5.7　具有恒定热通量且表面温度高于饱和温度的管道中向上流动的液体和蒸气的渲染图
入口液体被过冷，还显示了管表面温度分布以及沿管轴遇到的各种状态

在这种向上的液体流动和蒸发中存在多种两相流和传热方式。图 5.7 显示了

识别七种制度的简单分类。从管的入口开始，在具有固体表面气泡成核的过冷液体流动状态之后是气泡流动状态，伴随着持续的固体表面气泡成核。随着空隙（或蒸气）体积分数的增加，可以观察到具有持续的固体表面气泡成核的堵塞和搅拌流状态。再往下游，随着液体分数的减少，薄液膜（在环形流态）发生蒸发，并且固体表面气泡成核受到抑制。由于蒸气形成机制的这种变化，表面温度降低。一旦薄膜完全蒸发，表面温度就会升高。在分散液滴过热蒸气流动状态中，液滴的蒸发热防止了固体表面在过热蒸气的流动状态中产生大的温度梯度。预期的沿管表面温度分布如图 5.7 所示。由于沿管局部压力降低，饱和温度也降低。分散液滴状态的开始通常以最小汽膜状态过热 $T_{sb}-T_s$ 为标志。与蒸气膜流相关，下面考虑过热蒸气分散液滴流态中的流动和传热。这里允许引入分散液相作为 5.1.1 节和 5.1.2 节中讨论的连续液相处理的延伸，并允许审查这种特定固-液-气的热非平衡处理系统。

1）分散液滴过热蒸气状态

在这种内部两相流和蒸发传热的状态下，液滴通常是球形的并且分散在气相中。液滴尺寸和浓度通常很小，使得孔隙率 ε 连续相的体积分数大于 0.95。在热力学考虑中，使用热力学质量 x_t，它是蒸气的质量流量分数。在所考虑的分散液滴状态中，通常 $x_t \geqslant 0.20$[13]甚至更低。由于液滴和蒸气不处于热平衡，因此实际（即非平衡）质量（即实际蒸气质量流量分数）低于基于局部热平衡计算的平衡质量。这是因为从固体表面传递的部分热量导致蒸气过热而不是液滴蒸发。

图 5.8 描绘了直径为 D 的圆管中的液滴和蒸气流，该圆管与蒸气相流垂直

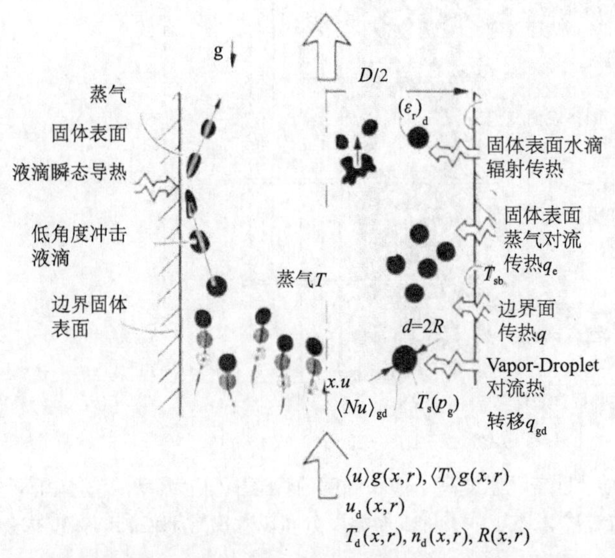

图 5.8　受恒定热通量影响的管内分散液滴过热蒸气状态下的液滴动力学和各种传热机制

放置，与重力矢量相反。液滴在上游搅动和环流流态中形成，并且接近饱和温度 $T_{\mathrm{d}}=T_{\mathrm{s}}\left(p_{\mathrm{g}}\right)$，其中 p_{g} 是局部蒸气压。这些平均直径为 d 的液滴在行进时可能会破碎或聚结，并可能撞击固体边界表面（即管表面）。当液滴与表面碰撞时，根据惯性力、碰撞角度和表面过热度 $T_{\mathrm{sb}}-T_{\mathrm{s}}$，它们可以润湿表面或被蒸气膜隔开。平均液滴直径的规格以及它们在分散液滴区域入口处的数量浓度 n_d 是基于流体动力学不稳定性分析和经验主义得出的[14]。该状态开始时的液滴直径约为 100 μm。

从边界表面的传热是通过对流到过热蒸气、辐射到饱和液滴以及液滴表面冲击的模式组合。过热蒸气和液滴之间也存在对流传热，如图 5.8 所示。液滴蒸发的速率由表面的直接传热和通过蒸气的间接传热决定。蒸气流是湍流，并且这种湍流受到液滴的影响可以通过不同程度的分析来确定横截面积平均蒸发率 Re_{δ_1} 和表面温度 $T_{\mathrm{sb}}(x)$ 的轴向分布。大多数现有分析假设直接液滴表面传热可以忽略不计。然而，在分散液滴区域的入口（即开始）区域，液滴冲击传热可能不可忽略，其中液滴具有显著的径向速度分量。邻近表面的轴向速度梯度的存在也会引起液滴向表面迁移。这是由与平方成正比的径向力引起的该梯度的绝对值的根，称为萨夫曼力[15]。此外，在大多数此类分析中，蒸气滴对流传热率 q_{gd} 均采用规定的努塞特数 $\langle Nu\rangle_D^{\mathrm{gd}}$ 进行处理。这是使用可用结果完成的，包括液滴间对流相互作用。那么表面蒸气传热，包括液滴的存在及其分布对蒸气流湍流的影响是决定性的传热模式。在现有的一维（径向平均）处理中，该边界表面-蒸气传热速率 q_{sbv} 也用努塞特数 Nu_D 规定。正如预期的那样，该努塞特数取决于局部液滴直径和浓度分布，并且由于蒸气过热度的显著径向和轴向变化，还应包括热物理性质的变化。这些由此产生的相关性很复杂且不具有一般用途。

在蒸气流和传热的二维、轴对称处理中，可以使用连续介质模型来描述液滴流动和传热，或者使用带有液滴跟踪和分析的拉格朗日（或离散）模型来描述。液滴跟踪有助于观测液滴破碎和表面液滴撞击。

2）液滴的连续体模型

分散液滴过热蒸气流的详细流体力学、热力学和传热处理预计会很复杂。固体边界表面通常会影响液滴浓度和传输。研究者已经对三介质、两相流问题进行了大量的实验和分析研究。作为说明性示例，下面检查了用于分析该三介质问题的模型的一些特征。

液滴的连续统（或欧拉）描述保证液滴存在于感兴趣的空间域中的任何点。与跟踪并确定各个液滴的变化位置的拉格朗日（或离散）描述相比，当对许多这样的轨迹进行集合平均时，并且在这些数量趋于无穷大的限制下，如果两个模型都包含对各种机制的相同描述，连续统和离散描述将给出相似的结果。然而，连续描绘液滴破碎以及表面撞击和反射需要指定一些不易获得的概率分布。

蒸气流是湍流，并且在分散液滴区域的入口处，液滴尺寸约为 100 μm。因此，液滴通常被认为是大颗粒。对于大液滴，水动力弛豫时间 τ_d 很大，即液滴波动的特征周期大于液滴中典型湍流涡流的翻转时间。那么液滴将不会跟随蒸气速度波动。当液滴蒸发且直径减小时，它们会跟随湍流波动。液滴浓度通常被认为是稀的，因为蒸气体积比几乎为 1（即≥0.95）。

气相（局部、代表性气相体积平均）和液滴（有限液滴体积平均）的一般、时间相关、平均分量三维守恒方程是通过考虑湍流而给出的。这些是使用蒸气-液滴界面传热 $\langle Nu \rangle_D^{vd}$ 的蒸气侧努塞特数、流体粒子的界面阻力以及流体动力学松弛的定义来预测的时间。从边界表面到液滴的辐射热传递作为液滴能量方程中的源项给出，其中 $(q_{\text{sbd}})_r$ 表示液滴单位表面积。

在传统模型的基础上，研究人员已经提出了各种其他模型或上述模型的修改模型，如文献[15]。蒸气-液滴界面质量和力平衡已用于连续性和动量方程。

气相湍流剪切应力张量 $\langle S_t \rangle^g$ 原则上受到液滴的影响，气相有效分子电导率张量 K_e 和湍流扩散率（或色散）张量 D_v^d 需要建模。与固体颗粒有关，在不存在固体表面的情况下，以及在存在大量固体表面的情况下，颗粒的存在确实影响气相传输，包括湍流传输。然而，目前这还没有得到彻底的分析，并且通常使用没有任何液滴效应的湍流蒸气传输。这种湍流被认为是完全流体动力学的开发，即假设平均轴向速度 $\langle \overline{u} \rangle^v$ 的径向分布随着 x 的增加而保持不变。使用的湍流模型类似于单相通道流对流模型，其中使用 van Driest 混合长度模型对表面存在的影响进行建模。湍流普朗特数 Pr_t 也用于评估涡流扩散率（这里称为色散）。温度分布被假定为湍流、二维且未完全发展。

入口液滴直径 D_i 和数密度 n_{di} 由导致夹带液滴的环形液膜流的流体动力学不稳定性确定，并且这些被添加到直接来自搅动流状态的液滴中。Yoder 等[14]回顾了可用的相关性，Pilch 等[16]给出了最大稳定液滴直径的标准。

3）连续体模型的结果

轴向表面温度分布 $T_{\text{sb}} = T_{\text{sb}}(x)$ 的预测是使用各种模型进行的。由于需要建模的大量现象，如气相湍流、液滴直径和直径分布、作用在液滴上的径向力，许多液滴连续体模型已经能够高精度地预测这种表面温度分布[13,15]。

Webb 等[13]对沿分散液滴区域的表面温度和蒸气温度分布的典型预测及实验结果如图 5.9 所示。固体表面 T_{sb} 和面积平均蒸气温度 $\langle\langle \overline{T} \rangle^v\rangle_A$ 均假定等于入口处的 T_s。用于比较的水实验的入口质量 x_{ti} 是 0.52。注意表面温度上升非常迅速，但是在更下游，随着蒸气温度升高以及液滴蒸发变得显著，表面温度不会升高。

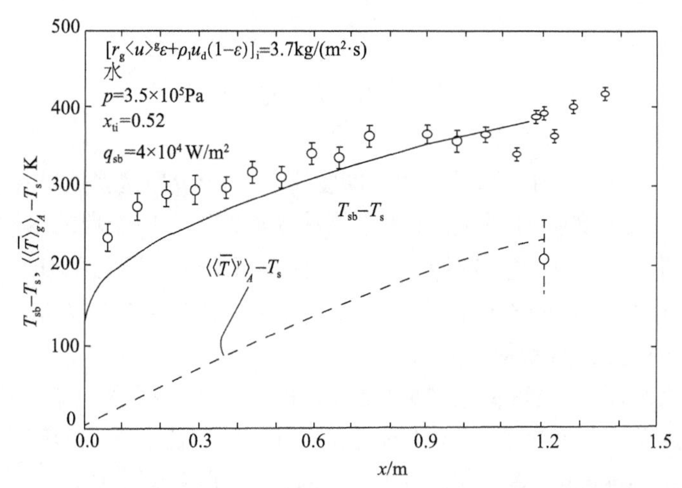

图 5.9　在恒定热通量下沿加热管轴的表面和蒸气温度分布的典型预测和测量。结果适用于分散液滴过热蒸气状态

4）液滴追踪离散模型

使用欧拉网格中液滴运动和传热（包括蒸发）的拉格朗日描述，可以轻松实现液滴破碎和表面撞击，这称为粒子网格（或拉格朗日-欧拉）公式，其是一种使用粒子进行计算机模拟的方法，Hockney 和 Eastwood（1989）给出了一般性讨论。通过跟踪许多液滴并对这些液滴轨迹（或实现）进行整体平均，可以对液滴传输进行统计描述。Andreani 等[17]使用了这种离散模拟和统计平均（即蒙特卡罗方法）。液滴的进入速度由轴向和径向分量指定，即 u_{di} 和 v_{di}，并且在 Andreani 等的模拟中，除了径向阻力 $F_{t,r}$ 之外，还指定了径向液滴推力 $F_{d,r}$，然后，液滴 $\overline{r}_d$ 的径向位置由径向速度的时间积分确定。液滴可以撞击壁并反射。液滴的破碎也按照（2）节中讨论的方式进行建模。液滴径向位置、径向速度和液滴半径的变化率由下式给出：

$$\frac{\mathrm{d}}{\mathrm{d}t}\overline{r}_d=\overline{v}_d \tag{5.3}$$

轴向液滴速度可以写成拉格朗日形式，气相守恒方程可以写成欧拉形式。在 Michaelides 等[18]的模拟中，气相湍流也用与液滴尺寸相当的涡流进行建模，随着液滴尺寸的减小，这些涡流会导致液滴径向和轴向位置的波动。表面温度的分布以分散液滴状态显示。结果是入口水质为 0.03、入口孔隙率为 0.95 的水。集合平均结果以及 Andreani 等[17]给出的关于液滴表面冲击和传热的假设与现有的实验结果非常一致。

5.2 液体薄膜

考虑物质 A 和 B 的二元混合物，即物质 A 和 B 的可混溶液相，其沸点为纯物质 A 的 $T_{b,A}$ 低于物质 B 的 $T_{b,B}$ 作为采用液膜流的三介质处理的示例，考虑大量固体表面，其温度低于 $T_{b,B}$ 但高于 $T_{b,A}$，并且还高于 B 的凝固温度 $T_{m,B}$，在这种情况下，物质 B 可能会在固体表面上发生凝结。这里假设已经形成了凝结膜，该膜受到重力或外部压力梯度的影响。

在负相密度浮力或外部压力梯度下流动的液体（冷凝物）膜，以及与该流动同流或逆流的蒸气，将变得波状且不稳定。理想的层流非波状薄膜冷凝已被广泛分析，评论由 Sparrow 等[19]给出。他们还研究了薄膜冷凝中液-气界面波的形成和演化（包括它们对局部冷凝速率的影响）。由于薄膜冷凝中热力学、流体力学和传热传质之间的奇异耦合，边界表面几何形状（以及相对于重力矢量的位置）、气体混合物和外部压力梯度的许多有趣且实用的组合已经被研究出来。

5.2.1 负浮力、非波浪状薄膜流动

图 5.10 呈现了平坦表面上的理想层流膜凝结，与重力矢量方向具有较小的倾斜角 θ。假设边界面 T_{sb} 的温度是均匀的，因此，固液界面热通量 q_{sb} 是不均匀的，因为液膜厚度 δ_l 是不均匀的，并且通过液膜的热传递以传导为主。由于假定的液体密度 $\rho_l > \rho_g$，当压力和温度远低于混合物临界压力时，该值有效，因此冷凝水因负相密度浮力而流动。气体相可以具有远场速度 $u_{g\infty}$，其可以与凝结水流同流或逆流。由于与远离界面 $T_{g\infty}$ 的气体温度相比，气液界面处的气体温度较低，因此气相的热浮力也是负的。气相扩散浮力取决于物质分布及其分子量之比。对于物质 B 沸点较高的二元系统，物质 A 在冷凝液中的浓度较低，因此，物质 A 在气-液界面处积累。

假设根据理想气体行为可以写出气相的组合热浮力和扩散浮力，然后是气体动量方程中的热浮力源项和扩散浮力源项。气相自由流速度 $u_{g\infty}$ 可以大于气-液相界面速度 u_{lg}，因此，气体施加界面剪切应力，将薄膜向下拉。当 $u_{g\infty} < u_{lg}$ 时，液膜的向下运动受到阻碍。对垂直表面附近的层流膜冷凝进行回顾和描述，作为说明性示例，给出浮力流情况的相似解（液相的相密度浮力和下面回顾的气相的热浮力与扩散浮力）以及薄膜冷凝情况。

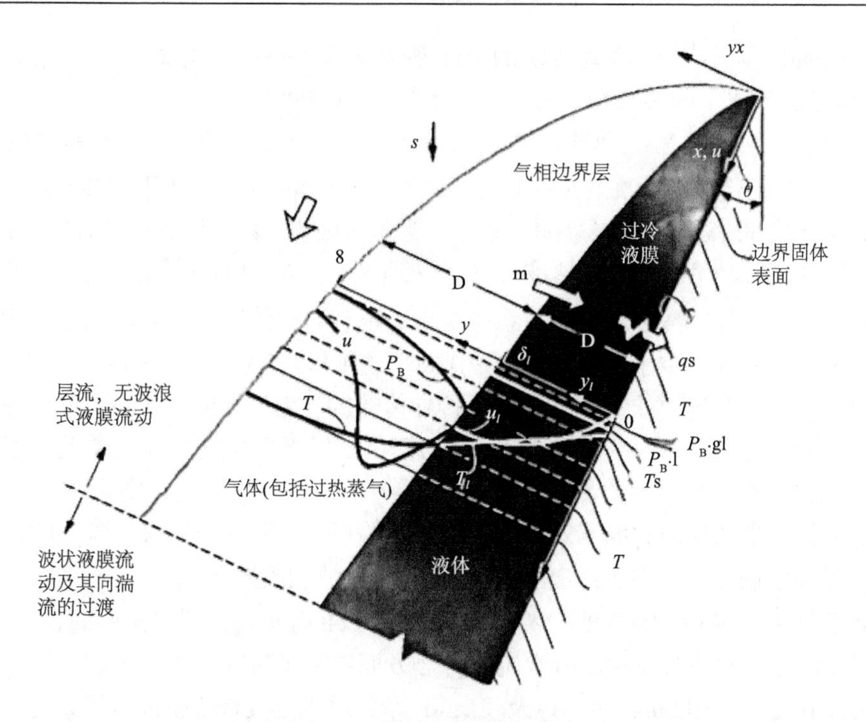

图 5.10　几乎向下流动的环境气体中的几乎向下的液膜（冷凝物）流动，还显示了液膜层和气体边界层的温度、速度和物质浓度分布

5.2.2　负浮力、波状薄膜流动

对于在垂直表面上向下的冷凝液膜流，距前缘很短的距离（即 $x=0$），在液-气界面上形成表面波。对于可忽略不计的液-气界面阻力，当惯性和重力加速度的不稳定力克服黏性剪切和表面张力的稳定力时，波是放大的环境扰动。在 1948 年进行最初的简化分析后，这种流体动力学不稳定性被称为 Kapitza 不稳定性[20]。

基于水力直径的液体雷诺数：

$$Re_{\delta_1}=\frac{4\delta_1\langle u_1\rangle_{\delta_1}}{v_1} \tag{5.4}$$

在没有相变的向下流动的液膜中，当 Re_{δ_1} 小于 20（即对应于冷凝流中的下游位置）时，液膜上的波动是不可见的。当 Re_{δ_1} 大于 20 时，在更下游的位置会出现小振幅的波动，并且随着 Re_{δ_1} 的增加，这些波动的振幅也会增加。在 $100< Re_{\delta_1}<1500$ 的范围内，由于某些力的非线性和不对称性，波动的形状从最初的正弦波形逐渐变为扭曲的正弦波形或中间波形。当 Re_{δ_1} 超过 1500 时，波动的前沿变得非常陡峭，形成大的滚波，而在其前方则出现较小的弓形波。

Hirshburg 等[21]对这些波浪的流体动力学方面进行了分析。其中包括长波（与膜厚度相比）的标准形式分析、二维周期性中间波分析以及二维大振幅短波的数值直接模拟$\langle u_1 \rangle_{\delta_1}$。这里检查了凝结水流中不断增长的界面位移扰动的某些方面。给出局部未受干扰的（即非波状的）液膜厚度 1510 和膜平均轴向速度。液体的连续性和瞬态动量方程不进行边界层近似，因为波状液体流不是边界层流。

波速u_w大于液-气界面速度，并且受到Re_{δ_1}、Fr_{δ_1}和We_{δ_1}的影响，通过数值积分可以确定这些参数之间的关系，给出了现有的实验结果。Stuhlträger 等[22]通过数值模拟发现了位于下游位置x^*的典型二维瞬时表面波。Hirshburg 等[21]的分析引入了对传热过程的考虑，确保了传导传热的有效性。Stuhlträger 等的分析进一步发展了这一领域，特别是在理解波速与液-气界面速度之间的关系方面。这些非线性波在波峰下有广泛的再循环，显示了时间平均轴向速度$\overline{u}_1$的分布。$\overline{u}_1$的最大值出现在界面和波起始位置（称为起始点）。时间平均凝结膜厚度δ_1变得小于无波状膜厚δ_1（注意，这里用于缩放的无波状膜厚δ_1适用于$x^* = 4500$）。在此示例中，在x^*=4500 处，δ_1小于根据 Nusselt 分析对该位置预测的δ_{10}。

Kutateladze[20]对波状冷凝水流的传热方面进行了研究，他也考虑了湍流冷凝水流动状态；Hirshburg 等[21]以及 Faghri 等[23]对层流波状薄膜进行了研究，并且由 Lyu 等提出，用于无相变的层流和湍流波浪薄膜。在 Hirshburg 等[21]的半经验分析中，波动被建模为具有特定频率，这些频率是基于他们的稳定性分析确定的，与最危险频率（波速与波长之比）f^*有关[3]。结果表明，对于Re_{δ_1}>20，由于时间平均膜厚度减小，预计会出现与努塞特解的偏差。此外，随着Re_{δ_1}的增加，与实验结果一致所需的波频率减少。假设波速保持恒定，这意味着波长随着Re_{δ_1}的增加而增加。Stuhlträger[22]的直接模拟结果表明波长和u_w都随着Re_{δ_1}的增加而增加。

5.3 非等温共线和联线

上面在对固-液-气系统的讨论中，假设固体表面上存在连续且流动的流体膜。现在考虑一个情况，即在公共（或接触）线上同时存在所有这三个相，如在固体表面上部分润湿的液滴扩散时，前进的公共线在表面上滑动。关于移动公共线的流体动力学，将在重新审视接触角之后，继续讨论这一主题。

对于完全润湿的液体，利用重力使加热表面上的液膜变薄，可以在该薄膜上的传导电阻较小的情况下产生高蒸发速率。然而，当薄膜厚度变得非常小时，范德华表面力会阻止非常薄的薄膜（大约 100Å）蒸发。这里还讨论了这些分子间力对薄膜厚度分布和延伸弯月面蒸发速率的作用。

5.3.1　接触角

杨氏方程给出的三个表面张力之间的静态平衡定义了静态接触角。该方程没有直接解决固体表面力渗透到液体中的问题，并且假设该渗透距离很小。由于在许多具有公共线的非常薄的液膜（大约 100Å，即 10 nm）中，这些表面力很重要，因此还对接触角进行了分子处理。

两个液体分子（ll）之间的范德华力随它们之间的距离而变化，同时，固体分子和液体分子（sl）之间也存在范德华力。由于气体分子的分子数密度相对较小，在此忽略液-气分子之间的吸引力。在考虑液体和固体之间的相互作用时，这些范德华力是重要的因素。由分子间势能分布建模。

$$\phi_{ll} = -\frac{B_{ll}}{r^6} \tag{5.5}$$

$$\phi_{sl} = -\frac{B_{sl}}{r^6} \tag{5.6}$$

其中，B_{ll} 和 B_{sl} 分别为液体-液体（ll）和固体-液体（sl）之间范德华力的常数，这些常数取决于液体和固体的原子性质。对于较小的距离 r，也存在排斥力，但通常假设 r 大于某个临界距离 r_o 来忽略这种排斥力。这意味着在考虑范德华力时，假设 r 足够大，以至排斥力的影响可以忽略不计，即使在 $\phi_{sl}(r)$ 达到最小值的位置也是如此。

在平面液-气界面处，给出的势能必须恒定。那么包含的项的系数应该为零，则有

$$\frac{1}{2} + \frac{3}{4}\cos\theta_c - \frac{1}{4}\cos^3\theta_c = \frac{n_s B_{sl}}{n_l B_{ll}} \tag{5.7}$$

式（5.7）给出了静态接触角作为分子间力常数和数密度的函数。对于 $n_s B_{sl} = n_l B_{ll}$（即当黏附力等于凝聚力时），给出 $\theta_c = 0$（即完全润湿）。对于 $n_s B_{sl} = 0$（即当黏附潜力减弱时），$\theta_c = 7r$（即不润湿）。杨氏方程被称为外部区域接触角。请注意，推导中，气体分子的贡献被忽略（即液-气界面上的液体分子和固-气界面上的固体分子仅受到内部吸引力）。为了讨论外部区域，必须考虑液-气界面曲率。对于非平面液-气界面，添加曲率效应和重力势能（假设水平固体表面），然后有

$$2\sigma H - \rho_l g \delta_l + \Delta\phi = \Delta\phi \tag{5.8}$$

其中，$2H$ 为平均液-气界面曲率。式（5.8）是经过修改的 Young-Laplace 方

程，其中包括范德华力（注意 $\Delta\phi$ 减小时 δ_l 增加）。由于 $\Delta\phi$ 仅在液膜厚度 δ_l 非常小时才显著，而重力项仅在 δ_l 大时才显著，因此存在 $\Delta\phi$ 占主导地位的边界层。Merchant 等[24]使用匹配的渐近展开式，其展开参数取为范德华力范围（100 Å 量级）与弯月面长度尺度的比率。另一个区域（其中 $\Delta\phi$ =0）的解与类似边界层方程的解相匹配。这些结论表明，当在固体处评估另一个解中的首项时（即通过将外部解应用于表面），杨氏方程得以恢复。因此，杨氏方程中使用的接触角是在分子间力范围之外有效的表观（或远距离）接触角。Merchant 等的研究表明，静态接触角之间的过渡并不是随着距表面的距离单调变化的。

对于移动接触线，通过包含动态形式的分子间力，可以满足内在接触角条件，同时允许表观（即外部区域）接触角随各种因素而变化。参数在图 5.11 中给出。这允许施加液体、无滑移速度边界条件，同时在液体动量方程中不包含这种分子间力时，必须允许表面处液体速度的滑移以获得解。当不包括分子间力时，通过半经验处理动态接触角来进行确定。下面在非等温移动公共线的分析中使用速度滑移边界条件和动态接触角模型。

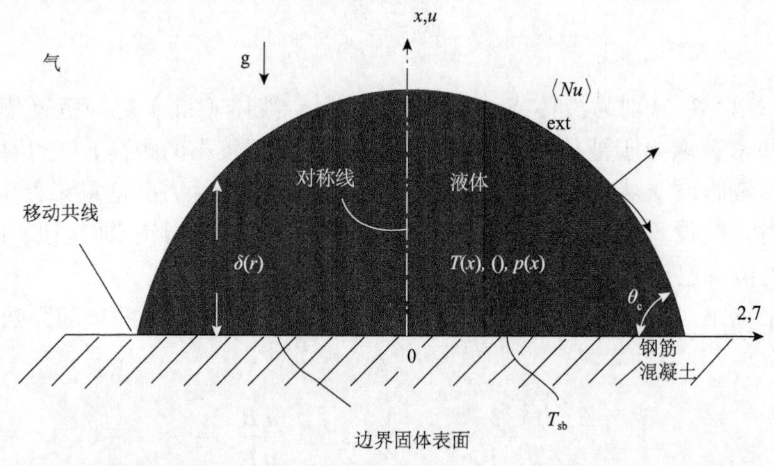

图 5.11　润湿液滴在固体边界表面处经历表面加热或冷却以及向环境气体传热的示意图

5.3.2　非等温动接触线

等温条件下移动公共线的流体动力学研究了在不同长度尺度上动态界面（涉及三个界面）和体积（涉及三相）力的作用，这些力与主导界面现象的力相关。对于非等温情况，移动公共线的界面力会随着温度变化（如热毛细效应）以及可能伴随的相变而显著改变流体动力学行为。作为示例，考虑了固体表面上液滴的扩散，其中表面温度 T_{sb} 可能高于或低于液滴的初始温度，假设液体是非挥发性的（即不考虑相变）。Ehrhard 等[27]利用薄液膜近似和移动公共线模型对此进行了分析。

动态接触角和固体表面上的速度滑移是移动公共线模型的一部分。其他模型包括考虑范德华力的接触角模型（通常称为微观模型），以及规定移动公共线附近流动的模型（通常称为切除模型）。Ehrhard 等[25]解决了包含守恒方程、本构关系和边界条件的系统，同时考虑了初始条件，即初始公共线速度 $u_c(t=0) = a_1\left[\theta_c(t=0)-\theta_c(u_c=0)\right]^{a2}$，这些解受到薄液膜 δ_l 和接触角 θ_c 理论近似值的影响。

与液体压力和密度相比，气相压力和密度在此模型中被忽略不计。表面张力沿液-气界面的变化与一维温度变化相关联。其中提及的无量纲参数包括 Bond Bo_{r_c}、毛细管数 C_a、Nusselt $\langle Nu\rangle_{Rc}^{ext}$ 和 Marangoni M_{a1}、无量纲滑移系数 a_u^* 以及气液电导率 $\frac{k_g}{k_l}$。

Ehrhard 等[25]在极端情况下改良了 M_{a2}。当 $M_{a2}>0$ 时，液滴被边界固体表面加热（相对于气体）；当 $M_{a2}<0$ 时，液滴被冷却。当 $T_{sb} > T_{g\infty}$，表明加热液滴通过诱导热毛细管运动（即液体流向由较低温度产生的较高表面张力）来延迟液滴的扩散。它阻止液体流向公共线。这种热毛细管效应引起的再循环持续到扩散停止的地方。随着时间的推移，中心涡环向外移动。相反，当 $T_{sb} < T_{g\infty}$，表明冷却液滴会增强液滴的扩散，因为热毛细管运动朝向移动的公共线。液滴扩散停止后，热毛细管运动会引起再循环流动，就像加热液滴的情况一样。

5.4 蒸发/冷凝速率的动力学上限

连续蒸气（或冷凝物）的生产速率由传递至液-气界面的热量速率和蒸气（或冷凝物）的移除速率共同控制。前面讨论了液体池中的蒸发（即无净液体运动）。结果表明，q_{sb} 的最大值出现在表面过热度 $T_{sb}-T_s$ 处。该最大值（或临界热通量）由热量传递和蒸气去除限制决定。图 5.12 所示为稳态加热的液体池中不同传热机制之间 q_{sb} 的近似划分[26]。当热流流过加热的固体表面并流向表面上成核的蒸气泡和流向液体时，热流会受到阻力。由于气泡的形成和脱离，固体表面及其邻近区域的温度分布会迅速变化，这意味着局部固体和液体温度的空间和时间变化率很大。液体中的对流发生时，其运动受热浮力（不稳定的液体密度分布）和相密度（或气泡）浮力运动的影响。预计气泡引起的运动的贡献将是显著的。流向蒸气的热流穿过固-蒸气界面（预计为 q_s 的一小部分）并穿过液-蒸气界面。与通过气泡外围其余部分的热流相比，通过附着的气泡下方的薄液体层（称为微层）的热流预计会更大。向气泡的传热被标记为潜热传输。显热传递和潜热传递之间的划分在此不做讨论。

Gambill 等[27]概括和解决了凝结问题。对于蒸发，需要液体润湿固体表面以连续形成气泡。对于理想的非润湿液体，仅形成蒸气膜（在阈值表面过热 $T_{sb}-T_s$ 之后，该阈值可以很小）。对于润湿液体，q_{sb} 的最大值表示热量传递（到液体-蒸气界面）和蒸气去除的最小组合阻力。冷凝（负 q_{sb} 和 $T_{sb}-T_s$）和非润湿液体滴状冷凝预计会出现类似的行为（类似于表面气泡成核）。Gambill 等建议，随着热量传递（或去除）和蒸气（或冷凝物）去除的综合阻力降低，q_{sb} 的最大值可以通过动力学理论来确定，而在此不讨论液体表面蒸发分子通量的液体性质，假设液体蒸发以无限速率发生并且蒸气分子立即被去除（没有分子返回到液-气界面）。

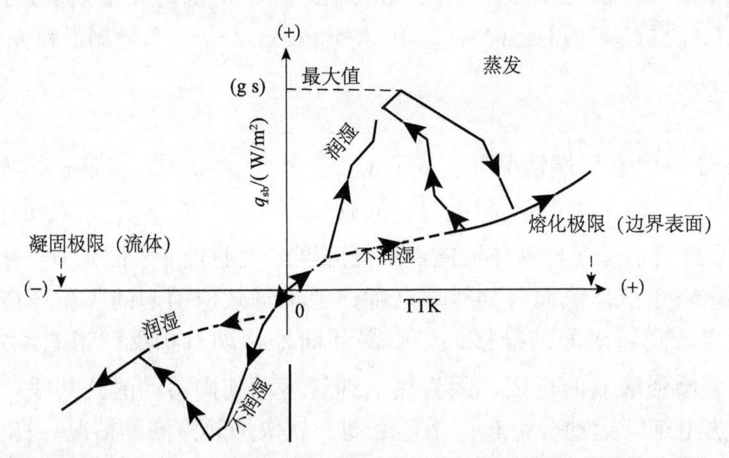

图 5.12　固体表面温度相对于向液体加热的表面热通量的变化以及蒸发和从蒸气中去除热量

随着温度升高，$\rho_g\Delta h_{lg}$ 增大，q_{max} 增大，直至接近临界点，Δh_{lg} 趋于零。Gambill 等[27]评估了水、乙醇和 Freon-12 的 q_{max}，其中 q_{max} 随减压 p_r^* 的变化而变化；通过直接在液体-蒸气界面上传递热量并在蒸气形成后将其除去，可以实现非常大的热通量。这种理想的传热（即无热阻）需要 $T_{sb}=T_{lg}=T_g$。他们认为，由于 $\rho_g\Delta h_{lg}$ 随压力比 p_r^* 的增加而增大，对于给定的热通量 q_{sb}，随着 p_r^* 的增加，单位体积内产生的蒸气量（或蒸发的液体）会减少。因此，随着压力比的增加，更多的热量会通过液体（或蒸气）传递。使用厚度为 1 mm 的实心银板（高 k_s）进行 $q_{max}=2\times10^9$ 的水实验，需要 T_o-T_{sb}=4700 K。这是不可能的，因为它与固体相接触。Gambill 等[27]讨论了阻碍实现 q_{max} 的其他实际限制。

5.5　具体场景

5.5.1　表面气泡形成和动力学

这里讨论对流热传递在表面加热液体蒸发速率中的作用。该液体的过热度超过表面气泡成核开始所需的温度，即$T_{sb}-T_s$。这种作用在图 5.13 所示的表面气泡成核状态中可能很重要，其中气泡是孤立的，或者当射流和蒸气柱正在形成但尚未发生气泡拥挤时。在气泡聚结状态下，对流换热的作用变得不那么显著。目前，使用不同的模型来分别处理孤立和拥挤的泡沫状态。这些模型在很大程度上依赖于几何形状、表面条件和流体动力学参数。下面首先介绍初期表面过热度的概念，再回顾关于孤立气泡体系和合并气泡体系的模型。这些模型如图 5.13 所示。

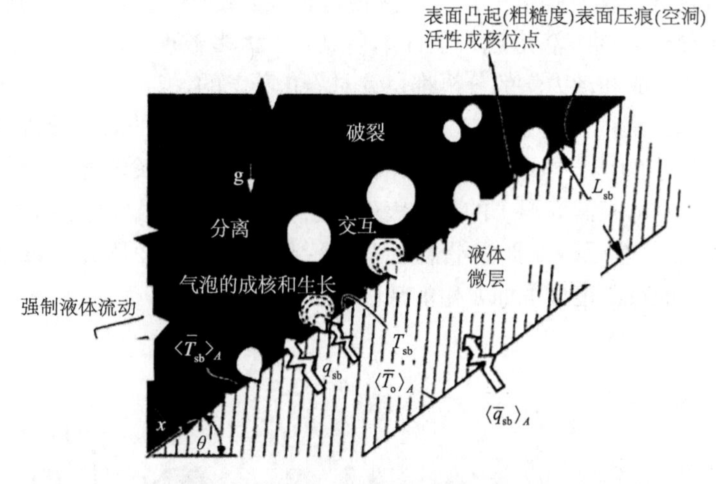

(a)带有液体微层的隔离气泡状态

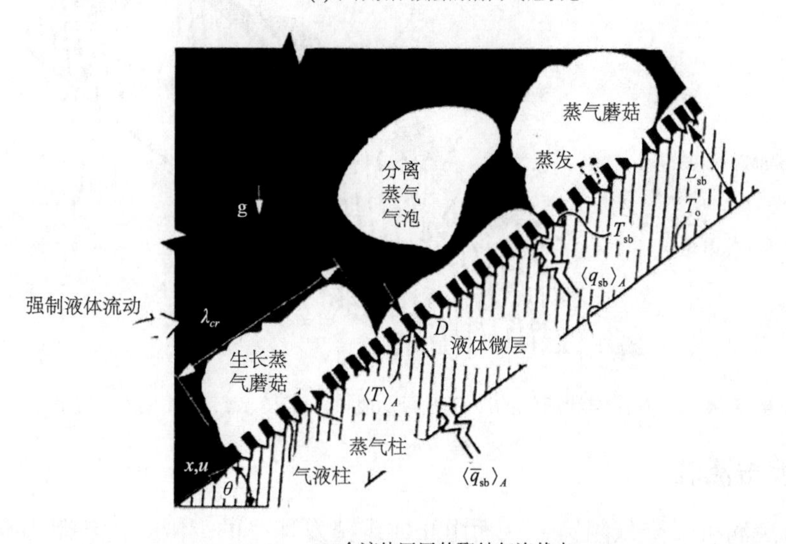

(b)含液体巨层的聚结气泡状态

图 5.13　表面气泡成核状态及加热的边界表面和强制液体流动

一些模型中考虑了包括重力（及它与加热表面方向的关系）、液体在无穷远的自由流条件 $T_{l\infty}$、$p_{l\infty}$、$u_{l\infty}$，以及表面条件和表面过热度的影响。由于涉及的变量众多，要对这些模型进行全面分析是非常困难的。

5.5.2 表面液滴形成和动力学

检查在饱和蒸气边界的冷却表面上的表面液滴成核、生长和离开，如图 5.14 所示。在相对较低的蒸气速度下，对流热传递在具有部分润湿冷凝物的表面上的冷凝中的作用导致表面液滴形成，预计不会显著。大多数现有的对蒸气边界的冷却表面上的液滴形成和动力学的分析都是针对静止蒸气的。与 5.2 节中讨论的液膜形式相比，液滴形式的冷凝的有趣之处在于，具有球冠形状的表面液滴对其周围的热流提供了较小的传导电阻，这可以增加传热，从而提高冷凝率。已经研究了增加液体接触角（即阻碍润湿）的各种表面涂层[4]。本节讨论了表面液滴成核所需的初始表面过冷，然后检查孤立液滴状态的传热方面。最后研究了聚结液滴状态，以及随着表面过冷度增加而发生的液膜流转变。

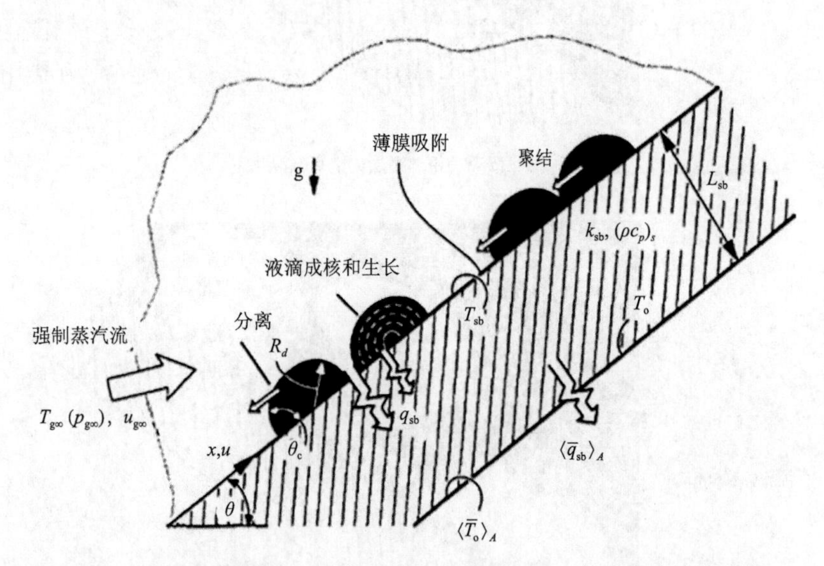

图 5.14 液滴在饱和蒸气的冷却表面上成核、生长、离开和聚结的渲染

5.5.3 撞击液滴

撞击液滴可以降低阻力，从而阻止实现蒸发速率的上限。传热阻力通过快速移动的紧密接触的液体表面（由于液滴惯性）扫过加热的固体表面，可以减少液-气界面的阻力。将蒸气夹带在液滴周围快速移动的气体中，可以降低蒸气去除的阻力。为了了解和减少这些阻力，对受表面传热影响的液滴撞击动力学

（对于多个液滴）以及时间和空间平均表面传热率进行了广泛的研究。

液滴撞击动力学包括液滴与表面的相互作用以及液滴之间的相互作用（在撞击前、撞击期间和撞击后），是一个复杂的过程。此外，存在多种蒸发状态，如表面气泡成核和蒸气膜状态，这些因素共同作用使得目前还没有形成一个全面的结论。撞击液滴在许多应用中都非常重要，例如它们被用于固体表面的冷却（即喷雾冷却），或者在涉及内部流动和蒸发的分散液滴状态中（5.1.3 节）。

正如在 5.5.1 节中讨论的那样，覆盖表面的连续散装液体在表面气泡成核发生时，可以实现高的传热速率，这与 5.1 节中讨论的蒸气膜状态相比，传热更为有效。因此，表面气泡成核状态，如果可以实现，是传热的首选，因为它可以导致较大的蒸发速率。

蒸发速率受到多种液滴参数的影响，如液滴的尺寸（通常液滴之间分布不均匀）、速度、热物理性质和过冷度。此外，喷雾参数也会影响蒸发速率，包括单位面积的液滴数量及其空间分布（即喷雾模式，这会随着距离喷嘴出口的增加而变化），以及液滴周围气体的速度和成分。表面参数同样对蒸发速率有重要影响，如表面相对于重力矢量的方向、表面过热度以及表面条件（如涂层、粗糙度、截留气体等）。图 5.15 展示了蒸发液滴冲击的场景[28]。

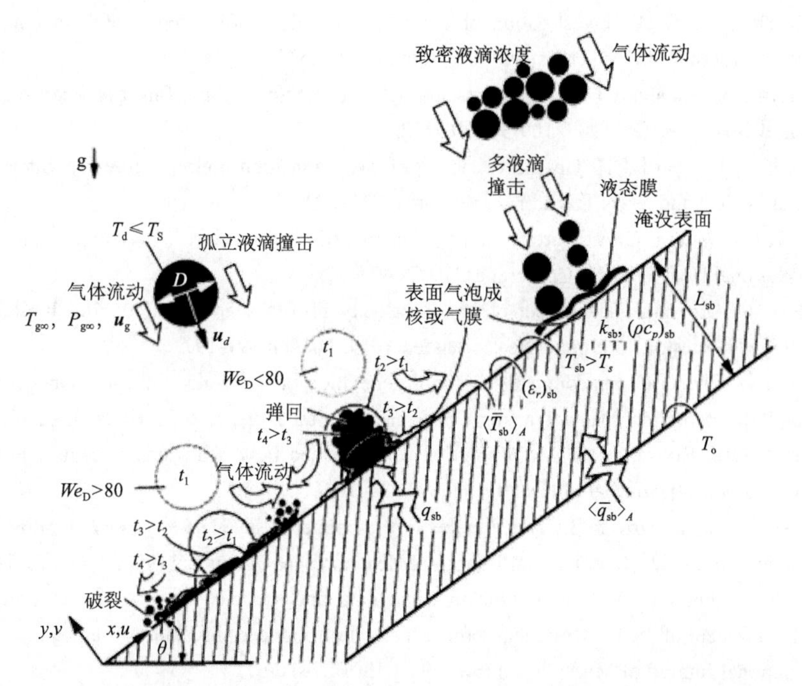

图 5.15　撞击和蒸发液滴的渲染，显示了孤立液滴（对于两个不同的液滴韦伯数）和多液滴撞击（表面撞击时液滴间相互作用）的液滴撞击动力学

参考文献

[1] Hsu Y Y, Westwater J W. Approximate theory for film boiling on vertical surfaces[J]. Chem Eng Progr, 1960, 56.

[2] Sakurai A, Shiotsu M, Hata K. Boiling heat transfer characteristics for heat inputs with various increasing rates in liquid nitrogen[J]. Cryogenics, 1992, 32(5): 421-429.

[3] Zuber N, Tribus M. Further remarks on the stability of boiling heat transfer[R]. Technical Information Service Extension, 1958.

[4] Berenson P J. Film-boiling heat transfer from a horizontal surface[J]. Journal of Heat Transfer, 1961, 83(3): 351-356.

[5] Bui T D, Dhir V K. Transition boiling heat transfer on a vertical surface[J]. Journal of Heat Transfer, 1985, 107(4): 756-763.

[6] Nishio S, Ohtake H. Vapor-film-unit model and heat transfer correlation for natural-convection film boiling with wave motion under subcooled conditions[J]. International Journal of Heat and Mass Transfer, 1993, 36(10): 2541-2552.

[7] Bernardin J D, Mudawar I. The Leidenfrost point: experimental study and assessment of existing models[J]. Journal of Heat Transfer, 1999, 121(4): 894-903.

[8] Yao S, Henry R E. An investigation of the minimum film boiling temperature on horizontal surfaces[J]. Journal of Heat Transfer, 1978, 100(2): 260-267.

[9] Ramilison J M, Lienhard J H. Transition boiling heat transfer and the film transition regime[J]. Journal of Heat Transfer, 1987, 109(3): 746-752.

[10] Witte L C, Lienhard J H. On the existence of two 'transition'boiling curves[J]. International Journal of Heat and Mass Transfer, 1982, 25(6): 771-779.

[11] Chou X I N, Witte L C. A theoretical model for flow film boiling across horizontal cylinders[C]. 28th National Heat Transfer Conference, 1992: 4051.

[12] Witte L C, Orozco J. The effect of vapor velocity profile shape on flow film boiling from submerged bodies[J]. Journal of Heat Transfer, 1984, 106(1): 191-197.

[13] Webb S W, Chen J C, Sundaram R K. Vapor generation rate in nonequilibrium convective film boiling[C]. International Heat Transfer Conference Digital Library. Begel House Inc., 1982.

[14] Yoder Jr G L, Rohsenow W M. A solution for dispersed flow heat transfer using equilibrium fluid conditions[J]. Journal of Heat Transfer, 1983, 105(1): 10-17.

[15] Osiptsov A N, Shapiro Y G. Heat transfer in the boundary layer of a 'gas-evaporating drops' two-phase mixture[J]. International Journal of Heat and Mass Transfer, 1993, 36(1): 71-78.

[16] Pilch M, Erdman C A. Use of breakup time data and velocity history data to predict the maximum size of stable fragments for acceleration-induced breakup of a liquid drop[J]. International Journal of Multiphase Flow, 1987, 13(6): 741-757.

[17] Andreani M, Yadigaroglu G. Difficulties in modeling dispersed-flow film boiling[J]. Wärme- und Stoffübertragung, 1992, 27(1): 37-49.

[18] Michaelides E E. A novel way of computing the Basset term in unsteady multiphase flow computations[J]. Physics of Fluids A: Fluid Dynamics, 1992, 4(7): 1579-1582.

[19] Sparrow E M, Gregg J L. A boundary-layer treatment of laminar-film condensation[J]. Journal of Heat Transfer, 1959, 81(1): 13-18.

[20] Kutateladze S S. Semi-empirical theory of film condensation of pure vapours[J]. International Journal of Heat and Mass Transfer, 1982, 25(5): 653-660.

[21] Hirshburg R I, Florschuetz L W. Laminar wavy-film flow: Part II, Condensation and evaporation[J]. Journal of Heat Transfer, 1982, 104(3): 459-464.

[22] Stuhlträger E, Naridomi Y, Miyara A, et al. Flow dynamics and heat transfer of a condensate film on a vertical wall—I. Numerical analysis and flow dynamics[J]. International Journal of Heat and Mass Transfer, 1993, 36(6): 1677-1686.

[23] Faghri A, Seban R A. Heat transfer in wavy liquid films[J]. International Journal of Heat and Mass Transfer, 1985, 28(2): 506-508.

[24] Merchant G J, Keller J B. Contact angles[J]. Physics of Fluids A: Fluid Dynamics, 1992, 4(3): 477-485.

[25] Ehrhard P, Davis S H. Non-isothermal spreading of liquid drops on horizontal plates[J]. Journal of Fluid Mechanics, 1991, 229: 365-388.

[26] Leiner W, Gorenflo D. Methods of predicting the boiling curve and a new equation based on thermodynamic similarity[J]. Pool and External Flow Boiling, 1992: 99-103.

[27] Gambill W R, Lienhard J H. An upper bound for the critical boiling heat flux[J]. Journal of Heat Transfer, 1989, 111(3): 815-818.

[28] Grissom W M,Wierum F A. Liquid spray cooling of a heated surface[J]. International Journal of Heat and Mass Transfer , 1981, 24: 261-271.

第 6 章　显微观测光学基础

6.1　显微镜组成及其光学原理

第一个真实的显微镜产生于 17 世纪中叶，在那时显微镜只由光和机械部件组成，以人眼作为传感器。后来显微镜上加有电子摄像器件，使感光底片成为能够拍摄和保存目标影像的重要设备。现在，用光电感应器、电视摄像管等电荷耦合器件作为光敏底片，并配合电子计算机，逐渐形成收集、记录、处理和保存微观信息的光学信号系统[1]。

显微镜和放大镜的不同之处是二级放大。放大镜是一种一级放大器，单片放大镜由于存在像差，放大倍率不超过 3 倍。与之相比，显微镜的放大倍率可达千倍以上，在科学技术领域中有更广泛的应用。

6.1.1 显微镜的成像原理

显微镜物镜的放大率：显微系统的几何光学特征包括系统组成、放大率、组合焦距等。在线性光学理论的基础上，可导出显微镜的光学倍率。显微镜物镜的放大率：

$$\beta_1 = -\frac{x_1'}{f_1'} = -\frac{\Delta}{f_1'} \tag{6.1}$$

其中，f_1' 为物镜的焦距；Δ 为光学筒长。目镜的特性等同于放大镜，对物镜所成的像再次放大，如图 6.1 所示。目镜的视觉放大率由式（6.2）给出，即

$$\Gamma_2 = 250\frac{mm}{f_2'} \tag{6.2}$$

其中，f_2' 为目镜的焦距。显微镜的总放大率为

$$\Gamma = \beta_1 \Gamma_2 = -\frac{250\Delta mm}{f_1' f_2'} \tag{6.3}$$

上式表明，显微镜的视觉放大率与光学筒长 Δ 成正比，与物镜及目镜的焦距成反比。

式（6.3）中的负号表示显微镜给出的是倒像。已知

$$f' = -\frac{f_1' f_2'}{\Delta} \tag{6.4}$$

代入式（6.3），则

$$\Gamma = 250\frac{mm}{f'} \tag{6.5}$$

比较式（6.5）和式（6.2），可知显微镜的实质等同于放大镜，只是性能指标有差异。

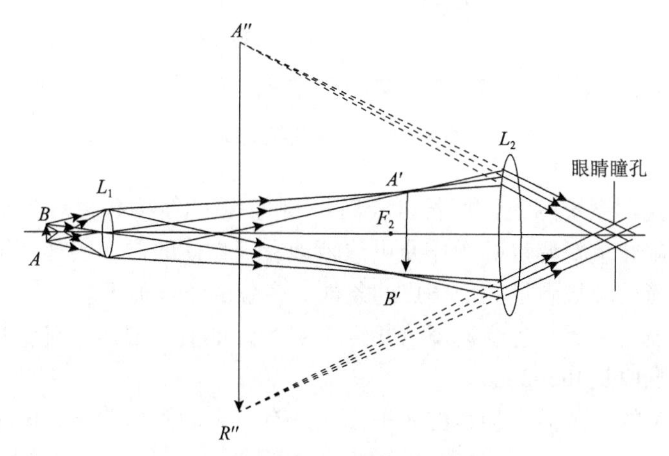

图 6.1　显微系统的成像示意图

6.1.2　显微镜的组成及镜头要求

显微镜上备有多个物镜和目镜，以适应不同倍率的需要。常规显微镜上有四组物镜，其放大率分别为 3 倍、10 倍、40 倍和 100 倍，标记为 $3^{\times}$、$10^{\times}$、$40^{\times}$ 和 $100^{\times}$；目镜有三组，放大率分别为 $5^{\times}$、$10^{\times}$ 和 $15^{\times}$。通过组合，显微镜可有 12 种不同的放大率，从最低的 $15^{\times}$ 到最高的 $1500^{\times}$。在结构上，几个物镜同时装在一个转动的圆盘上，可以方便地更换倍率。目镜为插入式，调换也很方便。

将显微镜的物镜和目镜都取下来后，剩余的机器镜筒总长度，即物镜支持面和目镜支持面间的距离，也称为机械筒长，如图 6.2 所示。为适应互换的需要，同时为控制显微镜的空间大小，机械筒长一般采用国家标准，目前国际上有

160mm、170mm 和 190mm 三种标准。我国的标准为 160mm。

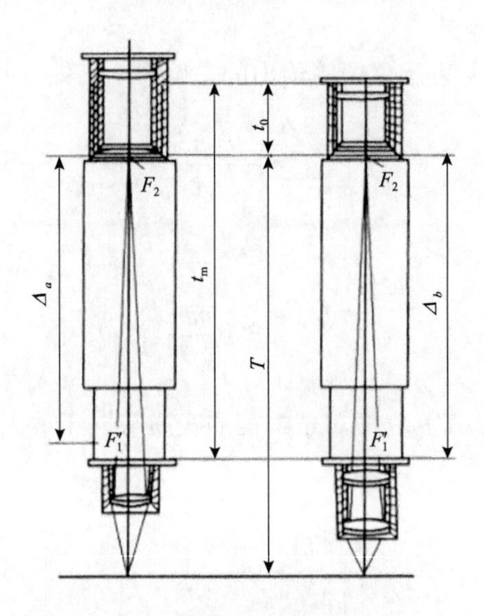

图 6.2　显微镜的机械筒长

显微镜光学系统的光学筒长 Δ_a 与目镜和物镜的结构有关。为了在调换物镜和目镜时，避开重新调焦的操作便可清晰地看到物体的像，实现"即换即用"的效果，光学筒长应该满足一个齐焦的条件。齐焦的条件如下。

（1）标准共轭距：各组物镜的共轭距 T 为标准值，国标上对生物显微镜共轭距规定的标准值是 195mm。

（2）目镜的安装面和物镜的像平面之间有一定的距离关系，国标上规定该距离 t_0 为 10mm。

（3）齐焦要求：目镜更换时不再重新调节焦距，因此，目镜的镜筒内部结构应当保持其物方焦点与物镜的像平面重合。

显微镜的光学和机械尺寸满足上述要求，物镜或目镜就实现了互换的条件[2]。

此外，出于组装方便，有的显微镜中采用了一筒长无限的物镜。它由前置物镜与补充物镜（又称补充物镜或镜筒物镜）构成，前者将实物图像成像到无穷远，由此将无穷远的像重新成像到自身的焦平面上，二者的光路为平行光，二者的距离可自由组合，如图 6.3 所示。辅助物镜的焦距一般为 250mm 或 200mm。这种物镜的放大率由前置物镜焦距 f_1' 和辅助物镜焦距 f_2' 的比值决定$\left(\beta=\dfrac{y'}{y}=-\dfrac{f_2'}{f_1'}\right)$。

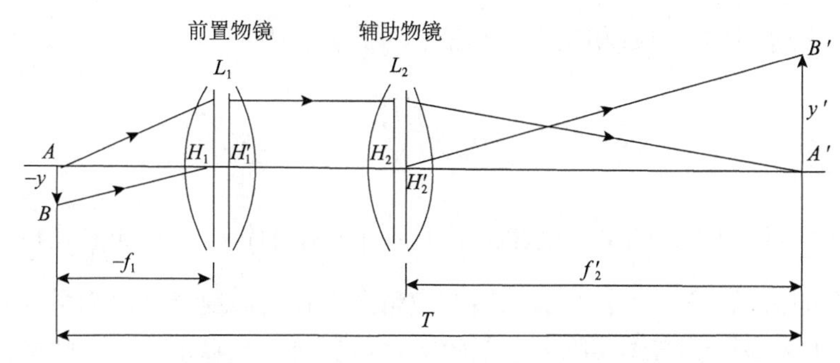

图 6.3　筒长无限的显微光学系统示意图

更换前置物镜就能实现变倍。筒长无限的物镜多用于金相显微镜或检测用的显微镜中。这种物镜的镜筒侧面有“∞”标记。

6.1.3　显微镜的光瞳光阑设置

显微镜口径光阑的位置的设定与镜头的构造和应用条件相关：单组低倍显微镜物镜的镜框为口径光阑；构造繁杂的物镜以最后一个透镜的镜框为口径光阑；测量用的显微镜为增加测定准确度，常将口径光阑放在物镜的像方焦平面上，以实现远心光程，减少由视差值而产生的测量误差。

远心物镜的入射光瞳可以在无限远，出射光瞳在显微术的后焦点上，焦点相对于目镜后焦点的长度为

$$x_F' = \frac{-f_2 f_2'}{\Delta} = \frac{f_2'^2}{\Delta} \tag{6.6}$$

由于小孔径光阑在物镜的像方焦平面上，因此显微镜的光学长度 Δ 与目镜内焦点之间的距离长度为 x_2，且为正值，于是 $x_F' > 0$，即出射光瞳在目镜后焦点的后面。

当孔径光阑位于物镜像方焦点附近时，就构成了近似的远心光路，设光阑位于距焦点 $-x_1'$ 处，如图 6.4 所示，则整个系统的出射光瞳相对于目镜后焦点的位置为

$$x_2' = \frac{f_2 f_2'}{x_1' - \Delta} = \frac{f_2'^2}{\Delta - x_1'} \tag{6.7}$$

该位置相对于显微镜像方焦点的距离为

$$x_z' = x_2' - x_F' = \frac{f_2'^2}{\Delta - x_1'} - \frac{f_2'^2}{\Delta} = \frac{x_1' f_2'^2}{\Delta(\Delta - x_1')} \tag{6.8}$$

式（6.8）分母中的 x 与 Δ 相比为一小量，可略去，得

$$x'_z = \frac{x'_1 f_2'^2}{\Delta^2} \tag{6.9}$$

由于 x'_1 和 $\frac{f_2'^2}{\Delta^2}$ 均为很小的量，因此 x'_z 也是一个很小的量。它意味着孔径光阑处在物镜的像方中心位置后，整个显微镜的楔角面光瞳近似地与显微镜系统的像方焦面重叠。通过显微镜看到实物后，眼瞳应该与楔角面光瞳重叠，否则将会产生观察场渐晕现象。

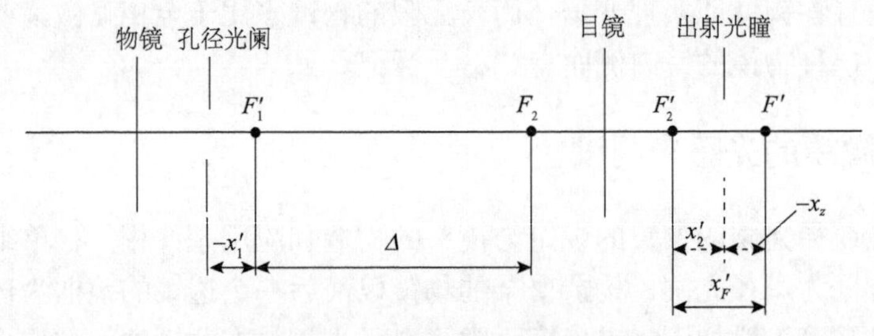

图 6.4　近似的远心光路示意图

显微镜出射光瞳直径的要求也和眼瞳的配合相关。图 6.5 给出了显微镜像方空间的光路图像。设出射光瞳与显微镜的像方焦面重合，$A'B'$ 是物体通过显微镜所成的虚像，其大小以 y' 表示。由图 6.5 可知，出射光瞳的半径为

$$a' = x' \tan U' \tag{6.10}$$

因显微镜的像方孔径角 U' 很小，所以可以用正弦代替正切，得

$$a' = x' n \sin U' \tag{6.11}$$

由像差理论可知，显微镜物镜应满足正弦条件，即

$$n' \sin U' = \frac{y}{y'} n \sin U \tag{6.12}$$

其中，

$$\frac{y}{y'} = \frac{1}{\beta} = -\frac{f'}{x'} \tag{6.13}$$

当 $n' = 1$ 时，

$$\sin U' = -\frac{f'}{x'} \sin U \tag{6.14}$$

代入式（6.11），得

$$a' = -f'n\sin U = -f' \times \mathrm{NA} \tag{6.15}$$

其中，$\mathrm{NA} = n\sin U$，称为显微镜的数值孔径，也是表示显微镜功能的主要参数。式（6.15）中的负号无实际意义。将式（6.5）代入式（6.15）中，得

$$a' = 250\mathrm{mm} \times \frac{\mathrm{NA}}{\Gamma} \tag{6.16}$$

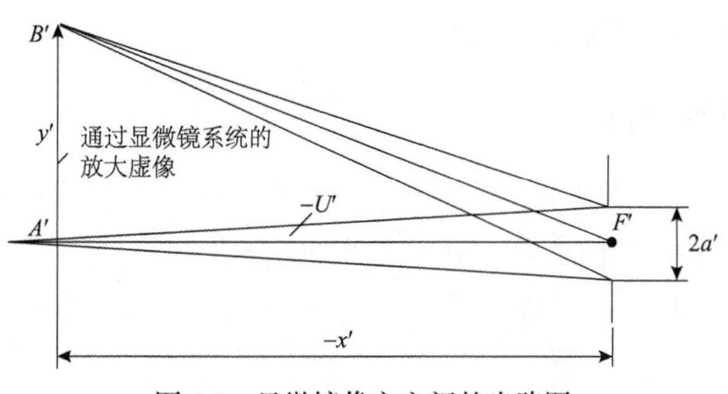

图 6.5　显微镜像方空间的光路图

上式可以证明，当显微镜的角放大率 Γ 用物镜数值孔径 NA 确定时，可直接得到楔角面光瞳的孔径 $2a'$。表 6.1 中显示出了三种放大值和数值孔径所对应的出射光瞳孔径。

表 6.1 出射光瞳孔径

Γ	1500$^\times$	600$^\times$	90$^\times$
NA	1.25	0.65	0.25
NA	0.42	0.54	2.50

由表 6.1 的数据看到，显微镜的出射光瞳孔径通常极小，而高倍率显微镜的出射光瞳通常低于瞳孔径，也只有在低倍显微镜的出射光瞳中才有机会达到，甚至超过瞳孔径。

6.1.4　视场调节

通常将显微镜的视场光阑线设置在物镜的像面上。由于显微镜的空间极小，且要求像表面有均衡的光照，因此不采用渐晕光阑。

显微镜，特别是高倍显微镜，为了提高对目标细节的分辨能力，必须以很大的孔径成像，所以显微镜头轴上点像差的校正要达到完善。如果不对视场有要

求，则要考虑轴外点像差的校正。为使显微镜物镜的光学结构合理，优先保证目标细节的分辨能力，只能减小视场来取得大的孔径。通常，显微镜线视场不超过物镜焦距的$\frac{1}{20}$，即

$$2y \leqslant \frac{f'}{20} = \frac{\Delta}{20\beta} \tag{6.17}$$

10 倍显微镜物镜的焦距 $f' = 16\text{mm}$ ，可取最大视场 $2y = 0.8\text{mm}$ ； 40倍显微镜物镜的焦距 $f' = 4\text{mm}$ ，视场 $2y = 0.2\text{mm}$ 。

6.1.5 景深及其原理

在图 6.6 中， $A'B'$ 是显微镜对准平面的像平面，称为景像平面， $A_1'B_1'$ 是对准平面前的某一平面的像平面，两者之间的距离为 $\mathrm{d}x'$ 。

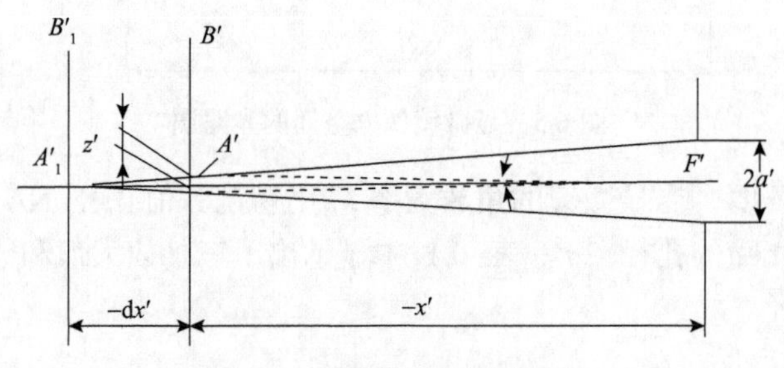

图 6.6 显微镜的景深示意图

若显微镜的出射光瞳与其像方焦点 F' 重合，则点 A_1' 的成像光束在景像平面上的投影是一个直径为 z' 的弥散斑，弥散斑的直径由下式决定：

$$\frac{z'}{2a'} = \frac{\mathrm{d}x'}{x' + \mathrm{d}x'} \tag{6.18}$$

其中，$\mathrm{d}x'$ 与 x' 相比只是一个小量，于是分母中的 $\mathrm{d}x'$ 可以略去，得

$$\mathrm{d}x' = \frac{x'z'}{2a'} \tag{6.19}$$

如果将直径为 z' 的弥散斑视为“点”，则必须满足 z' 对出射光瞳中心的张角 ε' 等于眼睛极限分辨角度的要求。与极限值对应的间距 $2\mathrm{d}x'$ 即为显微镜成清晰像的深度，其值为

$$2\mathrm{d}x' = \frac{x'z'}{a'} = \frac{x'^2\varepsilon'}{a'} \tag{6.20}$$

在物空间与之对应的距离2dx即为景深：

$$2\mathrm{d}x = \frac{2\mathrm{d}x'}{\alpha} = \frac{nf'^2\varepsilon'}{a'} \tag{6.21}$$

其中，α 为轴向放大率：

$$\alpha = \frac{\mathrm{d}x'}{\mathrm{d}x} = -\beta^2\frac{f'}{f} = -\frac{x'^2}{f'^2}\frac{f'}{f} = -\frac{x'^2}{ff'} = \frac{n'x'^2}{nf'^2} = \frac{x'^2}{nf'^2} \tag{6.22}$$

将式（6.7）和式（6.4）代入上式，得

$$2\mathrm{d}x = \frac{nf'\varepsilon'}{\mathrm{NA}} = \frac{250n\varepsilon'}{\Gamma\,\mathrm{NA}} \tag{6.23}$$

上式说明，显微镜的放大率越高，数值孔径越大，景深越小。

例如，一显微镜，数值孔径 $\mathrm{NA}=0.5$ ，$\Gamma=10^\times\sim500^\times$ 。设弥散斑的极限角 $\varepsilon'=0.0008\mathrm{rad}$（约2.75′），$n=1$ 。由上式所得到的景深值详见表6.2。

表6.2　显微镜物方景深的计算值

放大率 Γ	景深 2dx/mm
10	0.04
50	0.008
100	0.004
500	0.0008

由于眼睛有视度的调节功能，景深将大于上述数值。在显微镜的物像空间里，如果眼睛的近点和远点与楔角面光瞳的间距分别为 p' 和 r'，那么当楔角面的光瞳和像方焦面重叠后，物空间内眼睛与其相对的近点和远点之间的位置相同，为

$$p = \frac{ff'}{p'}, r = \frac{ff'}{r'} \tag{6.24}$$

或

$$p = -\frac{nf'^2}{p'}, r = -\frac{nf'^2}{r'} \tag{6.25}$$

其差值为眼睛在显微镜作用下的调节深度：

$$r - p = -nf'^2\left(\frac{1}{r'} - \frac{1}{p'}\right) \tag{6.26}$$

如果以米为单位计算 p' 和 r' 的值，括号里的数值就是以折光度为单位的值，于是

$$r-p=-0.001nf'^2\overline{A} \tag{6.27}$$

其中，$\overline{A}$ 为眼睛的调节范围。以 $f'=\dfrac{250\text{mm}}{\Gamma}$ 代入上式，得

$$r-p=-62.5\frac{n\overline{A}}{\Gamma^2} \tag{6.28}$$

如果三十岁以下的人的正常调节范围 A 约为 $7D$，那么有

$$r-p=-437.5\text{mm}\cdot\frac{nD}{\Gamma^2} \tag{6.29}$$

其中，负号仅表示远点比近点更远于眼睛。

仍按上例，求得眼睛在显微镜不同倍率时的调节深度，如表 6.3 所示。

表 6.3　眼睛的调节深度

Γ	$r\text{–}p$/mm
$10^{\times}$	4.375
$50^{\times}$	0.175
$100^{\times}$	0.044
$500^{\times}$	0.002

显微镜的景深应是计算的 2dx 与 $r-p$ 之和。只要把物面调焦在景深内，眼睛就能通过显微镜看清楚被观察的物体。为了把物面准确地调焦在很小的景深内，显微镜上均配有微动调焦装置。

6.2　分辨率和有效放大率

眼睛的分辨率定义为可辨别的两个相近点的极限距离。此定义也适用于任何光学系统。由于衍射效应的存在，任何光学系统都是孔径受限的。讨论光学系统的分辨率应以衍射的理论为依据。

6.2.1　衍射现象能量分布

因为衍射现象的产生，“点”源通过光学系统时，在像平面上形成一种绕射

斑，中心亮斑称艾里圆。它的光强分布为

$$I=\left[\frac{2J_1(x)}{x}\right]^2 \tag{6.30}$$

其中，$J_1(x)$ 为一阶的一类贝塞尔函数。图 6.7 描述了夫琅禾费衍射光的分布轨迹。表 6.4 给出了艾里圆半径坐标为 x 对应的最大光强 I。而如果将所有弥散斑光强总量作为 100，则各级的最强能分别如表 6.4 所示。

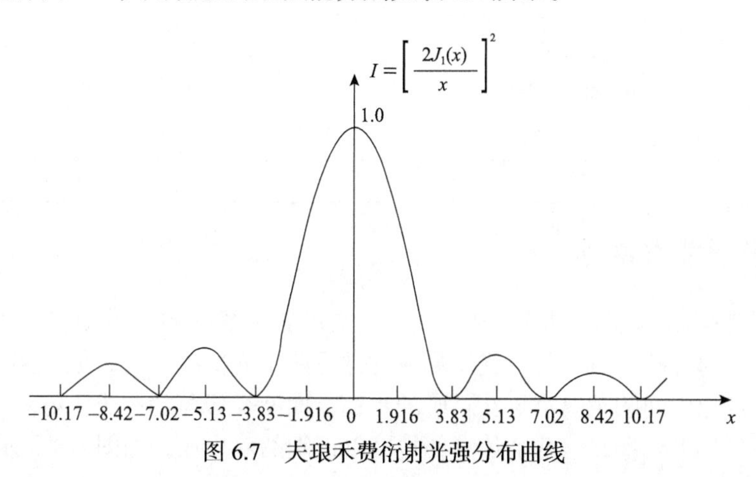

图 6.7　夫琅禾费衍射光强分布曲线

表 6.4　艾里圆半径坐标 x 对应的光强 I

x	$I=\left[\frac{2J_1(x)}{x}\right]^2$	注释
0	1	零级主最强
0.61π=1.916	0.368	在第一暗环半径一半
1.220π=3.83	0	第一暗环
1.635π=5.136	0.0175	1 级次最强
2.233π=7.016	0	第二暗环
2.679π=8.417	0.0042	2 级次最强
3.238π=10.174	0	第三暗环
3.699π=11.620	0.0016	3 级次最强

各级最强	光强
零级主最强（中心亮斑）	83.78
1 级次最强	7.22

续表

各级最强	光强
（第二亮环）	
2 级次最强 （第二亮环）	2.77
3 级次最强 （第三亮环）	0.91
4 级次最强 （第四亮环）	1.46
5 级到 50 级次最强 （像面上其余部分）	0.40
总和	100.00

6.2.2　分辨能力评判标准

根据光衍射原理，瑞利（Rayleigh）对光学体系中的分辨率作了这样的描述：由两个邻近的“点”与灯光所形成的像是两个光衍射斑点，如果两等光强的非相干焦点像中间的距离小于艾里圆的半径，而某个像斑的中央正好落于另一像斑的第一暗环上，那么这两个焦点便是可以识别的双焦点，如图 6.8 所示。

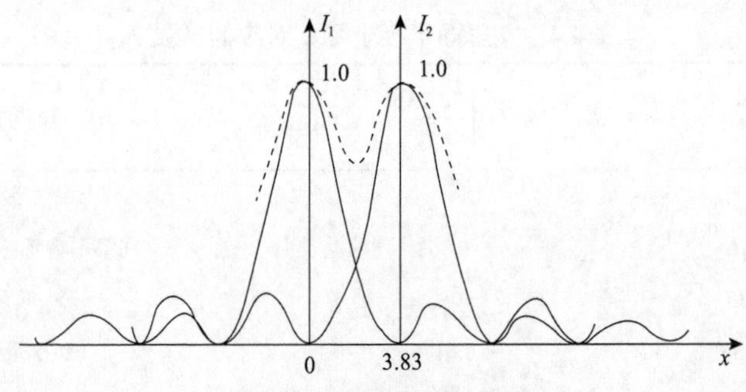

图 6.8　瑞利判据示意图

当这两点都可以区分后，两弥散斑的叠加光强分布曲线的极大值与下确界之间的最大差值约为 1：0.736，且这两点之间的最小光强差小于艾里圆 x=1.916 的发光强度的 2 倍。

利用表 6.4 中给出的数值可求得两分辨点的距离，即艾里圆上 x=3.83 时对应的间距：

$$\sigma = \frac{3.83}{\pi} \cdot \frac{f\lambda}{D} \tag{6.31}$$

其中，f 为光学系统焦段；λ 为长度；D 为光学系统的入射光瞳长度。当物面在无限远时，用这两点相对于光学系统的张角可得到两个可以分辨焦点的位置，其值均为

$$\varphi = \frac{1.22\lambda}{D} \tag{6.32}$$

若使 $\lambda = 0.000556\,\mathrm{mm}$，并以角秒表示角距离 φ，得

$$\varphi'' = \frac{1.22 \times 0.000556\mathrm{mm}}{D} \times 206165'' \approx \frac{140''}{D} \tag{6.33}$$

6.2.3　分辨率

显微镜的分辨率用分辨的距离表示，在式（6.31）中，以 $\frac{D}{2f} \approx \sin U$ 代入，并考虑到物镜物空间折射率 n 的影响，则得

$$\sigma = \frac{1.22\lambda}{2n\sin U} = \frac{0.61\lambda}{\mathrm{NA}} \tag{6.34}$$

式（6.34）是两个自发光点的分辨率表示式。亥姆霍兹和阿贝针对不发光的点（即被照明的点）研究后，给出了相应的分辨率公式：

$$\sigma = \frac{\lambda}{\mathrm{NA}} \tag{6.35}$$

在斜射光照明时，分辨率的公式是

$$\sigma_0 = \frac{0.5\lambda}{\mathrm{NA}} \tag{6.36}$$

从上述公式可知，显微镜的清晰度取决于数据孔径大小 NA，数据孔径越大，清晰度越高。

在显微镜物方材料是空气时，折射率变化为 n=1，因此物镜中最大的数值孔径是 1；如在物体与物镜之间浸有液体后，显微镜物方的折光度可以超过 1，显微镜的数值孔径可以增加到 1.5～1.6，则光学显微镜的分析力就可以增加。杉木油的折射率 n_D=1.517，溴化茶的折射率 n_D=1.656，二碘甲烷的折射率 n_D=1.741。数值孔径 NA 大于 1 的物镜称阿贝浸膏物镜。

6.2.4　有效放大率

显微镜的分辨概念出自比较两点与其中间带的光强对比度，若光强对比度超

过一定值时，两点才可分辨。按瑞利准则给出的比值是 1∶0.736，实际上人眼在对比度上的分辨比上述比值更敏锐。但是，“分辨”只是物理概念，可分辨的两点未必是能看清楚的两点。只有使这两个焦点对人眼的张角超过人眼的极限分辨角度，才能看清楚这两点。为此，显微镜要有一定的放大率，放大两点间的距离，再被眼睛区分。

便于双眼识别的角度间距是2′～4′，该角间距在双眼的明视间距 250mm 处所能辨别的长度σ'应为

$$250\times 2\times 0.00029\text{mm}\leqslant \sigma'\leqslant 250\times 0.00029\text{mm} \tag{6.37}$$

若σ'是显微镜的极限分辨率$\sigma=\dfrac{0.5\lambda}{\text{NA}}$对应的像方数值，则上述公式变为

$$250\times 2\times 0.00029\text{mm}\leqslant \frac{0.5\lambda}{\text{NA}}\leqslant 250\times 0.0002\text{mm} \tag{6.38}$$

设所用照明的平均波长为0.00055 mm，代入上式后得

$$527\text{NA}\leqslant \varGamma \leqslant 1054\text{NA} \tag{6.39}$$

或近似写为

$$500\text{NA}\leqslant \varGamma \leqslant 1000\text{NA} \tag{6.40}$$

满足式（6.40）中的有效放大率为显微镜的最大有效放大率。一般浸液物镜的最大数值孔径都是 1.5，故光学显微镜所能获得的最大有效放大率并不多于 $1500^{\times}$。

从式（6.16）中可以知道显微镜的放大率与物镜数值孔径。在用比有效性放大率下界（500NA）更小的放大率时，尽管物镜已把细部区分开来，但因放大率过于大，眼睛无法看清这些细部；若用比有效性放大率上界（1000NA）更大的放大率时，则无法增强显微术检查物体细部结构的功能。

由于有效放大率的限制，目前使用的显微镜中，物镜的最高放大率为 $100^{\times}$，目镜为$15^{\times}$。对于计量用显微镜，由于观察对象多为不发光的线条，它们的放大率常不为式（6.36）所限。

6.3　显微镜物镜

6.3.1　物镜的光学特性

显微镜物镜最主要的光学特性用数值孔径 NA、可观察点 $2y$、有效焦段

f'、工作距 1 和放大度 β 表示，这些参数之间既有关联又有约束。

物镜的分辨能力与数值孔径 NA 有关，但是由于成像质量的影响，物镜的数值孔径对分辨率的贡献与理论值有差别。

物镜的放大率 β 受有效放大率的约束，过大的放大率可能造成视场大小与结构矛盾。结构上对显微镜的横向尺寸有要求，测量显微镜的分划板尺寸已经标准化，国标定为18mm，其他显微镜可以参照，这个标准设定物镜的像面尺寸。在物镜像面的尺寸一定的条件下，放大率 β 越大，显微镜的物方视场就越小。同时，当设定光学传感筒长后，显微镜的作用时间会因物镜放大度 β 的增加而缩短，这个参数对测量显微镜是很重要的。生物显微镜100ˣ 物镜的工作距离只有0.2mm左右。

显微镜物镜的视场光阑一般设置在成像面上，大小用 $2y'$ 表示。显微镜物镜的物方视场为

$$2y = \frac{2y'}{\beta} \tag{6.41}$$

显微镜物镜的一系列重要技术参数都刻在镜筒上，如图 6.9 所示。图 6.9（a）代表一种生物显微镜物镜，其扩散率为40ˣ，数值孔径为 0.65，机械筒长为160mm，盖玻片厚度为0.17mm。图 6.9（b）表示一筒长无限的金相显微镜前置物镜，其放大率为10ˣ，数值孔径为0.25，筒长为∞，0表示不用盖玻璃片。

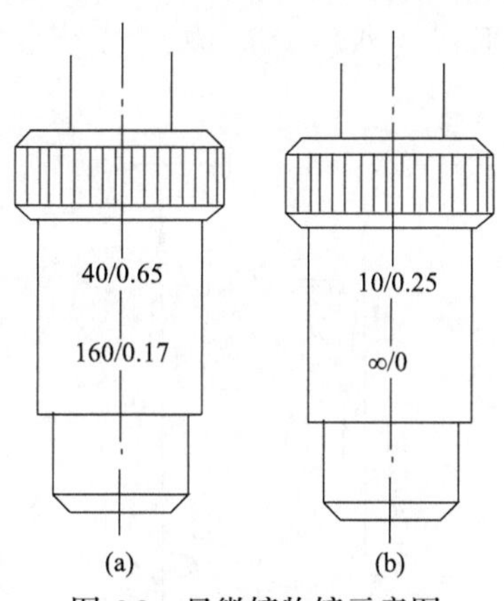

图 6.9　显微镜物镜示意图

国产生物显微镜的放大率和数值孔径的数据都经过国家标准确定，如表 6.5 所示。

表 6.5　国产生物显微镜的放大率和数值孔径

放大率	数值孔径
100ˣ	0.25

续表

放大率	数值孔径
63×	0.85
40×	0.65
10×	0.25
3×	0.10

6.3.2 基本物镜的几种类型

显微镜物镜通常是小视场、大口径的光学透镜。在像质方面，它以轴上点像差的修正为主，兼顾了轴外视点像差的调整修正。按畸变纠正状况，显微术物镜分消色差物镜、复消色差物镜和场物镜三大部分[3]。

1. 消色差物镜

消色差物镜是应用领域最大的显微技术物镜，数值口径可以做到最大，畸变矫正以色差、球差和正弦差居多。由于高倍率显微镜物镜的数值孔径大，因此产生的高级球差很严重。平衡高级球差的手段仅限于物镜结构的复杂化及玻璃材料的选择。不同放大度和数值孔径的消色差物镜的设计方式早在 1870 年左右初步定型。

（1）低倍物镜结构形式为双胶合透镜，如图 6.10（a）所示。放大率为 3×～6×，数值孔径为 0.1～0.15。

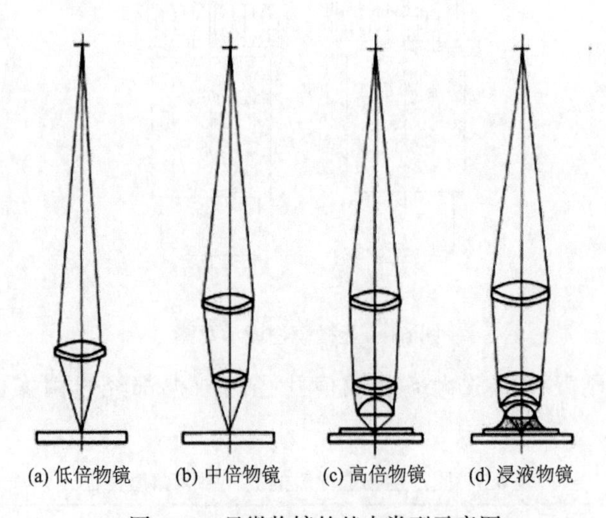

(a) 低倍物镜　(b) 中倍物镜　(c) 高倍物镜　(d) 浸液物镜

图 6.10　显微物镜的基本类型示意图

（2）中倍物镜，放大率为$6^{\times}$～$8^{\times}$，数值孔径为0.2～0.3。这种物镜多由两组双胶合透镜组成，如图 6.10（b）所示。两组双胶合透镜各自校正位置色差，整个系统的倍率色差自然得到校正，而球差和正弦差则由前、后组相互匹配校正。这种物镜称为里斯特物镜。它是以校正球差、色差和正弦差著称的最基本结构。

（3）高倍物镜放大率为$40^{\times}$以上，数值孔径等于 0.65。这种物镜的结构是在里斯特物镜的基础上发展起来的，即在其前面加一个接近半球形透镜，如图 6.10（c）所示。这个半球形镜片的第一个面为平面，第二个面为不晕面，轴对角所形成的射纹在第一个面透射后的辐合处设在第二个面的不晕点上。里斯特物镜的孔径角扩大了 n 倍，当中 n 为半球形镜片材料的总折射率。这些物镜就称为阿米西物镜。在使用中，当前片的玻璃材料和结构确定之后，它所形成的色差、球差和正弦差都是已知的，可以使用前一组与后组形成不同号的像差来弥补这种像差。

（4）浸液物镜释放率为$90^{\times}$～$100^{\times}$，数值孔径为 1.25～1.4，其物镜结构如图 6.10（d）所示，一般称为阿贝浸膏物镜。如前所述，在盖玻璃片与物镜前片间充以折光率为 n 的物质，它可使原来物镜的数值孔径增加 n 倍，通常使用的液体是 n=1.517 的杉木油。油液的反映率和盖玻璃片、物镜前片的反映率非常相似，因此可以认为被观测物质处在和物镜前片一样的介质中，由物质发射的光能够没有反映地通过第一面，投影到第二面时也符合不晕要求，因此第 i 块镜片即为不晕镜片。浸液物镜适用的数值孔径较大，为使最后的里斯特体系只承受 NA=0.3 的孔径，故在第一面和里斯特体系中间增加一块弯月形镜片，它是由同心协力面和不晕面构成的，称为同心协力不晕镜片。

因为盖玻片处在与光束孔径角较大的物方成像路径上，所以形成相当数量的球面像差，在选择物镜时要考虑补偿这个球面像差。所以，对盖玻璃片的折射率（n=1.52）和厚度（d=0.17mm）都要严格控制。厚度公差一般为±0.05mm，但$40^{\times}$以上的物镜则要求盖玻片厚度公差一般为±0.01mm。

2. 复消色差物镜

复消色差物镜一般用于专业显微镜上，如金相显微镜等。它除修正轴上点的三次像差外，还修正了二次光谱，故称其为复消色差物镜。倍率色差可以用目镜的值进行补偿。而为校正二级光谱，可采用特种玻璃和氟石作为某些单片镜头的主要材料。如图 6.11 所示，图中有阴影线的透镜是用萤石制造的，高倍复消色差物镜放大率为$90^{\times}$，数值孔径为1.3。

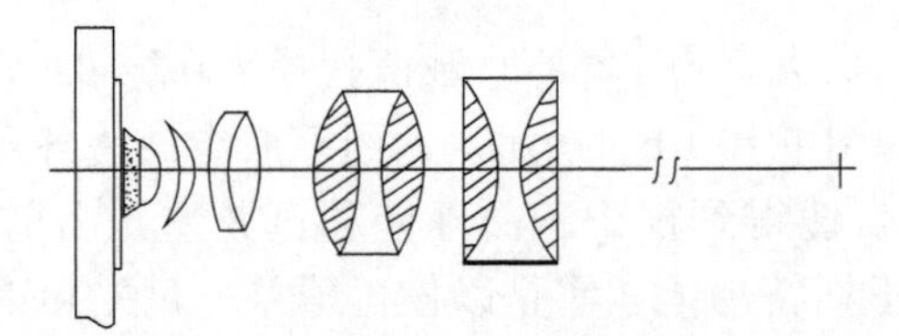

图 6.11　高倍复消色差显微镜物镜结构

3. 平视场物镜

平视的眼光场物镜一般用作显微照相的显微投影，并需要校准像面曲率。但平视的眼光场与消色差物镜的倍数颜色差异并不大，因此不能用特定目镜弥补；而平视的眼光场重复消色差物镜，则需要用目镜弥补它的倍数颜色差异。场曲的矫正通常通过若干个弯月形厚透镜来完成。图 6.12 中说明了放大率为 $40^{\times}$ 、数值孔径为 0.85 的平视场复消色差物镜的基本组成结构。图 6.12 中，带有阴影线的镜片则是由氟石材料制成的。

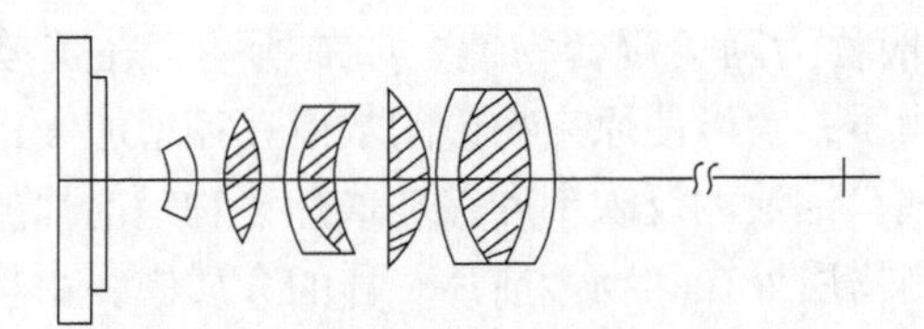

图 6.12　平视场复消色差物镜结构

4. 反射式和折反射式物镜

在显微镜蓬勃发展的初期，透镜与反照镜同样被使用。但在 1791 年发现了消色差物镜，尤其是 1827 年发现三组元阿米奇物镜后，反射式物镜由于表面工艺与装配要求过高而被遗弃。截至 1931 年，反射型物镜由于既不会出现色差现象，也可以将工作波段延伸至非可见光区域并增加工作长度的特性，才重新得到重视和发展。

反射式物镜如图 6.13 所示。它既能校正球差和正弦差，又不产生色差，常用作紫外显微镜物镜。这种物镜的数值孔径可达到 0.5。

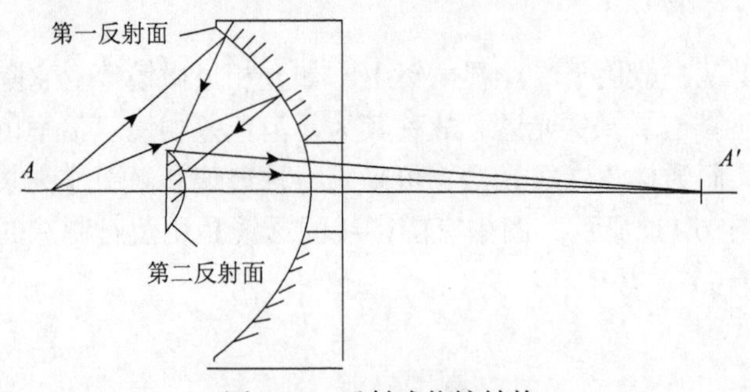

图 6.13　反射式物镜结构

折反射式显微镜物镜和反射式显微镜物镜比较，数值孔径也有所提高。在反射式物镜的前面加一个半球形镜片，如图 6.14 所示。半球形透镜发生的色差可由图中注有“折射面”数字的折射表面所形成的色差来弥补，此时的折射透镜宜用透紫外线的石英玻璃或萤石材质。当将该镜片组成浸液物镜时，数值孔径达到 1.35，可以使用紫外线成像，起到增加清晰度的目的。

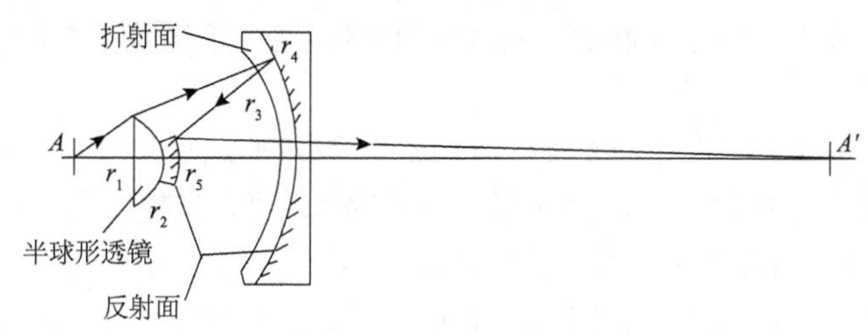

图 6.14　折反射式物镜结构

折反射式物镜和折射式物镜有所不同，它必须对目标光线遮拦，入射光瞳通常为圆圈形。对这样的环形光瞳的衍射进行运算，其结果显示，该衍射图像的第一个暗环的半径范围比对圆形光瞳的小得多，从而使分辨率有所提高。与此同时，中心亮斑的照度有所减弱，降低的能量分散在了外环，提高了背景的照度，减少了像的衬度，反而影响了清晰度增加。但是，只有物体的对比度较低时，这种影响才能显现出来，反射式物镜才失去实用的价值[4]。好的设计可使中心遮拦不超过入瞳面积的 4%。

6.4　光照系统组成

显微镜一般是在高倍率下运行的，所以必须照明，并以适当的对比度提高图像面的质量亮度，同时还要保证像面照度的均匀性。照明系统由光源和聚光镜组成。

6.4.1　基于不同观测物体的照明方法

1. 透明物体的照明

对于透明标本可以用透射光照明。透射照明的方式有以下两种。

（1）临界照明，这种光照方式需要聚光器所成的光像与所观察物体周围的物面重叠，如图 6.15 所示，它也是物体表面的一种照度，灯丝的形状同时出现在像面上，从而造成不理想的观察效果。

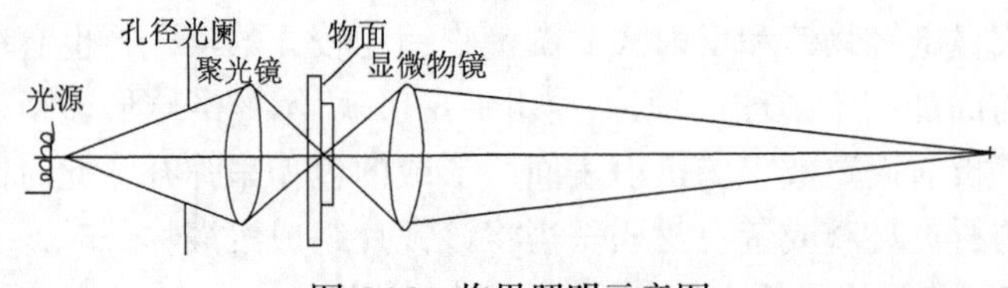

图 6.15 临界照明示意图

在透射光线中，为了使物镜的孔宽角得到利用，聚光镜有与物镜相等或略大的数值孔径。

临界照明聚光镜的大孔径光阑常设在凝光器的物方焦面上，而如果显微镜所使用的是远心物镜，则凝光器的出射光瞳和中心物镜的进射光瞳一致。聚光镜的光阑可以做成可变光阑，可任意调整射入凝光器的孔径角度，使其与物镜的数值孔径相同。

临界照明聚光器的出射光瞳和像方观测场，分别和物镜的入射光瞳和物方观测场重叠，从而产生了“瞳对瞳、视场对视场”的光管。

（2）科勒照明，科勒照明光学系统如图 6.16 所示。光源经过聚光镜先构成像于光照系统的观测场光阑上；聚光镜前组经聚光镜后构成像于标本处，同时又将光照系统观测场光阑成像于无限远，使其与远心物镜的入射光瞳重叠。

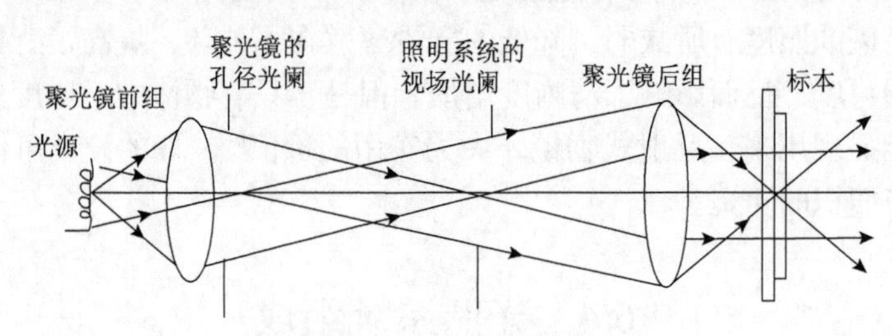

图 6.16 科勒照明光路图

科勒照明用的前组聚光镜也称科勒镜，因为它获得了所有光源的均匀光照，并通过聚光镜后组成像于标本表面。因此标本上可以获得较均匀的光照，这也是科勒照明的主要特征。

凝光器中的孔径光阑紧靠聚光镜前组，通过凝光镜后组而成的像，即凝光镜的出射光瞳也与显微镜的物平面（标本）接近，因此光阑发挥着限制显微镜观察场的功能。

科勒照明将聚光体系的出射光瞳的像方观测场依次和显微镜的物方观测场的进入光瞳重叠，因此构成“视场对瞳、瞳对视场”的光管[5]。

2. 不透明物体的照明

对于不透明物体，采用从侧面或者从上方照明的方法。此时，标本是靠散射光或反射光成像的。侧面照明是把光源放在标本的斜上方，有的显微镜用物镜四周的小灯泡形成斜照明，上方照明方式使物镜兼作聚光镜，如图 6.17 所示。光源 1 发出的光经光阑 2 投射到半反半透镜 3 上，其中反射光线由物镜 4 射向物面 5，然后由物面 5 漫反射回来的光线再经过物镜 4 成像在像面 6 上。

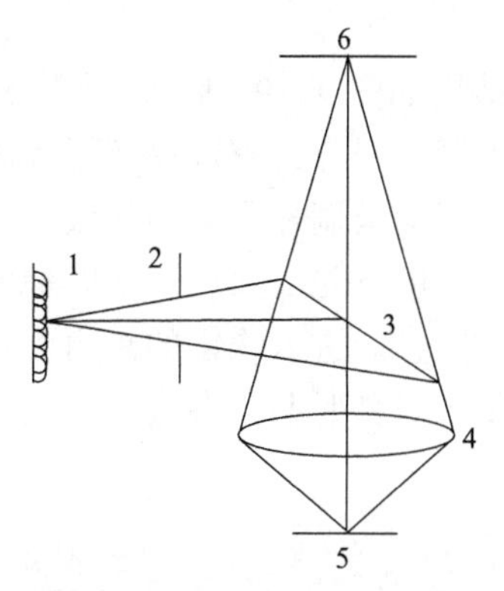

图 6.17　物镜兼作聚光镜的照明方式

6.4.2　基于暗场的照明系统

暗视场照明适用于离散分布的颗粒标本的观测。在某种程度上，暗视场照明可以提高显微镜的分辨率。

暗视区照射的基本原则是不要通过标本的光源径直流入物镜，而只允许通过小颗粒或散射的光流入物镜。这样一来，就使物镜所构成的全像面成为在黑暗底色上，散布有光亮粒子的画面。衬度（对比）好，因此有利于颗粒的分辨。暗视场照明包括单向暗视场照明和双向暗视场照明。

1. 单向暗视场照明

图 6.18 是单向暗视场光线的示意图。照明装置发出的光经不透明的标本

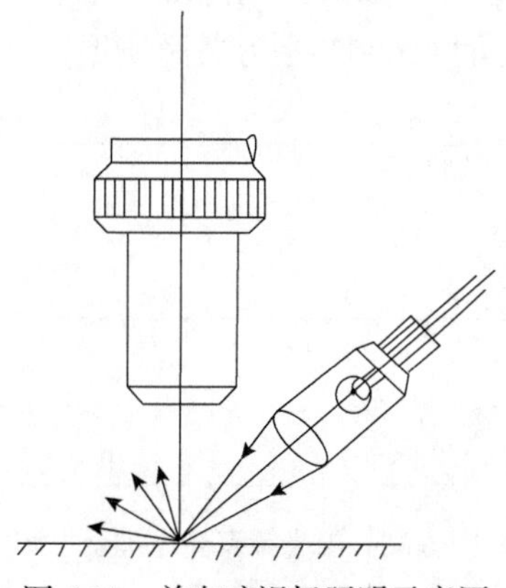

图 6.18　单向暗视场照明示意图

反射后，只有散射光线流入物镜成像。该种照明方法对观测微粒的形成与移动是可行的，但对物质细部的反映还有着“畸变”问题。

2. 双向暗视场照明

双向暗视场照明光学结构如图 6.19 所示。在聚光镜最后一块与载物玻璃片间浸以油液。在三透镜集光器的前方，安置一环形光阑，环形光阑所在地点的孔径需按以下成像关系设计：当盖玻璃片和物镜间没有浸膏时，从环形光阑的光孔射出来的光柱在进入盖玻片以前首先被盖玻片下的标本留取照射，然后进入盖玻片，并在盖玻片内产生完全反光。进入物镜的是由标本上的颗粒所散射的光，产生暗视场照射。这种照明属于对称照明，在一定程度上消除了单向暗视场照明存在的失真。

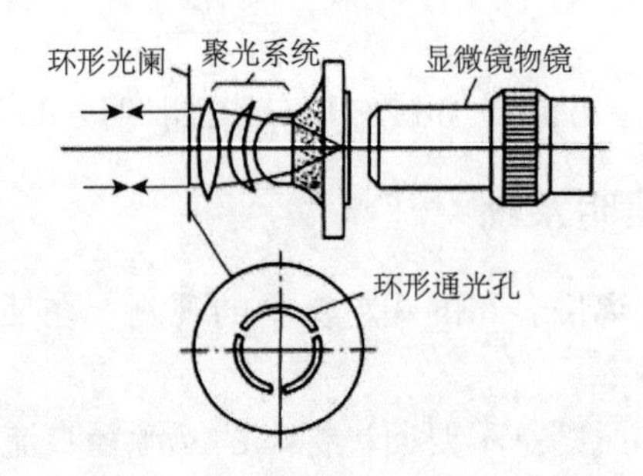

图 6.19　双向暗视场照明光学系统

6.4.3　聚光效应及应用

在照明系统中，聚光镜的作用是最大限度地把光线聚集起来，投射到显微镜的成像系统中。在图 6.20 中，用光源 1 照明物体 3 时，如不加聚光镜 2，照射标本的光线只限于角度 $2U_S$ 以内。加入聚光镜 2 以后，该角增大为 $2U_B$。此时，进入光学系统的光能以该角所增比例的平方关系剧增。

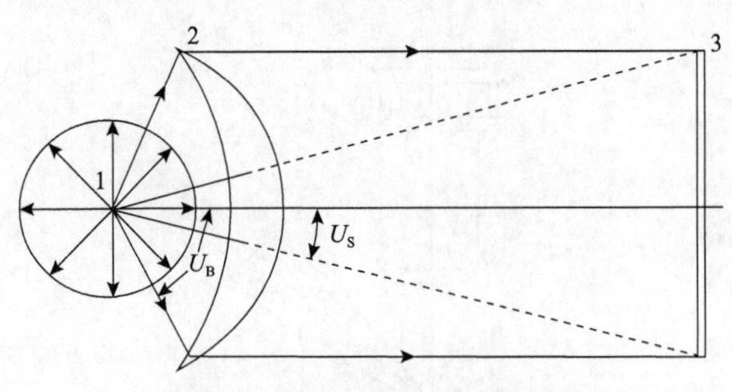

图 6.20　聚光镜聚光原理示意图

基于聚光镜的功能，对聚光镜像质的要求也仅限于球差和色差，以和显微镜物镜的像差相适应。

1. 色差

一般在设计时，只在可能条件下取得最小值即可，故聚光镜的选料很重要。聚光器的材质一般应采用低颜色比例的光学玻璃（如 K9 玻璃）。由于位置色差在视场中叠加的结果是在其边缘出现彩色现象，只要使照明的区域大于标本的尺寸就能避免色差的影响[6]。但是，对于科勒照明而言，要求聚光镜和它的光学阑成像在物体表面，避免色差影响。消色差聚光器的构造相似于高倍显微镜物镜，只不过焦段较长，从而使射纹可以穿透很厚的载物玻璃（约 2mm）照亮标本。

2. 球差

球差将影响聚光镜对光线的聚集能力，降低照明的效果。球差的校正公差通常以点源最小弥散斑相对光源的比值 K 表示：

$$K = \frac{z'_{\min}}{\beta D} \tag{6.42}$$

其中，$z'_{\min}$ 为聚光系统对点源产生的最小弥散斑直径；β 为聚光系统的放大率；D 为光源的大小。放映仪器的照明系统要求 $K = 3\%\sim10\%$；一般显微镜要求 $K = 20\%\sim30\%$。

由于聚光镜的结构中以有聚光能力的凸透镜为主，减小球差的关键在于每一个镜片负担的焦距是否合理，该值以镜片像方对物方孔径角的差值 $\Delta u = u' - u$ 表示。

经验证实，为了保证聚光系统的球面像差不会变化太大，聚光镜中所用的透镜数与其表面所能承受的赤纬 Δu 间的比例如表 6.6 所示。

表 6.6　聚光镜片数和 Δu 之间的关系

片数	1	2	3
Δu	0.2～0.3	0.3～0.6	0.6～0.9

3. 聚光镜常用的结构形式

二片式聚光镜如图 6.21（a）所示，可承担的数值孔径为 0.8，浸液时其值为 1.2。

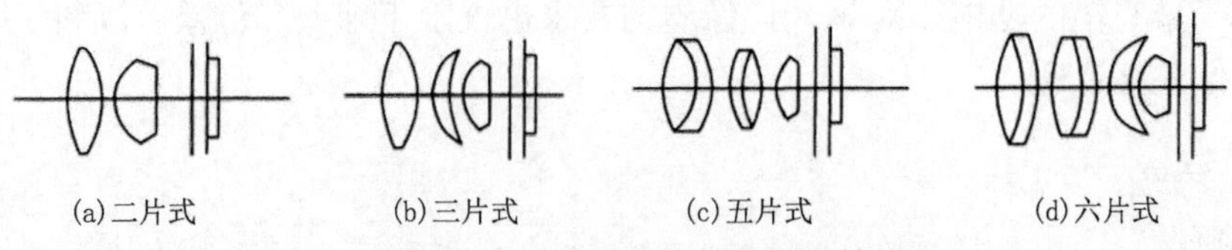

图 6.21　消色差聚光镜的光学结构

三片式如图 6.21（b）所示，可承担的数值孔径为 0.9，浸液时其值可达 1.4。

五片式如图 6.21（c）所示，系统中有两个胶合组和一个半球透镜，所以可以满足消球差、色差和正弦差校正的要求，可承担的数值孔径为 0.9。

六片式如图 6.21（d）所示，使用高倍显微镜，浸液的最大数值孔径可达 1.4。

图 6.21（c）和（d）都描述了两个消色差聚光镜的基本构造方式，它和阿米奇物镜、阿贝物镜的构造方式一样，但不同的地方是焦段比较长，并且消色差也没有显微镜中那么严格。

参 考 文 献

[1] 张以谟. 应用光学[M]. 北京: 电子工业出版社, 2015.
[2] 杨震寰.光学信息处理[M]. 母国光, 羊国光, 庄松林, 译. 天津: 南开大学出版社, 1986.
[3] 清华大学光学仪器教研组. 信息光学基础[M]. 北京: 机械工业出版社, 2010.
[4] 华家宁. 现代光学技术及应用[M]. 南京: 江苏科学与技术出版社, 2007.
[5] 朱自强. 现代光学教程[M]. 成都: 四川大学出版社, 2007.
[6] 谢建平. 近代光学基础[M]. 北京: 中国科学技术出版社, 2003.

第7章　超分辨显微技术

7.1　超衍射极限近场显微法

7.1.1　基于超衍射极限近场的观测方法概述

传统光学显微镜利用光学系统将物体成放大像，是辅助人眼观测微小结构的唯一手段。光衍射效应的瑞利分辨率极限影响着光学系统进一步提高分辨率。

1982年，在瑞士苏黎世IBM的Binning和Rohrer等开发了激光扫描隧道显微镜（scanning tunnel microscope，STM），并显著地改善了检测精度，其横向分辨率已超过了0.01nm，纵向分辨率为0.001nm。此后也产生了和STM技术类似的新型扫描探针显微镜（scanning probe microscope，SPM）[1]。

SPM并不通过物镜成像，而是用探头的针尖向试样表层向上拍摄以获取试样表层的特征。各个种类的SPM主要体现在针尖的特征有所不同，以及针尖与试样表层间的作用特点也有所不同。以原子力显微镜（atomic force microscope，AFM）为典型表征的扫描力显微镜（scanning force microscope，SFM）透过监控、测试针尖与试样间的外力（如物质间的斥力、摩擦力、弹力、范德华力、磁力和静电力等），以了解试样表层的特征。原子力显微镜针尖的横向分辨率可达2nm，纵向分辨率达0.01nm，已经达到了一般全扫描电子显微镜的分辨率，但原子力显微镜针尖对操作条件和试样制备技术的要求不及一般扫描电子显微镜。

扫描隧道显微镜被应用于光学领域，推动了近场光学显微镜（SNOM）的发展。1984年，瑞士苏黎世IBM的Pohl等用小孔和微探针技术制造出了一台近场光学显微镜。另外，美国康奈尔大学的Betzig等还制造出用微吸管作为探头的近场光学传感显微镜。此后，又产生了许多将近场光学传感显微技术应用于物体表面的细微结构的光学测量。

在几个世纪之前人们已经发现了近场光学中存在着两种能量：一种能量可以发射，另一种能量因局限于物体表面而迅速减弱，称为倏逝波（evanescent wave）。后一种能量是非均匀波，因为其特征不仅表现在物质的表面，而且还和物质的内部结构紧密有关。它由于物质的存在而产生，并不是在自由空间产生。

7.1.2　传统光学显微镜概述

传统的光学放大显微镜由光学镜片构成，受光衍射的制约，无法自由扩展放大倍率，德国物理家阿贝（Abbe）用衍射学说预见了分辨率限制的出现。通用的标准是瑞利（Rayleigh）于 1879 年指出的：从物理光学的视角，当对于邻近二个物点光强相同时，一个物点的衍射光斑的主极大值与另一个物点的衍射第一极小值重合时，两物点刚好被区别开来，即为极限分辨率，由此判据可推导出望远、照相和显微三种典型系统的极限分辨率。

根据方程得出通常增加物理分辨率的途径是：减少光波长、增加物镜的透光宽度（数值孔径）。因为有机溶剂在水中的折射率一般大于 1.5g（可见光范围），而非浸液显微镜系统的数值孔径可以达 0.95 左右，因此浸液显微物镜的最大分辨率σ为

$$\sigma = \frac{0.61\lambda}{1.5\times 0.95} \approx \frac{\lambda}{2} \tag{7.1}$$

其中，λ为光束长度；1.5 为介质折光率。物镜数值孔径 NA=α，α是把射纹吸收并聚焦在探测器上的物镜的半孔径角（全孔径角为 2α）。它规定了二点被分辨的最小间距，该量由成像系统参数所决定。由上式可知，显微镜的分辨极限约为工作波长的 1/2。在可见光区域中，显微镜的分辨极限仅为 0.2μm。

物体成像通过仪器变换为光强度信息分布。成像过程的信息转换通常用一种表示物质性质的化学参数和表示仪器特性的仪器参数的乘积表达。物质特征函数代表物质的空间频率，而仪器参数则代表了物质空间频率的转换系数。物质特征函数在较低空间频率下的转换系数近乎于一，在高于空间频率时会降低至近乎于零。根据其光学特征即可判断仪器的截止频度，高于它的物体信号无法得到传递。仪器函数即是转移函数，对于任何成像系统结构和照明方法，移动函数是独立的和确定的，即掌握了物质系统的移动函数就能准确地预测像的亮度情况。

7.1.3　近场光学显微镜原理

1. 近场与远场

光学系统成像过程如下：灯光发出的光子或电子投射到对象物质后，进行反光，被接收机所捕捉或接受。因为反光微粒的位置和大小与物质特征相关，微粒束就带着物质特征的信号（强度分布或光场），在接收机上的投影为“对象物的像”。在物理学上，物质一般是三维空间的，记录媒介是二维的，所以图像往往

是物质构成的二维投影。到目前为止，所有的观测、分析和测定都是远离物质而进行的（至少大于几个波长的距离）。所以，需要分辨二种不同的场：从物质表层到几纳米的距离称为近场；近场以外到无穷远的地方称为远场。远场是常规探测仪器如显微术、千里眼和其他仪器设备所能检测的光场。

2. 突破分辨率衍射极限的途径

在量子力学中，对于共轭动力学变量（能量和时间作为共轭动力学变量），即时间坐标 r 与能量 p，无法进行精确计算。它们在计算时的不确定度也受海森伯测不准限制：

$$\Delta r \cdot \Delta p \geqslant h \tag{7.2}$$

其中，Δr 和 Δp 分别为 r 和 p 的测量不确定度；h 为普朗克常量。其分量也满足关系：

$$\begin{cases} \Delta x \cdot \Delta p_x \geqslant h \\ \Delta y \cdot \Delta p_y \geqslant h \\ \Delta z \cdot \Delta p_z \geqslant h \end{cases} \tag{7.3}$$

考虑到普朗克-爱因斯坦关系式 $p = hk$（k 为波矢，其方向代表光波的传播方向，大小为 $k = \frac{1}{\lambda}$，称为波数），上述测不准关系又可表示为

$$\Delta r \cdot \Delta k \geqslant 1 或 \Delta x \cdot \Delta k_x \geqslant 1 \tag{7.4}$$

根据测不准原理得出：位移与动量不可以同时精准测量，而若对 Δk 的测量准确度不作要求，就可以使 Δx 的测量精确度不受限制，这正是突破物理分辨率衍射限制的途径。由测不准原理有

$$\Delta x_{\min}, \Delta x_{x\max} \geqslant 1 \tag{7.5}$$

要使 $\Delta x_{\min} < \frac{\lambda}{2}$，即要使分辨率突破衍射极限，就应使 $\Delta k_x \geqslant \frac{2}{\lambda} = 2k$ 。又因为

$$k^2 = k_x^2 + k_y^2 + k_z^2 \tag{7.6}$$

即

$$k_x = \left(k^2 - k_y^2 - k_z^2\right)^{\frac{1}{2}} \tag{7.7}$$

只是在k_y和k_z之间，或二者之一都是虚数时，上式才成立，这时，超过分辨率的衍射极限才有可能性。这表明，只能在局域空间状态下，才有机会克服衍射限制。也因此在局域空间中，波矢k必须是虚数。

3. 超分辨近场结构

一般情况下，空间任一点的光波场$U(r,t)$的表达式为

$$U(r,t)=U(x,y,z)\exp\left\{\mathrm{i}\left[\omega t-\left(k_x x+k_y y+k_z z\right)\right]\right\} \tag{7.8}$$

其中，r为空间坐标；t为时间坐标；$U(x,y,z)$为振幅。若光波场中$k_z=\mathrm{i}k_j$为虚数，即

$$U(r,t)=U(x,y,z)\exp\left\{\mathrm{i}\left[\omega t-\left(k_x x+k_y y\right)\right]+k_j z\right\} \tag{7.9}$$

显然这是一组沿x、y方向扩散，并沿z方向指数衰减的非平衡信号，即沿z方向衰减的倏逝场。因为倏逝场在z方向有指数的衰减，所以它只出现在临近（x,y）空间的近场区。由此可知，超过分辨率衍射限制的超高分辨成像测量的数据可以在倏逝场中得到，而分辨率的衍射限制可以在近场区的倏逝场中得到。

倏逝场具备如下特征：局限性，倏逝场只能出现在尺寸低于波长的地方，可以携带被照射目标的精细结构；衰减性，倏逝场是一个空间迅速减弱的场；自我封闭，任何倏逝场都无法向外界放射或传递能量，故倏逝场为非辐射场或非传播场。不过，它们也具有瞬时的能流。

考虑到瑞利噪声改进技术是在传播波的前提下提出的，如果可以探测非发射点，那就可以期望规避了瑞利噪声的改善技术，而且突破了衍射壁垒的限制，即突破光学系统的分辨衍射极限，这只能在靠近物体的倏逝场中进行。同时，还应考虑到倏逝场是非传播场，必须将倏逝场中检测到的精细结构信号传输到位于远场的光学检测器中显示出来。在近场探测中需要满足以下基本条件：

（1）探针尖端直径的尺寸应小于一个波长，才有可能分辨物体小于波长的精细结构，且探针尺寸越小，分辨率越好。探针的功能是把倏逝空间的无传播信号转化为可传播光波，使大体积的光电子探针能够从外空间测量近场空间的超衍射极限分辨范围的倏逝空间图像。探测尖有多种形式，主要有光纤尖、金属尖、四面锥尖等。按探针技术可以开发出多种突破光学衍射极限的探针显微镜。

（2）探针与被测对象之间的距离ε越小，分辨率越高，且ε应比波长小很多。

（3）在近场探测中必须采用扫描方式。

为实现（2）和（3）两个基本条件，探测中需设置扫描与控制系统，一方面控制探测尖在样品表面相对做二维逐点扫描，同时通过一定模式的反馈控制探针尖端与样品表面距离，以实现三维超衍射极限精度扫描成像。

4. 近场探测原理

将近空间区域分为传递与非传递二种成分，但并不表示在物理上就可以区分这两种成分。非传播分量随传递成分的存在而存在，反之亦然。由于光分不会像电一样被储存起来，非传递光成分的电能也一定会在地球表面逃逸而引起对传播场的干扰。

近场探测意味着检测行为本身就是一个干扰，传感器不能像通常一样置于距离物体的位置上，需要把传感器置于距离物体半个波长以内。传感器要在场传播时才被它捕获，所以传感器应该设在远离目标物体纳米级的位置，它必须既能运动也不接触样品。而目前使用压电马达驱动（压电马达的设计类型也比较多，但动作机理大都一样，是通过高压电体在大电流影响下产生的震动，驱使运动部件回转或直线运动）。因为样品与检测器的间距很小，目前还没有一个成像系统能够置入其中，可以采用点形检测器，它可以局域地接受光，或把光转换成输出电压，或再发送到独立空间，或者采用一种适当的光导元件把信息传送到光电管或光电倍增管。目前，这种检测器还不能够是一个光电转换器，可以用被动的简易光接收器，如锥形光缆的尖端。由于局域检测无法直观获取图像，为形成一种图像结构，探测器需要沿着物质表面扫描。

5. 光学隧道效应

由于非辐射分量和倏逝波具有同样的特征，因此检测无射线场的唯一方法就是用光学隧道效应。三个世纪之前牛顿所进行的棱柱全反光实验，由于棱镜上不镀反光层，当射纹以大于临界角的角度入射后仍会被反光镜的内表层全反光。他尝试在另一个斜面分层的弯月上的反光镜和在第 i 个棱柱上进行“扰动”（frustrate）的全反光实验时，发现二反光镜之间的透射面积超过了它的接触面积，这就表明把一个光感应器件引到不可见的光照射区去扰动全反光实验是可行的，这就是光学扰动（optical frustration）。通过棱镜面上边界要求的稳定性可以理解光学扰动，因为在棱镜的内层（棱镜的下表层）存有一种场，则在其外层（棱镜的上表层）必存在一种场，这种场通过表面传递并在垂直方向减少至零。假设将一种合适的电解质材料浸没于倏逝场中，按照连续性要求的规定，在界面处倏逝场就被转换成扩散场。这是光学或光子隧道效应，也可以用经典的麦克斯韦方程求解。

6. 具有超精细结构的物体附近微小区域中的倏逝场

在近场显微技术中，不采用常规的光学元件，所采用的探针尖端应该非常微小（半径约为若干纳米），而且还应该考察探针尖端的衍射作用。而研究与绕射物质的倏逝场相互作用，最简便的办法就是认为针尖的运动方向是个偶极子，这也是一种很重要的散射源。当偶极子处于非传递场上后，它被重新发射，并由此形成了前述的同样含有传递和非传递分量的电磁场技术。但只有传递分量才能被更远处的光伏发电转换器所检测。Wolf 和 Nieto-Vesperinas 在此基础上分析了这种工作过程，并得到以下定理：入射到某个有限物质上的某个光子，必定被同样转变成传播场和倏逝场。其中入射点既可以是传播场，又可以是倏逝场。

某个限制物品（limited object）是一类构成严格不连续的物品。用空间频率说明：包括从零到无穷大全部的空间傅里叶光谱成分。不透明度显示器中的某个小孔、某个小球、某个尘埃颗粒等都是限制物品的实例。某个延伸物品（extended object）可能表示由带有突变边界的限制物品排列构成，如一块玻璃的粗糙外表，故针对扩散物质，可以运用 Wolf-Nieto 定理得到以下结果：一束光入射到含有超精细结构（准确尺寸等于 $\lambda/2$）的物质上，并转变成了一组能够传递给探测器表层的扩散信号分量和一组局域传递于表层的倏逝信号分量。传播波能量与物质的低频能量相关联，倏逝波能量则与高频分量相关联。

近场显微学的基础原理可以由此条基本定理总结归纳如下：某个高频物质，不管它被传播波或者被倏逝波辐射，都可以形成倏逝波；形成的倏逝场不遵循瑞利判据，它在低于某个波段的距离区域内出现剧烈的局域振动；基于互易性原理，利用小的有限物质，可以把倏逝场转换成新的倏逝场或者传递场；新的传递场能被远处的检测器所洞察。倏逝场—传递场的变化是直线的：被检测的场正比于倏逝场中指定点处的坡印亭矢量。新的传递场如实地反映倏逝场局域性的剧烈振动特征。为了形成二维图像，需要一种微小的受限物质（实际是锥形光纤的针尖）从试样表层上扫描。

据此，近场显微镜是物质本身内部结构的一些变化的成果：由入射光束到倏逝波的转变；由纳米接收器使倏逝场到传播场的转变。

7.1.4 近场光学显微镜的成像原理及结构

1. 成像原理

近场光学显微镜的成像方法不同于常规的光学显微镜，它必须由探测器对试样的逐点拍摄、逐点记录后，才能实现数字图像。通常近场光学显微镜通过 x、

y、z 的粗调方法，在数十纳米的精确度区域内调节探测器与试样距离；而通过 x-y 扫描和 z 方法，则在一纳米精度范围内调节探针扫描和 z 方法的反馈联动。将入射量激光经由光纤垂直导入探测器，并可按照实验条件调节入射光的偏振状态。当入射激光照亮试样后，检测器将依次收集被试样调制的透射信息和反光信息，经电光倍增管扩大后，或是通过模数转换后由微机测量，或是经由分光装置垂直输入光谱仪中来获取光谱信息。整个过程的测量、结果的收集、图像的呈现以及结果的处理全部采用电子计算机进行。从上述成像过程得知，近场光显微镜能够同时收集三种不同的信息：样品的外观形貌、近场光信息和光谱信息。

2. 结构

1）光学探针

传统光学显微镜的重要组成部分是物镜，其放大倍率和数值口径确定了显微镜的清晰度。近场光镜的核心部分是孔宽等于长度的小孔器件，即光纤探针，它的几何形状高度相似于显微物镜的大小高度。当光探测器和被光照试样相距特定时，光学探测器透光孔的长度对近场光镜的物理分辨率起着关键作用。

近场光显微镜要达到更高分辨率，需要使经过光探针区的光束在横向上得到严格控制；同时，还要使通过时间限定区的光流速适当得大，以增加信噪比。所有的光学探针都根据上述特点加以设计和制作，目前已经研究设计和制作了四种不同形式的探针，它们依次称为微孔探针、无孔探针、等离子激元探针和复合电子光学探针。其中，微孔探针是使用得比较普遍的光学探针类型，它既能够用光纤制造，又能够不使用光纤制作，依次称为光纤导光型探针和非光纤导光型探针。光纤导光型探针也可用单模或多模光纤制作，因此通常俗称光缆型探针。

基于波导理论，由于探测器窗口的光流量与探测器的几何外形相关，因此分辨率也与几何外形相关。为了提高近场光显微镜的分辨率，需要同时调整针尖的几何形态。另外探测器顶端晶锥的角度及其变形越大和平滑，光的传播质量越好。对光纤探针，拉伸法能够生产出传播效率极高的抛物线式尖晶锥，而采用化学腐蚀法则可以获得直径低于 30nm 的小窗口。而当窗口尺寸低于 30nm 后，光传播的效能急剧下降。所以，要想获得传播性能优异的光纤探针，就需要同时满足探针的窗口尺寸和锥体尺寸。理论研究已经证明，拥有 3°～6°尖锥角的探针，将能够拥有很高的窗口尺寸和最佳传播效能。

光纤探针技术相对完善且应用也较多，其根本性弊端为光纤抗热性能较差，无法传送高功率激光，严重影响了信噪比的改善；光纤脆性大，极易因与试样撞击而破裂。为了提高近场光显微镜的稳定性，需要兼加其他类型的探针。

2）探针与样品间距的测控

近场光应用显微术是指通过在纳米量级的高度局域的近场光取得物质外部形态像的科学技术，它主要是通过网格的逐点扫描图像技术来取得试样的外部形态像。在激光扫描流程中，需要将探针与试样中间的相距限制在中近场（几纳米至数十纳米）的范畴内并维持在某一常数。所以，准确测控探针与试样中间的相距是中近场光学显微镜研究的重点，目前，人们已经开发出了下列一些可以检测探针与试样中间相距的测控方法。

（1）切变力的测控方法。割断力的测控方法是由 Betzig 等发明的，通过探针在针尖上与试样表层产生的侧向割断力测量探针与试样距离。当探针水平于试样表层的位置以机械共振频率震荡形式向试样表层靠近时，当探针垂直地靠近到距离试样表层几十纳米距离时，探针和试样表层产生的作用就形成了横向剪切应力（transverse shear stress）。此时，探针的震颤幅度因为受到割断力的阻尼而降低，即探针震颤幅值的高低反映了针尖与试样的间距。这样，用反馈方式保持针尖振荡的幅度范围，就可以将针尖与试样的间距保持在某一恒定数值。

（2）触及式测控方法。在切变的测控方法中，探测器与试样间是非接触式的。Lapshin 等提出了触及式测控方法。在这项工艺技术中，将探测器粘在用作感应器的金属音叉上，传感器将探针垂直于试样表层并维持在 0.1～10nm 的频率振动。当探测器靠近试样表层或相互碰撞之后，振荡电流下降，于是在整个扫描过程中，探测器和试样表层将长期处于相互交流状态。这项工艺技术也被广泛应用于在一个最大荧光中心进行传输能量的近场光传感显微镜，可以提高分辨率和精度。

3）近场光学显微镜光路

光路是近场光显微镜的另一个主体构成部分，其主要分为以下两大部分。

（1）光源的照明光路。近场光显微镜中的光源，没有使用在常规光显微镜上的扩展白光照源，只是使用激光单色光源，或使用光缆输出的照明样品。为了使激光与光纤之间的相互作用良好，并且通过光缆的传播效率也较高，通常需要同时使用单模激光器和单模光纤；而由于光纤的耐热性较低，且高威力激光也易于破坏探针，因此需要严格控制激光输出，而光纤探针通常也只能耐受大约 50nW 的输出功率。

（2）收集光路的光学传感器。近场光信号强度相对较弱，因而可最大程度地改善信号的获取质量。由于近场光显微像是将局域光学信息进行网格型扫描后获取的，因此可选择精度高且采集信号迅速的光电子学传感器，如光电倍增管和电荷耦合探测器等。

4）几种典型的光路

近场光学显微镜的探头通常使用单模光纤，其端部为锥形，孔径在 50nm

以下，为亚波长尺寸。针尖的长度和外形直接影响近场光学显微镜的清晰度和波导特性，所以需要优化设计针尖的长度和外形。为减少环境杂角膜散光的危害，必须将针尖作金属化处理，即镀上 10 nm 以下厚度的铝膜或金薄膜。透射方法通常应用于观测透光性好的试样；而反射方法应用于观测不透光试样或做光谱研究。

（1）当入射光线在衬底上产生全反光后，沿 z 方位的倏逝场经样品调节后，通过光纤探针的近场区域内导出。

（2）若将光纤电缆用来供给近场灯光，则取自样品的光信号再经由光学控制系统（镜头）传给检测器。

（3）当使用室外光源照明时，由光纤探测器接收来自样品的反射所产生的散射光。

（4）由光纤产生入射信号后，再通过一些环的收集器，通过反光镜把较大立体角区域的辐射信息汇集起来，送到检测器。

上述四种光路在实质上可分成二种，一种为入射光为远场供给，而采集倏逝场信息；另一种是探针直接提供近场光，用一般光学系统接收信号。

7.1.5　近场光学显微镜的应用

近场光学显微镜由于可弥补传统光学显微镜低清晰度并且扫描电子显微镜和激光扫描隧道显微技术对生物样本形成破坏等缺陷，获得了广泛的使用，尤其是在生物医药及其纳米材料的应用和微电子学等应用领域。

1. 超分辨成像

近场光学显微镜的重要应用之一是获得样品精细结构的图像，由于其成像过程是利用极细的小孔探针逐点扫描样品，以获取其强度信息，所以最终得到的图像是各点亮暗不同（即对比度不同）的像素组合。目前，人们使用近场光学显微镜已完成了对单层原子、单层物质薄膜、微器件等的超高分辨图像。近场光学显微镜由于具备对被观测的生物样本无损伤的特征，已普遍用作对生物样本的观测手段，是研究生物中大分子行为的重要光学方法。通过使用近场光学显微镜，人们已经可以在生命科学领域所涵盖的多个方面进行研究，包括对简单的生物外观形态像的观测研究，如对蛋白质的有丝分裂、染色体变异的鉴别和局域荧光、原位 DNA 和 RNA 的定序、遗传鉴别等，以及对观测形貌像随时间而改变的动态变化的研究。由于近场光学显微镜的分辨率与探针针尖开孔尺寸、探针到样品之间的距离、所用光波波长、光波偏振态等多种因素有关，对于同一样品，用近场光学显微镜得到的图像可能与其他方法得到的图像有显著的差别，因此对近场图像的解释应十分仔细，这也限制了近场光学显微镜的使用。

2. 高密度信息存储研究中的应用

现代信息技术的核心应用之一就是信息内容的大密度储存。鉴于近场光应用显微镜对周围环境因素需求低，加上现有的完善的光盘基础，增加信息存储密度是科学与产业界的主要问题。目前的光和磁光读取方法使用的是远场方法，因为受到衍射限度的影响，读取斑长度被限定在 1μm 以内，储存密集程度大约为 55 Mbit/cm，另外采用较短的激光波段对储存密集程度提升不大。但近场光可以冲破衍射限度，从而显著地提升储存密集程度。通过近场方法，读取斑的长度可降低到 20nm 波长，储存密集程度可提升至 1255 Mbit/cm。按照此密度测算，一个 30cm 光盘的总容量能够达 1014bit，接近人脑的总储存能量（1015bit）。Betzig 等已演示了将读写斑的长度缩短至 60ns，而存储密度为 7Gbit/cm。由此可见，近场光显微镜在增加数据存储密度方面仍具有很大的发展潜力。

为了使近场储藏的方法更贴近于实际，可以采用固体浸没透镜（solid immersion lens，SIL）和超分辨近场结构（super resolution near-field structure，super-RENS）方法，且其最具前景。SIL 是一类齐明透镜（即消球差、正弦差和色差的镜片），一般有二个不同的形态：半球体和超半球状。固态浸没透镜和油浸透镜在基本原理上并无差异，都是利用提高物空间的物质折光率来增加镜片的数值宽度，而固态浸没透镜因为不与物质进行交流，更适合于光存储。SIL 的底面和储存媒体之间的空隙要保证在近场距离之间，所以固态浸没透镜储存方法一般也被看作是一个近场方法。Terris 等使用了近场光学技术，通过固体的浸没式透镜设置，可完成对 125nm 大直径标记点的刻写工作，并通过航行头的设置增加了刻写能力，但在高速运动阶段中航行头和记载媒介之间相对位置的准确控制难题仍未能解决，因此无法在光存储中实际使用。

1998 年，日本的 Junji Tominaga 等在传统光盘架构的基础上，引入了介质保护膜/非线性材料掩膜层/介质保护膜的三层超分辨近场结构。其主要优点就是使用能准确调节保护膜厚度的薄膜架构，完成探针和飞行高度自动控制器的功用，解决了近场高速扫描技术中光头-盘片距离的限制问题，并且解决了 SNOM、非典型鳞状细胞等近场存储方法中数据存取速度问题。2002 年开始蓬勃发展出来的 PtOx 型 super-RENS 光盘已达到记录并读取 100nm 以内的信息点。super-RENS 光盘不但拥有超越光学衍射极限的高清晰度，并且构造简便，制作、录入和读取方式与一般的普通光碟相同，还可以利用现成的普通光碟制作设备和播放、刻录机等，是一个相当实用的产品系统。

3. 超分辨近场结构在光刻研究中的应用

超分辨近场结构（super-RENS）冲破了传统远场红外光学衍射极限的束缚，除了在大密度存储中获得广泛应用之外，还在纳米光刻领域呈现出应用前景。Kuwahara 等使用玻璃/SIN（170nm）/Sb（15nm）/SIN（20nm）有机光刻胶（OFPR800，TSMR-8900，120nm）多层膜构造，使用红光的高斯分布在掩膜层 Sb（锑）上突破衍射限制达到纳米尺度的光孔径的可扭转变；使用 i 线（λ=365nm）透过光孔径近场曝光的方法曝光 10s，显影后获得线宽 180nm、深 35nm 的微构造；使用蓝光（λ=40nm）曝光，显影后获得路径宽 140nm、进深 75nm 的微构造。Kuwahara 等由于使用抛光石英玻璃提高基底的粗糙化度，在有机光刻胶 TSMR-8900（120nm）上可取得半宽为 95nm、深入 20nm 的凹槽构造；而且科学研究还表明，红光激光束自聚焦产生的热效应对凹槽的表面宽窄与深浅都有深远影响。相对于普通的采用近场扫描光学显微镜的光刻方法，采用超高分辨度近场技术的光刻方法通常具有很大的加工范围（前者加工范围为 100μm × 100μm），同时其光刻写效率也可达到 106 倍的提升，最大加工速率达到了 3m/s。但是这种技术得到的微结构中有限的高度将影响其使用，如何在达到高分辨率的同时有效增加微结构构造的高度也是该技术得到实际使用的瓶颈。

4. 近场光谱成像

近场光谱成像是光谱术和近场光学显微术有机结合的技术。由此构成的近场光谱仪是近场光学显微镜和光谱仪的结合。

该技术的原理是：利用光谱仪把光学探针采集到的样品每一点的信息再按光谱展开，由此不仅能获得样品的形貌像，而且可获得此像每点的光谱，这对研究物质的超精细结构十分有益。在技术上，近场光谱仪近场光学显微镜的制造难度更大，主要在于弱光光谱的检测。从近场光学显微镜输出的图像光强极弱，这种弱光按波长展开成相应的光谱，难度更大。另外，近场光谱不仅是由样品本身性质决定的，还与光探针和样品间的相互作用等因素有关。

目前的各种光谱测量方式大多处于宏观角度平均值阶段，即使用微区光谱也仅限微米的特征尺寸观察。而针对介观物理结构中的元素，如量子线、量子点等，其特征尺寸都在 10 nm 以下，用常规的光谱信号方式也难以识别如纳米大小的发光现象和本征光谱信号等。而与近场光显微镜结合的近场光谱信号技术则弥补了这一缺口。利用低温的近场光谱分析 GaAs/AlGaAs 单量子线或多量子线之间的光致发光过程，人们能够从纳米尺寸中发现各种光学频谱信号的能量来源和本征值。并且因为单量子线的宽度都是可知的，所以能够精确地计算分辨率而不需使用其他的校准技术，以确定仪器的响应函数。

上面所举的是近场光显微技术的一些经典应用领域，除此以外，它还可以广泛使用于近场光刻/光写、导电等。综上所述，目前近场光镜已运用到方方面面，同样，也促进了其本身的技术与实践等方面的进一步完善。以下给出超高解析近场光镜的一个例证，说明其结构和原理。

7.2　近场扫描光学显微镜

7.2.1　基于近场的显微结构及观测原理

近场光镜由探针、信号传输器件、扫描控制系统、信息数据处理和信息传递等部分构成。近场发生与检测机理：入射光照射到由许多微细结构形成的物质，其中微细构造被入射场激活并再次发亮，形成的反射波包括局限在物质表层的倏逝波和传向远处的传播波。倏逝波来源于物质中等于波长的微细构造，而传播波则来源于物质中超过波长的粗糙构造，它们不包含物质微细构造的信息。若把某个相当小的辐射中心用作纳米探测器（如探针），置于距离物质表层适当近处，则倏逝波激活，使其重新发亮。这样被激活所形成的光同时含有倏逝波和可检测的传播波，这个步骤便实现了近场的检测。倏逝场（波）与传播场（波）相互之间的转化是直线的，传播场精确地反映出倏逝场的变化规律。假设散射中心在物体表面发生扫描，就能够获得一张二维图像。使用纳米发射光源（倏逝波）辐照样品，由于物质细微结构辐射场的散射影响，倏逝波被转化为可在远距离检测的传播波，其结果完全相同。

近场光传感显微镜是用探测器对样品逐点扫描并逐点记录之后数字图像。这种近场光学显微镜能实时收集样品的外观形貌、近场光传感信息和光谱信号。

7.2.2　纳米级探针的制作

使用探头尖端获取光场信号，探头尖端越细，检测到的细微构造越丰厚，清晰度就越高；但探头尖端越细，光透过率越小，敏感度越低。按照规定制作适当的纳米级探针。与 STM 中的金属探测器和 AFM 的悬臂型探针不同，近场显微术一般使用介电材料探测器，其能够发出并接受光子，尖端规格为 10～100nm，把接收到的光子传输到检测器。探针由拉细的圆柱形光缆、四方玻璃尖端、岩英晶体等构成，探针需有小尺寸和高光透过率。国外普遍使用光缆作为亚微米级探测器，需要解决探针削尖化和亚波长孔径的设计问题。

1. 探针削尖化

探针削尖化一般有以下两种方法。

腐蚀性技术：利用氢氟酸和氢氧化铵，使光缆芯和包层产生不同的腐蚀速率并加以削尖。这种技术使用得十分普遍，可以按照要求生产出各种各样的光缆尖，如通过多级侵蚀技术制成毛笔式、曲线型的光缆尖等。探针的锥体角可通过调整缓冲腐蚀液中的氢氧化铵和氢氟酸的比值（X∶1）调节，当X从0.5上升到1.5时，针尖的锥体角从15°上升到了30°。但该种方式获得的光缆尖端有侵蚀槽和毛刺，产生了分散的散射中心。另外还有一些不去掉光缆防护罩而对其实施侵蚀的方法，用这种方式获得的针尖较裸露纤芯侵蚀方式所获得的针尖平滑。

熔拉技术：该技术采用了CO_2，利用激光将其熔化后，对其二端施加较小的压力，使之呈丝状，然后用很大的力量快速地将其拉断，断面自动产生锥面。这种方式产生的锥面更加平滑，然而在相同锥长的针尖相对于孔径面积相等的情况下，腐蚀性技术比熔拉法拥有更好的输出质量。

两种办法比较：熔拉的针尖长度通常是 50～200 μm，但腐蚀性的针尖可少于 50 μm。腐蚀性的针尖锥角也很大，而穿透率常比熔拉法的高 2～3 个数量级。试验也证明，对长度一致的针尖，熔拉技术制造的抛落形针尖的穿透率比腐蚀性技术制造的圆柱形针尖的穿透率高。腐蚀性技术简便适用，但较难于修改针尖外形，而熔拉技术可比较方便地制造各种形式的针尖，但装置复杂昂贵。

2. 亚波长孔径的制造

亚波长孔径的制造也有两种方式。第一种方法是把新制造的光纤尖先镀第一层金属膜，而后用 KI（碘化钾）等溶剂加以化工侵蚀。对已镀过保护膜的光纤尖可以采用纳米光刻技术获得亚波长孔径。而另外一种办法则是对光纤尖采用真空蒸镀铝片，通过腐蚀去膜层在其顶端产生单个光孔，从而产生探针光孔。第二种方法比第一种方法的操作更加细致，测量结果也更准确，其过程分为五个步骤：①光纤有机包层在氢氟酸中蚀刻；②在氢氟酸中选择性蚀刻纤芯并锐化处理（θ_B为锐化角）；③锥角在氢氟酸中钝化（将θ_B钝化为θ）；④通过真空镀膜涂敷金属膜；⑤用化学抛光除去尖区的金属层。α是包层的锥角；θ和θ_B为纤芯的锥角。用真空蒸发使纤维镀成倾斜角度ϕ。

另外一个是将熔拉技术与侵蚀工艺结合的二动探针的方法：先用 CO_2 加热单模光纤，然后通过熔拉产生在其前端带有细纤丝的抛物锥的传输尖，接着用5%的氢氟酸完成侵蚀。这就构成了一种抛物面尖锥，而这种探测器的尖端体积尺寸和传输光质量都更有利于近场观察。

3. 纳米级样品-探针间距的控制

根据倏逝场限制的原理，利用倏逝场强度随 z 值上升的关系，把探针置于倏逝场，限制区域为 $0\sim\lambda/(30\sim40)$。这些技术中，测量光信息和调控信息具有很好的作用。样品-探针间距检测的理想监控方式是与光信息完全独立，即使待测数据不与光信息交互，避免引入交互干扰。在实际工程中，由于难以避免这一现象，目前使用的是切变的调控技术。

1）切变力调控方法原理

当以本征频率振动的探针接近试样表面时（<50nm），由于振荡的针尖与样品间作用力（范德华力、毛细力、表面张力等），其震荡幅度和相位都会有很大改变，利用这种改变即可把探针调节到 z=5～20nm。较为完善的方法包括割断力、双束干涉、垂直振动以及超声共振技术等。超声共振的近场光显微镜以及非光学的距离调控技术尤其有利于对微弱信息的近场光谱分析。

2）音叉探针-样品间距离控制原理

剪切力模型扫描近场光学显微镜（near-field scanning optical microscope，NSOM）的音叉探针间距系统中，通过相位反馈功能来测量剪切力，并通过比例微分（PI）方法完成对音叉探针振幅的反馈检测，以保证探测器振幅在扫描环境中处于稳定位置。以相位信息为探针的样品间距测量信息，分别在无振幅反馈与有振幅反馈二个状态下，用不同频率扫描（标准为 CD-RWCD-Re-Writable 的缩写，是一个能够反复写入的方法，而将这种技术应用在光盘刻录机上的产品即为 CD-RW）光栅的二组图形，并进行了对比研究。试验结果表明，对恒振幅反馈回路的注入可以改善探针工作的响应速度和灵敏度，并提高所得图像的质量和清晰度。

NSOM 将一种口径低于光长度的传感器用作灯光及探针，在离试样表面低于某个长度的近场内以光栅拍摄的方法实现图像，其清晰度一般取决于传感器的口径和探针、样品间隙，并不受衍射极限的限制。NSOM 中的核心技术是探测器制造和探针-样本间隙控制。音叉拥有很大的力的灵敏度，可用来制造音叉探测器。其本身的高 Q（品质因子）值（100～1000）确定了反馈系统具备超高的敏感度，其超高 Q 数值同时影响了系统瞬时响应。同时，若在真空的环境中使用 NSOM，其 Q 数值提高了 10 倍以上；受到音叉速度的影响，NSOM 的扫描速度较低，这也会影响其应用，因此通过反馈控制和测量剪切力，同时使用 PI 方法，完成了探针的横幅反馈控制。

为了达到最高的空间分辨率，通过剪切力模式调节探针-样本间隙。制作 NSOM 音叉光纤探测器组件首先必须将光纤探测器粘到音叉的一个臂上，用信号触发电路产生频率为33kHz左右、振幅为1～20mV的振荡电流，使音叉探测器的共振频段在水平于样本表层的位置上振荡。当探测器逐渐接近距样本表层固定位置（0.3～0.5nm）时，震动的探测器会引起一种侧向的阻尼力，即切割力的作用，此时探测器的振幅与相位就开始随着针尖-样本间隙的尺寸而变化。在NSOM中以探针相位的变化量为控制信息，采用比例积分控制器，控制样品台作z方向移动，以完成探针-试样距离的控制。

通常在采用以相位信息为传递控制电路信息的系统中，并未对音叉探针的振幅信息加以控制。因此如果音叉探针所传递的振幅信息减少的话，所监测到的月相信号的信噪比就会降低，进而限制了音叉探针-样品的传递监控的速度。若在音叉探针的激励信号和振幅控制信号二端增加振幅反馈控制电路，则经过调整它们的基准振幅值和比例（PI）放大器的技术参数，即可使探测器在整体扫描过程中保证振幅不变。而对Q值较大的音叉探针，则经过调整相位和振幅双反馈电路，就可以达到对更大的探针-样品的反馈信号的动态传递，从而大大地提高音叉探针的效率。

3）恒振幅控制的原理和实现

PI控制器又称PI调节器，由比例积分的电路构成。根据情况适当调整信号的比例（P）和积分（I）两种参数，才能使反馈的输出维持在规定的参考值范围。要使探测器系统产生更高的灵敏度，就必须利用扫频确定音叉探测器系统在自然情况下的谐振频率，接着把激励频率设定为稍高于其谐振频率的某一个点，然后逐渐地接近样品，最后选择对近场的一个点进行扫描，才能使探测器系统获得最佳的反馈。

为了实现在等相位扫描成像的同时进行恒振幅反馈检测，相位与振幅双反馈控制的电路工作原理包括了相位和振幅二个双反馈控制的电路。直接数字合成（direct digital synthesis，DDS）通过信号发生器将正弦信息加到音叉端电极的探针谐振后，在音叉另一端电极上得到音叉输出信息，再使用振幅测量芯片获取振幅信息后，将其接入振幅反馈回路：另外，还通过相位比较器将音叉输出信息和激励源的参考信息对比后，获取音叉探针相位信息，用以反映探测器和样品之间相互作用的密切程度，再将其接入相位反馈回路。

在相位反馈电路中建立一个基准相位差值信息，与相位比较装置所产生的相位信息进行差值，将实时获取的音叉相位信息乘以比该基准相位更值得的相位误差信息，然后将数据送入比例积分（PI）的相位控制器，再利用相位反馈电路变换出探头与试样位置的信息，利用高压放大带动压电陶瓷管的z向伸缩，调节取样台的纵向位移，从而完成对探头和试样位置的检测。

同时，在振幅传递电路中，将音叉输出端通过幅度测量芯片解调产生的振幅信息与设定的基准振幅值进行差值，得到振幅偏移信息。此振幅偏移信息经由比例积分振幅控制器送到乘法器输入信号端，与信号产生器提供的初始激励信息相乘，而后送到音叉注入端。用乘法器的目的是，当音叉探针输入输出振幅值背离基准振幅限制值时，尤其是偏差太小时，用来进一步提高音叉探针注入信息的振幅，确保输入输出相位信息有较高的幅值范围和信噪比（不影响注入信息的频度和相位），可以提高探针与样品距离调控的动态响应速度。在反馈均衡确定时，进入音叉端的信号的振幅和上一次扫描点的均衡状态维持近似恒定。

音叉探针在每一扫描点，在压电陶瓷管得到探针样品距离限制信息时进行伸缩，经过二个闭环反馈调节，最后使探测器-样品系统达到稳定平衡状态。此时探针-取样系统所产生的振幅与相位变化都与标准参考值相同，而压电陶瓷管的伸缩长度则间接反映出了试样面上的起伏幅度（样品表面形貌图像）。由于探针系统通过逐点扫描的方法扫描试样，想要达到好的图像精度和分辨率，x-y图平面压电平台移动的速率不会太快，需要等到压电陶瓷管进行延伸并且探头到达或接近稳态平衡状态时方可进行下一步的扫描，否则会导致探头系统的反应速度赶不上x-y图平面样品台的平面移动速度，将影响图像质量和清晰度。所以，想要提升系统总体的扫描效率，就需要增加探针-样品间隔与对系统的动态响应速度，才能进一步提高扫描图像的品质与清晰度。

干扰探针-样品距离调控装置动态响应的质量因子，一般分为音叉探针控制系统响应速度、光电学回路反应速度和压电陶瓷管机械系统响应速度三方面。音叉探针控制系统瞬时（衰减频率）响应速度的$\tau = 3Q / \pi f_0$，同时质量指标$Q = f_0 / \Delta f$，f_0为探针振荡次数，Δf为谐振峰的半高宽。因此Q=1000，f_0=33kHz时，控制系统衰减频率τ=28.9ms。音叉探针控制系统衰变到1%的持续时间约为5τ=144.7ms，即音叉探针控制系统瞬时（衰变到1%）响应速度的持续时间在100ms以上。电子学回路反馈系统的时限常值约为0.02ms量级（带宽50kHz），而压电陶瓷管现代机械设计中通过调整后，响应速度的时限常值最快达20～30ms量级，因此探针-样本间隙调节系统传输速度的提高受限于传统设计中最慢的环节。但根据上述三种系统响应的时限常值计算，音叉探针装置的响应速度对探针-样本间隙调节装置的响应速度，以及数字化扫描效率的改善均产生了至关重要的作用。

进入恒振幅传递回路后，如果音叉探测器的输入输出信息振幅非常小，就会增大音叉注入信息的振幅（乘法器使用交流信息和振幅传递直流信息相乘，不会影响进入相位信息），使探测器激励信号范围增大，探测器可以相对快速地恢复到稳定平衡状态，大大提高了音叉探测器的响应速度。在取样台的移动速率适量提高之后，探针系统就可以跟随试样表面起伏的变化，进而达到增加系统扫描速度的目的。

4. 近场光学显微镜的工作模式

近场光学显微镜按探针工作方法分成三种模式。

（1）C-模式，即收集方式。传输以全反射角度照在试样基底上，在试样表层上形成倏逝波，被位于试样表层一个波段内的探头所检测。该倏逝波光功率的一维分布包括试样的三维特性信号，它能够表示探针的位置函数。C-模型的优点是入射远场光的极化状态能够按照要求调节，且倏逝波输出功率沿垂直于试样面上快速减少，从而能够调节试样探针距离，使检测到的光功率为常数。这个方式是等强度测量的。

（2）I-模式，即照明方法。将位于试样表层上数纳米位置的探针通过尖端微波长孔经发生的倏逝波照向试样，在试样表层上形成新的倏逝波或传播波，通过位于试样下面的电光探针（光电倍增管，photo-multiplier tube，PMT）可以检测到新的光传递信号，以获取探针位置函数和试样表层精细结构信号，该方法的主要特征是有选择性地照亮试样，以便达到最佳对比度，但该方法的入射光极化频率难以根据要求进行调节。

（3）I-C-模式，即照明-收集混合模式。由探测器尖端微波长光孔所发出的倏逝波照向试样表面，并通过同探针测量发生在试样的倏逝波和传播信号，由此获取同探针位置函数和试样的精细结构数据。但这些技术信噪比较低。

上述三个方法由于检测光效率随着孔径的缩小而降低，检测精度和分辨率之间产生相应的矛盾。因此，提供了一个检测精度较大的光波相变检测法。由于物体结构与外界结构产生细微改变，当光线照射到试样表面上时，光的表面折射特征和散射特点也出现了细微改变；而检测透射式光和折射光的表面月相特征的细微改变，然后再进行进一步分析处理，即可获得试样内部结构与表面特征的精细结构。本方法分辨率较好，目前已获得了广泛应用。

5. 近场光学显微技术中的衬度问题

NSOM 的分析方法一般使用非光学信号和光学数据一起成像的方式。由光信息的衬度所反映的局域电态密度、探针和试样相互之间的范德华相互作用、剪切力和更多外力等的影响，为一定范围的电子光学研究对象进行了空间定位。而在近代，光信号的衬度则直接表现为局域光的反射、吸引、折射率改变、荧光的发射、偏振和局域光致发光以及电致发光等。而在近代场电子光学中成像的衬度分类则大致有如下四类。

（1）光强衬度。直接来自试样的反照或透射光，是目前在各种 SNOM 中应用得最为普遍的强衬度方法。发光强度信号可以直接表达局域反射率、透射率以及在水中溶解度的变化规律等。但由于探针和试样作用、散射、多重反射等，近场信号的分析更加复杂。在探测光发射中，通过光强的衬度也可得到代表发光强度的空间位置。

（2）相位衬度。折射率的实部改变，从而降低了探测射纹相位，由此产生衬度。在远场光学中，这些衬度影响范围较小；但在近场观测中，因为反映到实部的细微局域改变所导致的相位衬度改变一定大，从而能够用于观测低衬度的生物样品、相位调制光栅和微处理技术中的细胞组织等。而通过这些相位衬度也能够直接观测局域折射率的细微改变。

（3）偏振衬度。它是由样品的均匀性对线偏振或圆偏振光产生的反应。在 NSOM 中，与样品作用后的光线偏振状态可以通过反射光的偏转角度（Kerr 效应）或透射偏转角（Faraday 效果）测得。透过探针的光偏振性，应与入射光束相似，但研究结果表明，在探针处的消光比（可见偏极化深度）仍可达到 2000∶1。而偏极化衬度则主要应用于磁光存储元件的测量和有偏极化作用的单原子材料与半导体器件之间的测量。

（4）频谱衬度。它与近场信息中的各种波长发生相互作用。对样品的刺激形成了光致发光、光荧光以及频率响应的图谱。近场与远场样也可能用滤色片、斗彩镜或其他分色器获取频谱衬度。但实际上，对于特定波段的高强度图像技术，最常见的方法是 K 映射（Karnaugh mapping，K-Mapping）技术，其所包含的变量数要最小化，也可以应用在如离子色谱仪上的元素特征 X 射线图像的研究中。SNOM 方法涵盖的光谱范围可以从微波频段至可见光，直至紫外波段，而其中的近场图谱还包括高空间分辨率的光致荧光、激发光致发光和拉曼光谱等。

此外有种 NSOM 衬度方法是周期衬度，即试样组织的光学反应随周期而改变。这些衬度方法随时间的反应可以给出样本中的某些动态信号，如半导体收音机中少数载流子的形成、转化、扩展及弛豫过程。因为这些阶段总是出现于极短距离（飞秒-皮秒）的瞬态，因此可把 NSOM 纳米尺度空间分辨率与飞秒时间分辨的组合称为第四度空间。

7.3 基于远场的超高分辨观测技术

7.3.1 远场超高分辨率显微观测简介

采用电子束和数字化扫描探针等技术的显微造影方法包括了数字化的电子显微镜和原子力显微术等，其能够对分子结构和原子量级的物质细节做出清晰观测，丰富了对微观世界的了解。但在生物、化工和医药等许多应用领域，以透镜为基础的光学显微镜仍然处于主要的地位，主要原因是与采用电子束和数字化扫描探针技术的显微成像技术相比，光学显微镜有着突出的优点：利用可见光作为信号载体，观察图像和结果比较直观；能够通过表面深入看到样品内部结构；并通过荧光标记以及其他手段对样本内的分子结构和生物反应做出针对性的观测。实际上，一旦光学显微术能够产生可见光波亚波长分辨率，通过光层析技术，光学显微术便能够对样品结构进行三维重建。但是，因为衍射极限的存在，以透镜和可见光波段为媒介实现亚波段观察是难以实现的。

衍射限制于 18 世纪初由德国物理学家 Abbe 首先引入。经过进一步分析后证实，对一般透镜，其焦点光点的尺寸用半峰或半高宽（full width at half maximum，FWHM）可大致描述为：径向约为 $\lambda/2$ 、轴向约为 λ ，其中 λ 为工作波长，此外还与透镜的数值宽度（NA）有关，透镜的最低清晰度由其焦点光斑的点扩展函数（point spread function，PSF）确定，更少的焦点光点就代表着更高的显示清晰度。因此为了使一般光学显微镜得到亚波长清晰度，早期只能根据衍射限制公式的方法，缩短作用长度、增加数值孔径以减少焦点光点。对前者的探索直接促成了后来各种电子束显微镜的发展，而后者又使电子光学显微镜技术有了新的发展。高共焦显微镜是首先发明的利用小孔角直接影响系统的光斑大小，来实现消杂散光、改善系统清晰度的新技术。此后，又采用了相对放置的共轭双透镜方法，把电子光学显微术系统的有效孔径角加以扩大，从而改善了相对较差的电子光学系统轴向分辨率，其典型代表如 4Pi（封闭空间中有 4π 个立体弧度）显微镜。与 4Pi 显微镜工作原理相似的有非相干照明干涉图像干涉显微镜（incoherent illumination interference image interference microscope，I5M）、驻波显微镜（stationary waves microscope，SWM）。

一个比较直观可行的办法就是增加透镜的物方折射率变化。通过折射率 n = 1.518 的浸没油来把数值孔径提升至 1.4 的浸没型显微物镜已经变成普通大数值孔径显微物镜的经典代表。一般而言，物质本身的折射率受限，所以一个更可行的方法是利用固定浸没透镜。但是，这些方案尽管能够有效降低透镜焦点光点的 PSF，但依然受限于典型的衍射极限原则，在利用可见光操作时，其物理分辨率的提高是有限的，很难达到低于 100nm 的物理分辨率。

分析人员指出，在远场中不能达到亚波段清晰度的最大问题就是在远场中通常人只是接收传导波消息，而包含着高频消息的倏逝波，因为其电场强度随着传播范围的增大而呈指数减弱，所以必须严格控制在近场范围。直接的方法就是加入近空间的倏逝波，以提升系统的总体清晰度。这个思路也促成了近场光学和近场扫描光学显微镜（NSOM）的发展。NSOM 可以通过光探针检测试样表面的近场光信息，其分辨率根据场光探测器开口尺寸和与试样表面的间距确定。在采用无孔径场增强型光探测器后，可达到 25nm 的最大分辨率。另一个思路将负折射率的物质制成透镜，被称为完美透镜的原理。该概念在物理上证实了在入射物体采用负折光率材料时，就能够得到完全没有衍射影响的高聚焦光斑，进而实现了完美成像的效果。该概念于 2000 年被第一次引入后，进而演变出了超透镜（superlens，SL）的概念并进行了实际使用。在理论上，SL 的分辨率是没有限制的。但是在现实中，几乎全部的负折射率材料均是金属材料而具有一定的吸引力，从而影响了实际能够达到的分辨率的下限。SL 的另一个实现方法则抛弃了原来的负折射率模型，采用微米量级的介质小球为中间媒介，成功达到了 50nm 的分辨率。可是，究竟是 NSOM 或者 SL，想要真正得到倏逝波信息，都需要使工作元件靠近试样表层，这也很大地局限了它的使用范围。同时，也使得这种方式仅能获取样本表层的观测信号而无法深入样本内展开三维观测。

7.3.2 超分辨成像技术前沿

现代生物医药方面的发展也受显微镜分辨率的影响。因此，科学家必须研究所有微观形态都存在的三维结构，但是常规白光和激光等高聚焦显微镜的光斑尺寸并不能满足这种物理分辨率。电镜和原子力显微镜尽管能够给出很好的物理分辨率，但是仅仅局限于提取的影像，对生物活分子研究并不能带来重要意义。

单原子研究是用来研究有关细胞内的化学变化，绝大多数都是集团（系综）平衡的结果，将处在各个能阶状态的分子活动平衡一下，显示不出个别原子活跃的状况。进行单原子研究正是为了探究和发掘个别原子的活动特性，从而更加深刻地发现生命活动中分子活动的过程和本质，而这些是以前集团平均研究所不能够提供的。

近年来，单分子研究工作有了很大的进步。主要体现在活细菌单物质成像研究领域，由于科学技术的提高，如利用全内反射荧光显微镜（TIRFM）、荧光共振能量转移（FRET）、原子力显微镜（AFM）等手段深入研究了活细菌表层的单分子运动，获得了一些新成果。结合活细胞生命活动的离体单分子研究工作，远场超分析显微镜工艺有很大进步，受激发射损耗显微术（stimulated emission depletion microscopy，STED）的建立便是一大例证，STED 也有缺陷，如高强度激光对组织有损害。除了 STED 外，还存在许多其他技术，如采用随机光学重建显微术（stochastic optical reconstruction microscopy，STORM）的亚衍射极限图像技术便是当中一种。

1. 经典的超分辨——多光子吸收超分辨

一般椭圆光斑的强度分配均为高斯型的，中心光强高，即光分密度大。如果荧光反应形成过程中为多光分的化学反应，那么被发射出荧光反应线的低光斑区域就可以是中间的高光强区域，基于此便能够获取简单高效的超分辨图像，目前比较典型的应用领域为双光子扫描荧光显微镜。

2. 受激发射损耗显微术

这种图像技术原理来自爱因斯坦的受激辐射方法，后来 Stefan Hell 将此原理运用到了荧光图像技术。STED 是指通过一束激光将处于基态的粒子数转移到受激状态，然后再利用特殊的方式产生 STED 环形光辐射，之后，再产生受激射线，所耗费的受激状态（荧光态）微粒数，使得焦斑周围上所有受 STED 光影响的荧光物质没有产生荧光光子功能，而剩余的可产生荧光范围被限定在最小于衍射界限范围，就得到一种最小于衍射界限的荧光发光点，利用扫描可以实现亚衍射范围图像，综合 4Pi 方法（三远场超高分辨率显微术）可进行三维的超高分辨图像。2002 年，Hell 课题组成功将 STED 和 4Pi 技术融合，达到了 33nm 的轴向分辨率；2003 年，Hell 课题组的研究又达到了 28nm 的侧向清晰度。该方法目前因能够进行真实的活体成像，应用前景明显。Hell 已经达到了视频级的成像效率。

3. 随机光学重建显微术

该技术采用双光子可控开关的荧光探测器和质心定向原理，在双激光的发射下荧光探测器随机发光，利用分子定位原理与目标原子的重叠重构产生了极高分辨率的图像，其空间物理分辨率目前达到了 20nm。STORM 尽管能够实现较高的空间分辨率，但实际成像时间要求几分钟，而且还无法适应对活体的可视图像的要求。

4. 直接随机光学重建显微术

直接随机光学重建显微术（direct stochastic optical reconstruction microscopy，dSTORM）与 STORM 原理相似，只不过在分子的亮态与暗态间转化的机理有所不同。dSTORM 可以直接通过荧光分子的闪烁特性，找到在暗态生命周期中特别长的荧光分子，使得即使在高浓度难以降解或有机污染物标记的状态下，在图像中属于亮态的物质仍然是极少数的，从而实现了单分子图像的精确定位，也可以通过很多次的图像，重新构成高度辨识的荧光影像。

5. 饱和结构照明显微术

饱和结构照明显微术（saturated structured illumination microscopy，SSIM）是一个高宽场的图像技术，将荧光物质在高强度激光辐射下形成饱和吸收，再利用求解图像上的高频率图像可以得到样品的纳米分析图像，目前已达到了数十纳米的横向空间图像分辨率。SSIM 是二维并行测量，因而能够达到较好的成像效率，但实时性欠佳。

6. 荧光激发定位显微术

荧光显微镜下可以获得一个衍射极限大小的光点。若能够控制每次图像时有一种原子发亮，其余原子处在暗态，则能够对它加以准确定位。经过多重图像后，能够获得精确定位的分子区域。Betzig 与 Lippincott-Schwartz 使用同样的基础开发了光激发定位显微术（photoactivation localization microscopy，PALM）。其基本原则和 STORM 稍有差别；荧光激发定位显微术（fluorescence photoactivation localization microscopy，FPALM）使用了某种绿色荧光蛋白进行标志，但这个荧光蛋白在不活化状况下并无荧光产生能力。在以一定长度的激光能量（波段 1）将其激发后，蛋白质分子在另一条较长波段的激光能量（波段 2）下，才能实现荧光图像。假设波段 1 的激光能力非常低，并且每个都能够随意激发一些原子，那么产生后来的荧光图像时就能够通过精确定位原理，获得更高清晰度的分子位移。此后再将波段 2 的激光能力加大，使每个被激发分母都产生猝灭，从而不再产生后来的图像。然后再重复用波段 1 的激光能量活化其他一些原子，这样多次，最后就获得了高度分辨的荧光图像。

针对目前超高分辨显微技术的缺点，在不断对上述技术加以完善的同时，荧光发射和猝灭技术的非线性特点给出了全新的思路，基于荧光的超高分辨显微技术越来越成为发展重点。

下面简述常见的几种远场超分辨显微镜。

7.3.3 4Pi 显微镜

1971 年 Christoph Cremer 和 Thomas Cremer 提出了完美全息摄影的概念，Hell 于 1994 年成功设计出 4Pi 成像系统，在实验中证实了 4Pi（π）成像。采用方向相对放置的共轭双镜片模型，扩大了光学显微镜系统的有效孔径角。4Pi 显微镜也是激光扫描荧光显微镜，但它的轴向分辨率更高，从 500～700nm 到 100～150nm，它的球形聚焦点的体积是共聚焦的 1/7～1/5[2]。

目前生物医药研究主要受到物理分辨率的影响，以研究微小分子的 3D 结构，常规的白光和激光共聚焦显微镜的光点尺度难以获得如此大的物理分辨率。电镜和原子力显微镜都能得到较好的清晰度，但仅仅给出局限于细胞表面的影像，还不能对活体细胞进行深入研究，4Pi 等焦显微术的问世就克服了这种困难。

从瑞利方法可以得知，通过提高双物镜的接收角度（等效于增加 NA），可以减小点扩散函数的大小，从而增加了分辨率。4Pi 显微镜就是采用了这一技术，利用样品前后双物镜的吸收角度接近于 4Pi，提高了 NA 的数值孔径大小。4Pi 显微镜结构特征：采用了宽场共聚焦显微镜系统，通过相对位置的二种相同物镜，构成了四平台的共聚焦荧光显微镜。将轴向分辨率从 500nm 增加至

110nm，对固定标本以及活体细胞等的观测也带来了 3D 效应。它可以使用63$^{\times}$的镜子或油镜，或100$^{\times}$的油镜或甘油镜；也具有 100nm 的 z 轴物理分辨率。

4Pi 双共焦荧光显微镜还包括：单光子 4Pi 共焦扫描显微镜，以及双光子 4Pi 共焦扫描显微镜，都能够获得更好的三维光学效应；多聚焦多光子 4Pi 显微镜（multifocal multiphoton microscope-4Pi，MMM-4Pi）的扫描速度更快。MMM-4Pi 通过微透镜设备把一束激光分成几个子束，以获取多点信号，扫描获得全场图像，减少了整个图像获取时间。使用高速 CCD，还能进一步压缩时间，提升图像处理速率。在 MMM-4Pi 设置中，微透镜（micro-lens，ML）阵列把脉冲激光束分成子光束阵列，聚焦到针孔（pinhole，PH）之内。被针孔滤波之后，子束被扫描镜偏转并导向 4Pi 单元，其中通过分束器（BS）在试样内部产生反向传播的照明多焦点阵列。荧光斑点阵列由左物镜成像并返回到针孔阵列。该空间滤波后的荧光被二向色镜（dichroic mirror，DM）从激光中分离并射入 CCD 扫描相机。通过移动样品来完成轴向 z 扫描。通过平移的针孔阵列和微透镜阵列进行 y 方向扫描。在 y 方向子束的扫描是通过平移互锁的微透镜与针孔阵列来实现的。荧光由左物镜采集，由振镜（galvanometer mirror）使之偏转，并且反方向成像到针孔阵列。Nipkow 共聚焦扫描仪（Nipkow confocal scanner，NCS）用于多焦点多光子显微镜（MMM）；在 NCS 中，一个微透镜阵列旋转盘将锁模激光器光束分割成多个子光束，在样品中产生的衍射受限多焦点阵列，激发的荧光信号被成像到 CCD 扫描相机。为此，将二向色镜置于针孔阵列和微透镜之间。微透镜增强的激光透过率不参与成像过程。

7.3.4 3D 随机光学重建显微镜

随机光学重建显微镜（STORM）由华裔学者庄小威发明[3]。远场荧光显微镜的最新进展已经导致图像分辨率明显改善，实现了 20～30nm 的两个横向尺寸的近分子尺度分辨。3D 目标内的纳米级的分辨率成像仍然是一个挑战。利用光学散光（optical astigmatism）以纳米精度来确定个别荧光团（fluorophore）的轴向和横向位置，证明了 3D STORM 的可行性。反复地随机激活光子开关控制的探针（分子），在高精度的三维目标内定位每个探头，即可构建一个三维图像结构，而无须扫描样品。使用这种方法，可以实现在轴向尺寸和横向尺寸分别达到 50～60 nm 和 20～30 nm 的图像分辨率。

在整个三维目标内不借助样品或光束的扫描，证明了 3D STORM 成像的空间分辨率比衍射极限高 10 倍。STORM 和光激活定位显微术（photoactivated localization microscopy，PALM）依靠单分子检测和利用某些荧光团的光子开关性质在时间上分开不同空间中多分子的重叠图像，可以高精度地定位单个分子。

对于单一荧光染料在横向尺寸实现定位精度高达 1 nm，仅由光子的探测数量限制，在一定环境条件下是可以达到的。不仅粒子的横向位置可以由其图像的质心确定，图像的形状也包含粒子位置的轴向（ z ）的信息。在图像中引入离焦或散光，在 z 维实现纳米级定位精度，而基本上不影响横向定位能力。在这项工作中，使用了散光成像（stigmatism imaging）方法实现 3D STORM 成像。为此，将一个柱面透镜引入成像光路中，形成 x 和 y 方向的两个焦平面略微不同。其结果是，荧光团的画面的椭圆程度和方向的改变随其在 z 的相对方位发生变化：当荧光团位于均匀的焦平面内时（在 x 和 y 焦平面之间约 1.05 处，其点扩展函数在 x 方向和 y 方向有等宽度），画面产生长椭圆；当荧光团高度超过了均匀焦平面后，其影像从 y 方向上的聚焦力强于在 x 方向上，产生了长轴方向沿 x 的椭圆；反之，当荧光的位置为均匀焦平面时，产生了长轴为 y 的大椭圆。再根据由一个二维椭圆高斯函数所拟合的图像，求得了峰位置的 x 和 y 位置，以及峰的长度 WX，即可得出荧光团的 z 位置。

利用试验中生成的校正曲线 WX 和 WY 均为 z 的函数，可以在玻璃表面上定位 Alexa647-标记的抗生基因链菌素（streptavidin）单分子或量子位点，在将样品沿 z 方向扫描后，对单个分子成像来判断 WX 值和 WY 值。在 3D STORM 方法中，利用将被测量信号的 WX 值与 WY 值的校准曲线对比，可以得出每个像点的荧光团的 z 坐标。STORM 的 3D 分辨率由整个三维空间内个别光点激发荧光团在一个光子开关周期内的定位精度所限制。

3D STORM 使用个别荧光团的三维定位原理，在成像光路中引入柱面透镜，从其荧光体成像的椭圆率来确定荧光物体 z 坐标，并显示荧光体在不同 z 轴位置的图像。通过简单的 Alexa647 分子获得 z 坐标的函数图像以及宽度 WX 和 WY 的校准曲线。所有数据点都是每六个元素所测得的平均数。对数据进行拟合，如上述离焦函数。基于一个分子的重复激发，每个原子提供一种定位的集群。以质心排列成的定位分布的 145 个集群，通过计算机定位得到整体的 3D 表示。在 x 、 y 和 z 方位分布的直方图均满足高斯函数，得到沿 x 为 9nm，沿 y 为 11nm，并且沿 z 为 22nm 的标准偏差。

直接随机光学重建显微术（dSTORM）与 STORM 原理很相似，只不过在原子的亮态与暗态之间能量转移的机理上有所不同。dSTORM 主要是通过研究荧光分子的闪烁特性，寻找在暗态生命周期中特别长的荧光化合物，因为即使在高浓度且难以降解有机污染物标记的前提下，在成像时属于亮态的分子也是极少数，所以可实现单分子图像和精确定位，并且可以通过很多次的图像，重新构成高度辨识的荧光影像。

相似原理的有基态损耗-单分子返回显微镜（GSDIM）及其改型的一系列荧光超分辨显微术。STED 多功能化先后出现了如 STED-FCS（荧光相关光谱术）、STED-4Pi、Two Photo-STED、Dual Color-STED、STED-FLM（荧光寿命成像）、STED-SPM（选择照明显微术）等多种多功能型 STED，使 STED 有丰富的功能。

7.3.5　选择性平面照明显微镜基本原理

平面光显微技术的主要优点是产生快速低损伤的三维图像，每分钟就能够采集一个三维图像，每毫秒就能够采集一个二维图像。快速图像技术是追踪迅速改变的细胞结构和生长系统所需要的，因此图像技术的时间分辨率一定要超过细胞的改变速率。而时间和空间分辨率也一样重要，当考虑超分辨率显微镜研究时，人们总是关注于它们的水平和垂直分辨率，而忽视了时间分辨率，因此对于细胞生物研究而言，时间可能更关键。

SPIM 的基本原理是一个检测光学系统的焦平面从侧面照射样本。照明和探测路径不同，但彼此垂直，被照射的平面和检测物镜的焦平面重合。样品被放置在照明的交点和检测轴上。照明光片激发样品中的荧光，它由检测光学系统收集，并在摄像机中成像。对单一的 2D 图像没有扫描是必要的。为了对样本范围内进行三维成像，将样品沿检测轴以逐步的方式移动，并且获取系列的图像。

典型的 SPIM 组件，包括照明、检测和（可选）光控制单元。组件各部分说明如下。

（1）荧光照明：由一个或多个激光器的光被光学系统收集和聚焦，成为在检测透镜焦平面上的光片。一种声光可调滤波器（acousto-optical tunable filter，AOTF）用来精确地控制样品的曝光。

（2）透射光：红色发光二极管（LED）阵列提供了均匀的、对样品无漂白化的透射光。

（3）荧光检测：来自样品的荧光成像到一个或多个摄像机。两个摄像机同时用于记录由二向色镜分开的绿色和红色荧光的成像。该系统的倍率由物镜、摄像机调焦器和任意倍率变换器给出。

（4）光控：激光束，它可以用来选择性地光致漂白、光子转换或删除，通过检测透镜引导和聚焦在样品上，光束照射到样品中的多个点或区域。

参 考 文 献

[1] 张以谟. 应用光学[M]. 北京：电子工业出版社, 2021.
[2] 王至勇. 光信息科学技术原理及应用[M]. 北京：高等教育出版社, 2004.
[3] 苏显渝. 信息光学[M]. 北京：科学出版社, 2006.

第8章　光谱分析

8.1　拉曼光谱技术

8.1.1　原理及技术发展

20 世纪 20 年代，光散射的量子理论蓬勃发展，首先 1923～1927 年间 Heisenburg Schrodinger 和 Dirac 等著名自然科学家通过量子力学理论先后预言，当单色光投射于某一物体上时，将会有与入射光概率截然不同的散射光出现，而这些散射被称为非弹性散射。在之后的 1928 年，印度物理学家 Raman 和 Krishnan 在分析苯的散射光时，也证明了这些散射现象[1]。他们在实验时采用太阳光作为光源，并通过两块滤光片收集太阳光中特定波长的光线，然后利用几组透镜把光聚焦到被测样品上，观察散射光时再利用滤光片把入射光过滤掉，发现除了具有较大强度的瑞利散射外还有部分散射光的波长明显发生了改变，这一现象如图 8.1 所示。之后又测定了 60 多种物质和气体的辐射谱，也就出现了这些非弹性散射现象（图 8.2）。Raman 将这一研究结果发表于 *Nature*，并因此获得了 1930 年的诺贝尔物理学奖，同时这种非弹性散射光谱被命名为拉曼光谱。

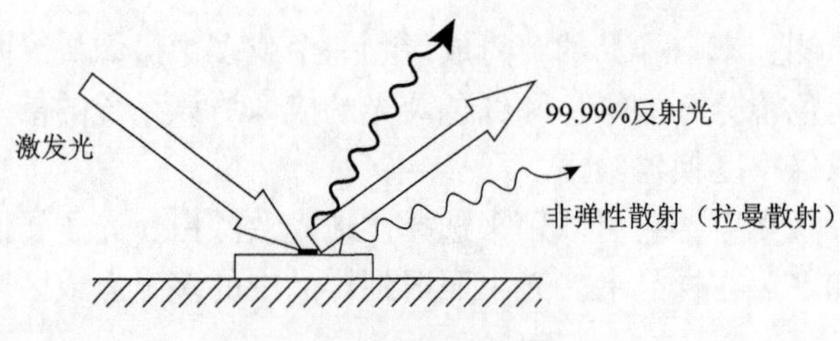

图 8.1　拉曼散射示意图[2]

拉曼光谱是指当一束频率为 ν 的入射光照射到样品上时，除了频率与入射光相同的散射光之外，还有一系列很微弱的频率为 $\nu \pm \nu_R$ 的散射光。在这之中频率较小的 $\nu - \nu_R$ 的散射光称为斯托克斯散射光，频率较大的 $\nu + \nu_R$ 的散射光称为反斯托克斯散射光。对于自发拉曼光谱而言，斯托克斯散射光强于反斯托克斯散射光，所以若没有特殊说明，通常情况下拉曼光谱测量的都是斯托克斯散射光光谱。

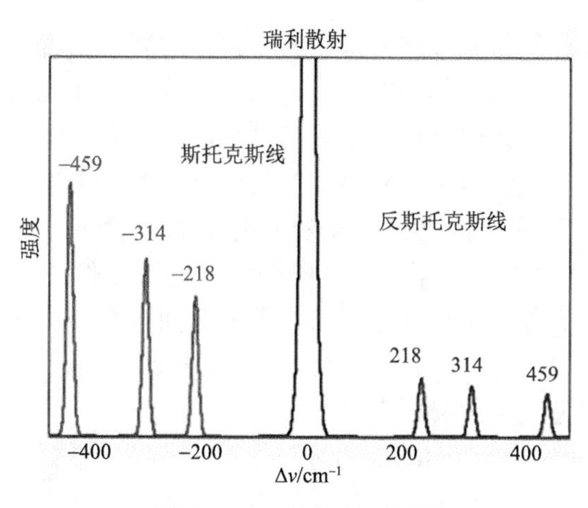

图 8.2　CCl_4的拉曼光谱[3]

这些可基于量子理论对拉曼散射效应作出解释。对于拉曼散射的量子解释可以用图 8.3 直观地体现。根据量子理论，分子运动是遵循量子规律的，通常使用能级的概念来代表分子系统，认为分子基团是在各个能级上运动的，当入射光照射到样品上时，样品吸收入射光到达一个很高的虚态，然后再从虚态跃迁到各个分子能级上，在这个过程中光子将被放出。如果最终的能级和初始能级一样高，那么发出的光和入射光的频率就会是一样的；但是如果最终的能级比初始能级要高，那么发出的光的频率就要小于入射光的频率，即斯托克斯谱线；反之，如果最终能级比初始能级要低，那么发出的光的频率则要大于入射光的频率，即反斯托克斯谱线。对于热平衡体系而言，能级的分布是按照玻尔兹曼规律，所以分子处于能级较高的可能性较低，这也是拉曼光谱中同一振动模式下反斯托克斯谱线弱于斯托克斯谱线的原因。

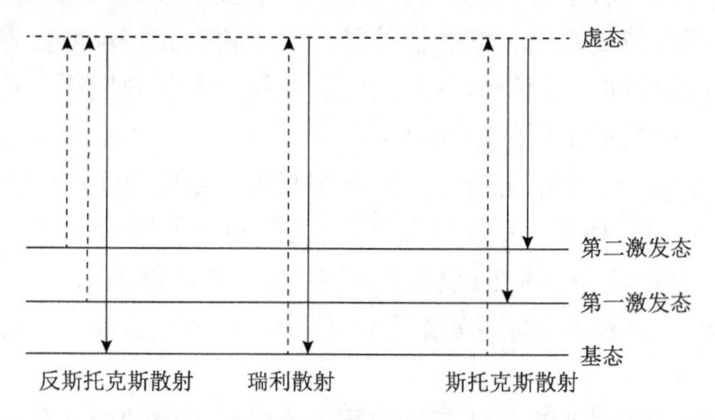

图 8.3　拉曼光谱的量子解释示意图[2]

由于拉曼散射现象能够直接和量子理论联系起来，约翰霍普金斯大学的 Wood 教授把拉曼光谱称赞为“量子理论最让人信服的证据之一”。此后，在短短数年时间里拉曼光谱很快发展开来，在十多年时间里已有超过二千篇文章专门论述了拉曼散射效应，很多的研究工作都集中于使用拉曼光谱来探讨原子的振动与旋转，并且使用它们来研究原子的内部结构。

但在第二次世界大战以后，相对于当时红外光谱技术的进展，拉曼光谱研究进展较为迟缓，这首先是因为当时拉曼散射光强很微弱，一般仅是瑞利散射的10^{-3}～10^{-6}，而且当时大部分用于研究拉曼光谱的激发灯具大多是功率较弱的汞弧灯，以及使用胶卷作为重要测量设备，曝光时间常常要长达数小时甚至几天，并且样品剂量也很大，这些因素都导致了拉曼光谱的研发与应用遭到了很大影响，因而逐渐步入发展的停顿时期。

直至20世纪60年代初期问世的激光技术给拉曼光谱带来了新的生机，并很快导致了拉曼光谱技术的复苏。相比于汞弧灯光源，激光光源不仅输出功率大，而且具有单色性和相干性能好，几乎是线偏振等优点。此外，高分辨率、低杂散光的双联和三联光栅单色仪及高灵敏度光电接收系统（光电倍增管和光子计数器）的研制成功，以及计算机与拉曼光谱仪的连接实现，所有这些技术进步极大地推动了拉曼光谱仪的智能化和数据计算机化的实施。

进入20世纪70年代，激光科学技术的新进展更推动了拉曼光谱技术的发展和广泛应用。利用激光仪器的多谱线输出功率和可调谐激光器的连续谱线输出功率，对于在大范围光学频谱区域有吸收的生物学试样，能够非常简便地选用适当的激励线开展共振拉曼光学频谱检测。共振拉曼效果比一般拉曼效果强了 10^2～10^4 倍。因此共振拉曼光谱技术在海洋生物分析化学、多种无机复合物，尤其是过渡金属液晶聚合物的研究中起了关键性作用[4]。当用大功率激光器的强激光束照射样品时，感生偶极矩不仅与入射光的电场强度一次项有关，还与电场强度的高次方项有关。与一次项有关的效应对应于正常拉曼效应，而与高次方项有关的效应对应于非线性拉曼效应。非线性拉曼效应主要有相关反斯托克斯拉曼散射效应、受激拉曼散射效应、超拉曼散射效应、逆拉曼散射效应等。这些非线性拉曼效应在各个领域中均有不同的应用[5]。

1974 年，Fleisichmann 报道[6]，当吡啶吸附在银电极上时，拉曼散射强度有异常的增强，增强倍数达 10^4～10^6。后来人们相继发现吡啶吸附在金、铜等电极上有相似的增强效应，同时也发现很多含氮化合物也有增强拉曼信号的作用。这种现象称为表面增强拉曼散射（surface enhanced Raman scattering，SERS）效应。

拉曼微探针方法[7]还可以进行矿物及其他样品表面的微区分析、不平衡表面测定等。其实它就是一个空间辨别拉曼光谱的方法，多道测试与短脉冲激光技术相配合，从而获得了时间辨别拉曼光谱。而这些拉曼光谱方法可用来分析短生命自由基，以及复杂化学反应的中间态、物体以及整个体系的瞬时进程等。

20 世纪 90 年代初期，以近红外激光（1064nm）当作发射光源，以及能够高效滤除瑞利辐射的滤光片，生产出了世界第一个 FT-拉曼光谱仪[8]。因为 FT-拉曼光谱仪采用了近红外线激光引发的样品，因而明显降低了荧光线对拉曼光谱的影响。大多数有机化合物和生物样本就能够非常方便地获得满意的拉曼光谱图像。同时，近红外激光的波段避开了试样的热吸收带，从而减少了受激光辐照试样形成的热分解影响。所以 FT-拉曼光谱仪的物理分辨率和波形函数准确度都大大改善了，这也是常规拉曼光谱仪所无可比拟的，从而在许多应用领域中得到了成功运用[9]。

1993 年，第一台激光共焦显微拉曼光谱仪由英国的利兹（Leeds）大学和雷尼绍（Renishaw）等企业合作开发而来，这是将拉曼光谱科技和显微分析技术相结合的一项全新应用科技。显微拉曼科技能够使发射光的光斑集中在微米以上，从而能够对样本的微区进行更精细的研究，也能够利用电荷耦合器件探测器和 TV 观察仪使聚焦区域的拉曼光谱以影像的方式更清晰地表现出来[10]。这也是近年来拉曼研究的一个重要研究重点，已在细胞检测、宝石鉴定、文物考古、公安法学等领域的痕量物质分析中得到了成功应用。

8.1.2 拉曼测温法

拉曼光谱中的峰可以表征感兴趣材料的许多特征[11]。具体来说，拉曼位移可以用来确定材料的成分，拉曼峰的线宽说明了材料中声子的寿命，拉曼峰的强度取决于材料中声子的数量。随着拉曼光谱应用的推进，人们发现拉曼散射不仅可以用来表征化学结构，还与材料的温度、应力、晶粒尺寸等宏观物理性质有关。从经典物理角度看，当入射光照射拉曼活性键时，光的电磁场会改变其电偶极振荡，电偶极矩取决于入射光的电场强度及其自身的极化率。温度的变化会改变极化率，进而影响拉曼信号的产生。据此，可以实现基于拉曼信号的温度探测和传热分析。因此，利用拉曼峰的固有特性（强度、线宽和拉曼位移）和相应的传热模型，可以确定温度和热物理特性[12]。

与传统方法相比，拉曼测温法在温度测量和热探测方面具有非常独特的非接触和微/纳米级可及性优势，特别是在微/纳米级[13]。在常用的接触式温度探测方法中，如热电偶和热电阻，需要将温度探头连接到样品表面，然后根据电阻上的电压测量温度。需要导热膏来保证探头与样品表面的良好接触，但不可避免地会在一定程度上对样品造成污染或损坏[14]。非接触式光学温度测量是首选，具有更广阔的应用前景。另外，随着微机电系统（micro-electromechanical system，MEMS）的不断发展，微型器件和温度测量的临界温度分布范围不断减小。

对于传统的热测量方法来说，测量精度太小，无法进行精确和特定的温度测量。对于微观传热学尤其如此。或者，拉曼系统中的激发激光可以聚焦到亚微米尺寸的非常小的点，从而实现非常小规模的温度探测。此外，基于拉曼光谱的温度探测的一个至关重要的特征是特定于材料的，这意味着它不仅可以测量温度，还可以根据特定于材料的拉曼光谱[15]来判断它的温度。因此，基于拉曼光谱的测温技术作为一种有效的微/纳米尺度温度探测方法具有广泛的应用前景。近年来，许多基于拉曼的新型测温技术被开发出来，以满足新型纳米材料和结构的热测量的新需求。

在拉曼光谱中，观察到拉曼峰的所有特性（强度、拉曼位移和线宽）响应温度变化[14]。它们与受温度直接影响的固有分子结构密切相关，因此可作为温度探测的指示剂。一般来说，当温度升高时，特征峰的斯托克斯拉曼位移红移，线宽变宽，峰强度降低。当温度变化范围不是很大时，拉曼位移、线宽和拉曼峰强度的变化与温度呈线性关系，因此可以利用这种关系快速确定被测样品的温度。

特征峰的拉曼位移源于材料晶格中化学结构中的偶极子。由于晶格间距将随温度变化而变化，因此拉曼散射的位移随温度而变化。对于大多数材料，当温度升高时，特征峰的拉曼位移将向较低值移动。斯托克斯和反斯托克斯信号会同时发生偏移，但前者更强，更容易被识别为稳定准确的温度测量信号。拉曼峰的位移对温度变化敏感，易于在光谱中观察和定义。它是基于拉曼的温度测量中使用最广泛的属性。然而，材料中温度梯度引起的应力会使拉曼频率发生偏移，从而影响基于拉曼偏移的温度测量结果的准确性。当温升不是很高时，应力效应会很弱，可以忽略不计。拉曼位移仍然可以作为一个精确的温度探针。拉曼峰的另一个固有特性是它的线宽。它取决于拉曼信号产生过程中光学声子的寿命。当温度改变时，声子的寿命改变，拉曼峰的线宽随之改变。通常，拉曼峰的线宽随温度升高而变宽。但线宽对温度的敏感性较低，因此在实际热测量中较少用于温度测定。获得良好的线宽信息需要良好的拉曼信号。否则，测量温度可能会产生较大误差。对比拉曼峰的移动，线宽受应力影响最小，可作为材料中存在大应力时的替代温度探针。

拉曼散射起源于光子-原子碰撞的非弹性散射。在不同的温度下，不同激发态的原子密度不同，因此在相同的入射光源和相同的采集时间下，测得的拉曼强度随温度而变化。由于斯托克斯散射和反斯托克斯散射机理不同，两者随温度变化的强度变化趋势往往相反。在相同的激发和积分条件下，斯托克斯峰强度随温度升高而降低，而反斯托克斯峰强度增加。很明显，斯托克斯散射强度与反斯托克斯散射的比值是单位为 K 的热力学温度的函数。该特征可直接用于温度测定。然而，对于许多商业拉曼光谱仪，反斯托克斯散射不能与斯托克斯散射同时测量，因为它的频率高于入射激光并且超出拉曼系统的可用范围。此外，反斯托克斯散射比斯托克斯散射弱得多，这降低了实际温度测量中基于强度比的方法的准确性。相反，斯托克斯散射强度通常单独用于温度测量。

基于拉曼光谱的温度测量可以通过评估拉曼反斯托克斯/斯托克斯比、拉曼峰的半峰全线宽或特征拉曼波数的红移来完成。如果样品尺寸大于激光光斑尺寸，则温度测量的空间分辨率受聚焦激光光斑尺寸的限制。通过使用具有高数值孔径（NA）的物镜，光斑的直径可以接近或小于 1μm。然而，如上所述，如果被测样品的尺寸为纳米级，如碳纳米管（CNT）、纳米线、纳米带等，温度测量的空间分辨率可以进一步提高到纳米级。

除了这种纳米级温度测量策略外，另一种突破激光光斑衍射极限的方法是使用近场拉曼光谱，如表面增强或针尖增强拉曼光谱[16]，用于探测极小区域的温度。近场拉曼信号的强度可以显著增强 10^3～10^6 甚至更高[17]。借助特征拉曼峰和近场激光超聚焦，有可能测量单个分子或纳米粒子的温度。

Maher 等在 SERS 的情况下，研究了拉曼反斯托克斯/斯托克斯比的温度依赖性[18]。514 nm 和 633 nm 波长的激光束被用作干燥 Ag 胶体的不同激发源。结果表明，在表面增强拉曼散射条件下，反斯托克斯/斯托克斯比具有明显的温度依赖性。这种温度依赖性来自分子的直接激光加热或通过 SERS 过程的振动泵浦，或两者的组合。进一步的分析表明，这两种效应可以通过综合模型引导的温度扫描来区分，该综合模型考虑了电磁和化学相互作用引起的有效模式温度和 SERS 增强因子。Pozzi 等研究了单分子水平的斯托克斯和反斯托克斯 SERS，并发现它与局部加热的相关性[19]。较高的激发功率会增加单个分子的局部温度并增加其从热点的扩散。局部加热效应将同时增加或减少反斯托克斯/斯托克斯比和 SERS 强度，具体取决于给定聚集体的几何形状。然而，由于增强因子的波长依赖性具有很大的不确定性，因此不太可能进行可靠的温度计算，这与分子的位置高度相关。因此，可以通过使用化学吸附或锚定分子来进行更准确的温度测定，这些分子可以消除由分子扩散引起的变化，或者通过使用具有显著模式的阿赫兹拉曼位移的分子，其中由不同波长相关的检测效率引起的差异变得可以忽略不计，因为反斯托克斯和斯托克斯频率之间接近于零。Balois 等使用针尖增强拉曼光谱（TERS）[20]测量了单壁碳纳米管（SWCNT）的局部温度。类似于 SERS 的温度测量，CNT 的局部温度可以通过在针尖增强拉曼散射条件下根据玻尔兹曼分布函数测量反斯托克斯/斯托克斯比来检测。本研究选择径向呼吸模式（RBM）进行 TERS 测量，因为反斯托克斯和斯托克斯频率之间的波长间隙很小（10 nm）。结果表明，CNT 与尖端之间的间隙距离越小，增强因子越高，温升越高。与 SERS 相比，TERS 被证明是纳米尺度温度测量的更好选择，因为分子的位置可以被精确地知道，减少了激光加热下分子扩散引起的不确定性。

8.1.3 拉曼分析系统组成

拉曼光谱分析系统的大致构造如图 8.4 所示，大致上由五部分构成，包括激发光源、拉曼探头、拉曼光谱仪、检测器和拉曼光谱分析软件。首先由激光器产生单色光经激发光纤传输后照射于被测样品激发散射光，散射光经拉曼探头内部的棱镜、透镜等光学器件聚焦后经收集光纤进入拉曼光谱仪，拉曼光谱仪内部须设置滤光片以滤除瑞利散射，经滤波后的拉曼散射光由检测器记录，并转换为数字信号进入计算机，最终由拉曼光谱分析软件根据所获得的光谱数据得出分析结果。在这个过程中光源、光谱仪、检测器的选择对所获得的拉曼光谱质量有着重要影响，而最终在计算机上所运行的分析模型决定了样本待测属性分析结果的正确性。下面就光源、光谱仪、检测器和光谱分析模型四个方面做一简单讨论。

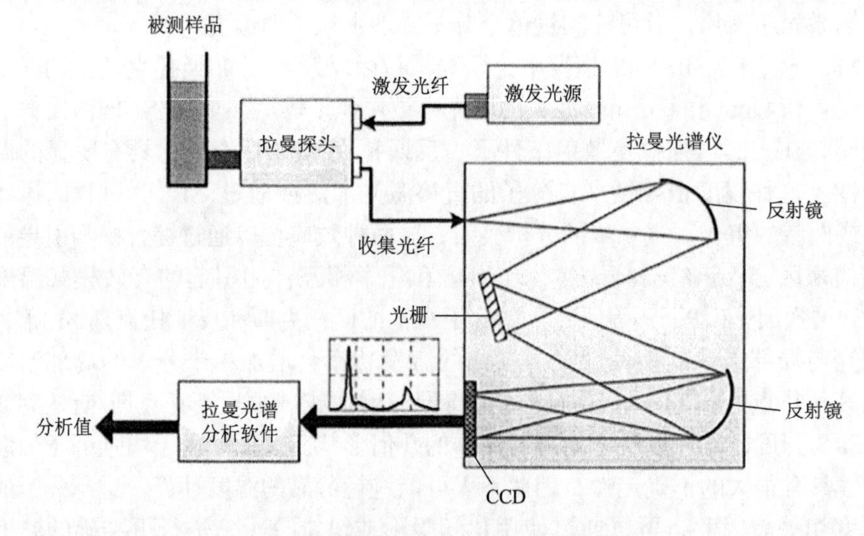

图 8.4 拉曼光谱分析系统结构示意图[2]

1. 光源

拉曼分析技术中所用的光源，首先是太阳光和汞蒸气光。当激光器出现之后，它拥有输出功率高、同色性好和相干叠加特性强、几乎是直线偏振的特性，就形成了比较普遍的拉曼散射光激发光源。在选用激光波长时，要遵循如下的几个准则：由于拉曼活性散射效应程度与激光频率的四次方成正比（与长度的四次方成反比），所以激发光频率越大（长度越小），激励效应就越强烈；根据激光波长是否靠近样品原子的最大共振吸收带，越是靠近原子的最大吸收峰所在的波段，越易于形成最大共振拉曼效应，因而拉曼信号就越强；当采用频谱较大的激发光源时，通常就会形成很大的最大荧光干扰背景。例如，采用紫外线激励后，其所引起的荧光反应和拉曼的频谱相距很远，所以不会产生荧光影响；而采用近红外波段的，荧光变化很微弱，所以荧光影响也相对较小；而功率较大的激发光源也很容易造成样品损伤，如紫外线激发功率较大，易使试样遭受破坏；而近红外激发热效应较大，易使试样遭受热分解。

2. 光谱仪

根据分光的方式，拉曼光谱仪可分为傅里叶变换拉曼光谱仪和色散型拉曼光谱仪两种。傅里叶变换拉曼光谱仪中最主要的部件是双光束干涉仪，通过测量它所产生的光干涉图，然后通过干涉图和傅里叶积分变换来获得拉曼光谱信号。

大多数 FT-拉曼光谱仪均使用 1064nm 的半导体激光器作为激发光源，降低了由激光诱导而形成的荧光信号。同时具有设计上的优点，比较容易与 FT-IR 红外光谱仪结合，同时具备了较大的频谱分辨率和出色的波长精度。但由于尺寸较大，检测时间过长，且样品色泽较暗时，会产生较大的测量噪声等缺点限制了 FT-拉曼光谱仪的在线应用。

色散型拉曼光谱仪一般使用 532nm 或 785nm 半导体激光器作为激发光源。由于色散型拉曼采用的 CCD 检测器具有更低的暗噪声和更高的量子效率，因此和 FT-拉曼光谱仪相比，色散型拉曼光谱仪具有更好的灵敏度和更低的检测限；同时数据获取时间远远低于 FT-拉曼光谱仪[21]。

3. 检测器

在早期的拉曼分析系统中，采用光电二极管（PD）和光电倍增管（PMT）作为检测器来记录光谱。从 20 世纪 80 年代后期，电荷耦合元件（CCD）就开始被广泛应用于拉曼光谱系统[22]。CCD 阵列检测器融合了电光二极管和电子倍增管的优点，并且具备了光谱响应区域广、分辨率高、耗电量少和尺寸小等优势。

4. 光谱分析模型

基于谱学数据处理技术的分析流程一般可以总结为三个过程，包括光谱预处理、构建回归模式、使用回归模式对检测样品进行重新解析等。从光谱仪得到的拉曼光谱中不仅仅包括被检测物体的拉曼信号，还包括干扰信号，如荧光背景、探测器噪声、激光器功率波动等。在一般情况下，设备的改进并不能完全消除以上干扰。因此在建立回归模型之前需要利用某种数学方法消除光谱中的各类干扰因素，突出被测物质的特征信号。建立校正模型是以训练集合中标定的样本分析值和预处理后的拉曼光谱为基础，再利用某种算法构建两者之间的数学关系。最终将待测物的拉曼光谱输入给分析模型，从而得出分析结论。

8.1.4　拉曼光谱分析技术的应用

纵观拉曼光谱化学分析技术的出现与发展，可以看出这种新技术的产生及其对化学研究发展的巨大作用，但同时也可看到这项新研究技术的发展极大地依赖于其他科学技术的发展。有关拉曼光谱的研究实际上还涉及光电子学、分析化学、信息处理、智能学习理论等多个领域。随着拉曼光谱技术的发展，其使用领域及其在科学研究领域中所起的影响也越来越普遍与巨大。当前，拉曼光谱技术在有机化学、无机化学、生物医学等研究领域都有广泛的应用，已经成为这些学科领域所不可或缺的研究手段[23]。接下来将分几个部分介绍拉曼光谱分析技术的应用。

1. 拉曼光谱在食品中的应用

拉曼光谱可用于分析检测食品中糖类、蛋白质、脂肪、DNA、维生素和色素等组分，并已应用于食物及工业产品测定、产品质量测定、无损检验等领域。例如，乳制品中三聚氰胺的快速测定；果品蔬菜产品中农药残留量测定；酒类产品的乙醇、含糖度测定，以及质量和真假认定；酱油、果汁等产品的质量、真假认定等。近年来，食品安全成为人们关注的焦点，在食品安全检测及非法添加物检测中，拉曼光谱技术因其快速、灵敏度高等特性，得到了进一步的发展。

王锭笙等[24]采用表面增强拉曼光谱，将作为探针分子的三聚氰胺滴加在准备好的增强基底银胶上，再通过便携式拉曼光谱仪来完成检测，结果表明银纳米粒子的表面增强效果良好，最小检测量可达 6×10^{-12}g，若与乳制品中以及食品加工的固相提取工艺融合，将能够完成对三聚氰胺的现场实时快速测定。

另外，便携式拉曼光谱仪因可以很快地分辨出容器中的物质是蒸馏水、乙醇或是汽油，可用来进行安检。拉曼光谱还在果品、蔬菜农药残留、掺假等产品检验方面起到了积极效果。便携式拉曼光谱仪由于成本比较低廉，简便快捷，已逐步成为农业产品检验中的重点之一。

2. 拉曼光谱在环境污染物检测中的应用

由于社会经济的日益发达，日益严重的环境污染问题危害着人们的健康，其中一些物质如持久性污染物，因为它们在环境介质中危害性大、浓度低，面临着无法检出及监测手段非常烦琐的问题。拉曼光谱法因为具有敏感度强、分辨率高、频谱性能好的特点，在痕量环境污染物检测领域存在着巨大的应用潜力，受到越来越多的关注[25]。

冯艾等[26]利用多巴胺一步还原的金溶胶为基底，结合拉曼光谱检测，实现了对菲、芘、苯并[*a*]芘、苯并[*b*]荧蒽以及苯并[*g*, *h*, *i*]芘 5 种多环芳烃的定性与定量检测，检测限为 $5\times10^{-7}\sim10^{-5}$mol / L。通过分析特征峰的归属，成功鉴别了复杂基质中的多环芳烃，并考察了实际水样对拉曼信号的影响。本方法具有操作简单省时，便携性高，具备现场快速检测和应急分析的潜力。

3. 拉曼光谱在制药及临床医学中的应用

拉曼光谱在医学和药学上的应用主要有以下几个方面：一是使用拉曼光谱开展体内和体外的医疗检查；二是检查机体内在的和从外界吸入的体外样品，主要涉及故意服用的化学物质（如药品和检测物）和无意间传播的物质（如病毒和污染物）及其与机体之间的作用；三是对药物成分的功能鉴别。由于拉曼光谱有强大的识别相同成分（医药及其新陈代谢物）的功能，对药材及其药物的不同成分、含量及其细微特征的无损分析与识别非常高效，尤其是由于表面增强拉曼光谱技术的出现，检测医药以及其他有价值的化学物质的药理特征变得容易[27]。

例如，Beattie 等[28]采用拉曼光谱技术和多变量分析技术对肺组织中的生育酚及其氧化产物进行了准确测定和定位，实现了活体组织的无损测试。李一等收集了 10 例正常的口腔黏膜组织、20 例鳞状细胞癌组织、30 例白斑组织，并进行近红外拉曼光谱扫描。观察不同病变类型的特征谱线，并通过化学计量法建模来分析其分类诊断效力。实验表明，将近红外拉曼光谱探测和生物分类模型技术相结合，能够探测到口腔正常皮肤黏膜、白斑和鳞状细胞癌等样品中的生化成分改变，从而实现了分级建模检验。

4. 拉曼光谱在石油化工领域中的应用

采用拉曼光谱技术快速分析石油产品质量和性质的研究与应用起源于 20 世纪 80 年代末期。Kalasinsky 等[29]采用 808nm 激光器所激发的拉曼光谱测定了煤油中的芳烃、烯烃和饱和烃含量。Clarke 等则对汽油的性质和燃料中的芳烃含量进行测定。Marteau 等[30]采用 514nm 激光器色散型光纤拉曼系统，对 C_8 芳烃模拟移动床吸附分离过程在线连续监测，在 0%～100%范围内各组分的检测精度为 ±0.5%。Cooper 等[31]依据 FT-拉曼（FT-Raman）光谱仪所获取的汽油拉曼光谱数据，建立了汽油辛烷值、蒸气压、芳烃含量等质量指标的光谱模型，并通过对比了 FT-Raman、FT-IR 和 NIR 三项方式测定了汽车中氧含量的苯、甲基酚、乙苯、二甲苯的异构体。Gresham 等[32]利用由 778.8nm 激光器形成的拉曼系统成功检测了二甲苯同分异构物，从而有效控制了最大荧光的形成，测量精度大幅度提高。

8.2　近红外光谱分析

8.2.1　近红外光谱分析的发展历程

近红外光是指波长介于可见区和中红外区之间的电磁波（380nm～50μm），美国材料检测协会（American Society of Testing Materials，ASTM）定义的近红外光谱区域的波长范围为 780～2526nm（波数为 12820～3959cm^{-1}），习惯上又将近红外光谱区分为短波近红外区（780～1100nm）和长波近红外区（1100～2526nm）[33]。

近红外谱区的发现和应用远比中红外谱区更早，1800 年英国天文学家 William Herschel 在研究太阳能频谱和气温上升之间的相互作用中，通过水银温度计，发现随着光谱红移变化，温度上升的效果也逐渐变强，另外他也看到从近红光外侧光谱看不见的区域产生了很强的温度上升效果，Herschel 意识到这是与可见光不同的辐射线。红外（infrared）的概念是 1835 年 Ampere 提出来的，他指出这部分辐射线是一种波长比可见光长的光，Maxwell 从理论上提出可见光、红外线都是具有相同性质的电磁波，而 Hertz 则通过实验证明了 Maxwell 的理论。1880 年前后，出现了关于近红外吸收光谱的最早报道，即 Abney 等使用照相底版的古典方法测量了 700 nm 和 1200nm 两个范围的有机物的吸收光谱，此后 Abney 和 Coblents 等又测量了一些材料的近红外光谱，揭示了红外吸收与分子的振动、扭转等运动有关，并认为上述活动很可能与氢原子密切相关。1892 年，Julius 发明了辐射热仪（bolometer），使分光光谱测量产生了飞跃性的发展，但实质性的近红外光谱测定是从 1930 年利用 Brackett 开发的分光光度计测到 CH 的倍频开始的。第二次世界大战时，采用光电传感器生产出了接近于近代分光光度计的记录型分光仪器，1954 年 Applied Physics 公司开发出了 Cary14 测量仪，从此近红外光谱研究才开始了飞跃性的发展。

近红外光谱分析在 19 世纪初到 20 世纪中叶的 150 多年里发展都是非常迟缓的，这主要由于当时的科学条件和技术尚不能把近红外光谱区（强度弱、谱带复杂、相互重叠）的信息充分提取出来。另外，19 世纪中叶，有机结构分析和研究的重点已经逐渐转向中红外区域，并得到了广泛的使用，但由于这段时间波谱学中现有的方法还不能充分运用到近红外光谱化学分析，也大大限制了近红外光谱化学分析的应用，以至 20 世纪 50 年代前近红外分析法并没有得到积极的评价，Wheeler 也戏称近红外光谱区为“被人遗忘的区域”[34]。

现代近红外光谱分析是从农业领域开始的，美国农业部（USDA）Beltsville 农业中心的 Norris 研究小组是这一过程的先驱者。Norris 研究小组长期通过近紫外线或可见光透射和热反射方式无损伤地检测鸡蛋、蔬菜和果实的质量，但研究过程受到了紫外线、热成像区信息量逐渐减少的影响，也因为在近红外区含有的信息量已经相当多，所以他们才开始使用近红外线研究农产品品牌竞争力的问题研究。Norris 等在研究利用红外线进行谷物干燥、寻找加热效率的红外线波长的过程中，发现谷物在近红外区有特殊的吸收频带，这一发现诞生了利用近红外光谱分析谷物水分的技术，进而发展成为今天所使用的一般的近红外分析法。

近红外光谱分析法尽管原来是作为水分定量方式进行，但后来为消除试样中的脂类、蛋白质等其他影响水分测量的成分，他们又引入了相似于频谱分析中的多成分检测技术：同时测量在多个波长处试样的透射率或反射率，用统计学方法，分别计算出谷物样品中的水分、蛋白质、脂肪等含量。之后加拿大谷物委员会（Canadian Grain Commission，CGC）的 Williams 等也开始了类似的研究。随着 20 世纪 70 年代一系列研究的公布和发表，近红外光谱分析法得到了确立[35]。

1970 年，美国 Dickey-John 公司最早进行了近红外品质分析仪器（grain analysis compurterr 的研制），采用了六个波长的窄带干涉滤光片，主要用于研究农产品中的水分、蛋白质等含量。1980 年，Trebor 公司生产出了不需要粉碎谷粒，直接可以检测谷粒的新一代仪器。这类仪器只要事先经过校正，即使不熟悉光谱的人员也能迅速得到分析结果，所以不少涉及粮食加工、储藏的单元和企业都使用了这种方法[34,35]。

在 20 世纪 80 年代中期之前，近红外光谱分析技术除在农副产品领域的传统应用之外，在其他应用领域中基本没有。直到进入 80 年代后期，近红外光谱才真正地为人们所注意。而随着国际光谱界、分析化学界和近红外领域人士的长期合作，以及现代光学、电子计算机等技术的发展，再加上过去中红外光谱技术积累的经验，近红外光谱分析技术迅速得到推广，成为一门独立的分析技术。近红外分析对象的种类从最初的谷物种子、牧草等比较干燥的农产品发展到了肉、牛奶、水产品以及一般的加工食品等，然后又延伸到纤维、医药、化工等各领域（图 8.5）。

20 世纪 90 年代国际分析界逐渐形成了近红外光谱分析热潮，一些国际著名的仪器公司纷纷推出了近红外光谱分析仪器，在 2000 年的 PITTCON 会议上，近红外光谱分析技术被认为是该次会议所有光谱法中最受重视的一类方法，而 2001 年第十届国际近红外光谱会的主题是“用近红外光谱改变世界”（changing the world with NIR），在这次会议上发表的论文包括食品、精细农业、环境、化工、高聚物、药物、纺织、石油化学、生物医学、生命科学、化妆品以及医学等十几个领域的近红外应用及有关近红外光谱技术的研究[34,35]。

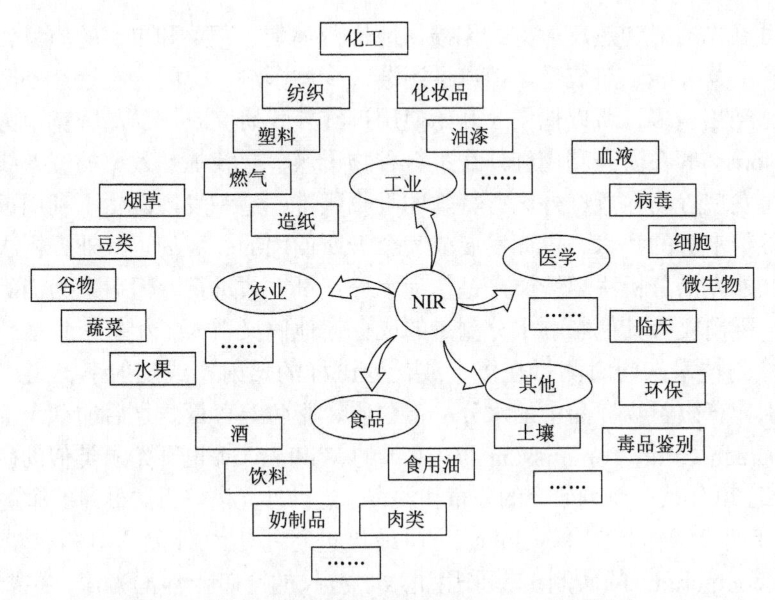

图 8.5 近红外光谱分析技术的应用领域[36]

8.2.2 近红外光谱分析的原理和技术流程

近红外光谱主要是由于分子振动的非谐振性使分子振动从基态向高能级跃迁时产生的，记录的主要是含氢基团 C—H、O—H、N—H、S—H、P—H 等振动的倍频和合频吸收[37]。不一样的基团或同一基团在不同的化学环境中的近红外吸收波长与强度都有显著不同。所以近红外光谱具有丰富的结构和组分信息，非常适合用于碳氢有机物质的组成性质测量。习惯上将近红外区划分为近红外短波（780～1100nm）和近红外长波（1100～2526nm）两个区域。因此，绝大多数的化学和生物化学样品在 NIR 区域均有相应的吸收带，通过这些吸收信息即可对样品进行定性或定量分析[38]。物质在 NIR 区域的吸收强度是其在中红外区的基频吸收的 1/100～1/10，吸收强度小的特点使得 NIR 可用于直接分析强吸收的样品。NIR 吸收谱带相对较宽，而且重叠严重。在高波长（低波数）段的 NIR 吸收峰相对较强，看上去比较尖锐，分辨能力也较好，而在低波长（高波数）谱段，吸收峰比较低，峰形比较宽。NIR 光谱中除了包含样品的化学组成信息外，还包含样品的物理信息，如颗粒度等。在近红外光谱区域，光的散射效应和吸收强度随着波长而增加，而峰宽和穿透深度则与之相反，因此最佳光谱范围的选择需要综合考虑光谱特性、采样技术、样品性质和分析结果[39]。

近红外光谱分析技术包括定性分析和定量分析，定性分析的主要目的在于确认物质的基本成分和特征，而量化研究则是用来判断物体的特定成分的含量，或者物体的品质特性的价值。与常规的化学分析法有所不同，近红外光谱分析法是一项间接研究方法，它以统计学的方式将试样中待测属性数据和近红外光谱的信息之间形成了一种关系模式。所以，在对未知样本的进一步研究之前，必须收集一些可以用来构建相关模式的训练样本，获取用近红外光谱仪器测得的样本频谱信息和用生化分析测得的真实信息[40]。

近红外定量分析的基本原则是：近红外光谱定量分析需要建立光谱参数与样品含量间的关系（标准曲线）。在对复杂的试样做近红外光谱定性研究时，要克服近红外谱区重合和测量不平衡的实际问题，就需要尽可能使用全频谱的数据。在近红外光谱中和所有谱区都含有各种成分的信号，即同一个组成部分的信号可以分布于整个近红外光谱中的所有谱区：由于各种组成尽管在某个谱区可以重合，但在整个频谱区域内不可能完全相同，所以，为区别各种组成，就需要用整个频谱的信号，建立全谱区的光谱特征与待测量之间的关系——即数学模型[41]。

近红外定性分析的基本原理是：近红外光谱或其压缩的变量（如主成分）组成一个多维的变量空间，同类物质在该多维空间位于相近的位置，未知样品的分析过程就是考察其光谱是否位于某类物质所在的空间。

近红外定量校正过程大致分为以下几个部分：①建立数学模型；②模型验证；③常规分析与监测；④模型更新与传递。建立数学模型是最复杂和重要的一步，其首先要选择足够多的且有代表性的样品组成校正集。校正集是建立模型的基础，建模过程就是根据校正集的光谱和数据建立数学关系，理想的校正集应具备的条件包括：校正集样品的组成应包含以后未知样品所包含的所有化学成分；校正集中样品的浓度变化范围大于使用模型进行分析的未知样品的浓度变化范围；组分浓度在整个变化范围内是均匀分布的；校正集中具有足够的样品数以能统计确定光谱变量与浓度（或性质）之间的数学关系。之后，则是测定样品的近红外光谱。注意校正集、验证集和未知样品的近红外光谱测定必须采用同一方式，不然会给校正造成误差。随后，测定校正样品集的浓度或性质，这通常采用现行标准或传统方法进行测定，而近红外测定的精度则与标准或传统方法所计算的可靠性与精密性直接相关，而标准或传统方法的精密度数值对于近红外建模来说特别关键，可采用反复计算取平均数的办法增加参比电极数的精密性。最后建立校正模型，这包括大量样品的收集和基础数据的测定，进行校正模型的建立与验证，所以一般都要先进行定量校正的可行性研究。在近红外定量分析中，有很多方法用于数据预处理、选择光谱区间及建立数学模型，其中包含很多参数的选择，判断这些方法和参数对某一应用是否适用的原则是：模型精度满足要求和模型通过验证。建模的样品常常存在着严重影响建模效果的异常样品，样品的参考测量值有误是一个重要原因，也有可能是模型不适合这类样品，异常样品可以通过马氏距离值或 t 检验的方式检测。为了避免由于分析样品组分浓度超出校正集样品组分浓度的范围或是分析样品中含校正集样品所没有的组分而引起的模型适应性问题，需要在分析时进行模型的适应性检测，可以通过马氏距离或标准残差均方根（root mean square standardized residual，RMSSR）来检测。

近红外光谱分析还需要在模型后进行模拟检验来确定模型的真实性。模拟检验的一般流程是利用模型对一个已知参考值的样本检测，将预测结果和参考值进行数据对比。使用近红外方法研究样本浓度或性质后，必须对模型和仪器加以检验，可以使用参考方法研究某样本的浓度或性质，以提高研究效率。

近红外定性分析是用已知类别的样品建立近红外定性模型，然后用该模型考察未知样品是否是该类物质。近红外定性分析的主要过程是：①采集已知类别的样品；②用一定的数学方法处理上述光谱，生成定性判据；③用该定性判据判断未知样品属于哪类物质。近红外定性分析依赖于光谱的重复性，包括吸光度和波长的重复性。另外，和定量分析一样，它也要求未知样品和校正集样品的处理方式完全一样，这样才能保证分析的准确性。

近红外定性分析常遇到的难题是：在多维变量空间中，各种类型的样本无法截然区分；练习时各种样本的改变缺乏一定的典型意义（证明练习集样本的数量或改变幅度不足）；无法检出少量化学物质。对于解决上述难题，近红外线确定研究包括三步：①练习进程，收集已有样本的频谱，然后用一定的数学方法确定各种类型的化学物质；②验证过程，用不在练习集中的样本检验模式能够准确判断样本类型；③应用阶段，收集不明样本的频谱，将它与已有样本的频谱进行比较，判断其属于哪类化学物质。此外，如果假设未知样品与模式中的各种化合物均不相同，则该模式中也可以提供这方面的信息。

8.2.3 近红外光谱分析技术的应用

随着近红外光谱仪器技术、计算机技术和化学计量学方法的不断融合与日臻完善，近红外光谱法已较为成熟，并已广泛应用于农业、制药、食品、石化和烟草领域。本节将简要介绍近红外光谱分析技术的一些应用[42,43]。

1. 食品

生活的改善使现代消费者越来越注重食物的质量，因而对食物质量检测方法产生了更高的需求。近红外光谱的应用开发也已不适应于对肉、乳、饮料、果汁和食用油等各种食物中的常见化学成分进行迅速分类，但近红外光谱已被广泛用作对更多种类食物的更多质量参数的快速或在线分析，对食物真伪度与产地的快速鉴定尤其引人注目[36]。

在肉、水生产及其制作应用中，近几年国内近红外光谱技术发展的热点话题集中体现在肉品感觉质量（如嫩度、肉色及鲜嫩度等）评估，包括肉品的产地和种类的快速鉴别等方向。例如，程旎等[44]先后使用近红外光谱构建了对鱼肉新鲜度的评判方法，陶琳等[45]使用近红外光谱迅速地鉴别出了四个种类不同商品的海参样品。

此外，我国利用近红外技术对蜂蜜主要成分含量分析、产地和植物源判别、真伪鉴别做了大量的应用研究工作，所测蜂蜜的成分包括水、果糖、葡萄糖等[46]。在茶叶加工和茶食品方面，近红外光谱技术除用于成品茶的常规化学成分的快速分析以外，目前的应用研究热点基本上集中于茶鲜叶组成的快速分析、茶加工过程中的质量测定，以及对茶树品种鉴定、产品与真伪鉴定等[47]。例如，中国农业科学院茶叶研究所就通过近红外光谱技术研究出了龙井茶的产区、种类与溯源鉴定等关键技术，对茶叶产地与品种的定标集识别准确率分别达到了98.4%和90.3%，验证集准确率达到96.8%和83.5%。

2. 药物

近年来，近红外光谱在中国医药特别是中医研究领域得到了较好的发展。对上百种中药材的可行性应用研究已经证实，近红外光谱技术可以很简单、迅速、精确地识别中药材的品种、来源以及真伪，同时也可以迅速检测中药材的有效成分的浓度和药材辅料的质量比例。中国的许多中药公司将实时近红外光谱用于中药产品的萃取、提纯、浓缩和混合各阶段，为中药制造工艺的品质管理提供高效的信息手段[48]。

针对中国药品流通领域，国家食品药品监督管理局以近红外光谱技术为基础研发出的药品检测车，从2007年起在全国各地市装备，目前已装备有400多辆，在基层完成了现场对药物安全情况的实时检测，大大提高了药物监测服务的效果与水平[49]。在这个平台上，许多地方药检人员构建了地方级的真假药品识别模式，起到了非常好的效果，如广州医药检测站构建了鉴别消渴丸真假的识别模式，宁波医药检测站构建了硫酸亚铁胶囊的一致性检测模式[50]。

3. 炼油与化工

近红外光谱技术在我国炼油领域的应用取得了较大进展[51]。例如，在线近红外在汽油、柴油调和管道自动工艺中几乎成为必选的一种分析手段[42]。随着进口石油比重的提高，炼油公司常生产的石油品种也越来越多，因此近红外原油快速评价研究也越来越引起了炼油厂的关注，中国石油石油化工科学研究院基于500多种我国常加工的国内外原油种类，形成具有独立知识产权的石油近红外光谱系统，并已在部分炼油厂开展了工程应用实验，可迅速预测出单品种石油及其混合原料的基本特征信息，包括馏分油的重要特征信息[52]。

在化工领域，近红外光谱的应用范围更广。张彦君等[53]将近红外光谱用于聚丙烯物性参数的快速分析，在工业上能够及时指导工艺修改和调整技术参数，从而降低了过渡材料的生成。近红外光谱通过光纤探头可实时监测聚合物整个反应过程，对反应动力学和机理进行研究。除此之外，在精细化工产品快速分析方面，近红外光谱大有用武之地[54]。

参 考 文 献

[1] Raman C V, Krishnan K S. A new type of secondary radiation[J]. Nature, 1928, 121(3048): 501-502.

[2] 李津蓉. 拉曼光谱的数学解析及其在定量分析中的应用[D]. 杭州: 浙江大学, 2013.

[3] 以明. 拉曼光谱及其在结构生物学中的应用[M]. 北京: 化学工业出版社, 2005.

[4] Efremov E V, Ariese F, Gooijer C. Achievements in resonance Raman spectroscopy: Review of a technique with a distinct analytical chemistry potential[J]. Analytica Chimica Acta, 2008, 606(2): 119-134.

[5] Nafie L A. Recent advances in linear and nonlinear Raman spectroscopy. Part VII[J]. Journal of Raman Spectroscopy, 2013, 44(12): 1629-1648.

[6] Han X X, Rodriguez R S, Haynes C L, et al. Surface-enhanced Raman spectroscopy[J]. Nature Reviews Methods Primers, 2022, 1(1): 1-17.

[7] Chrit L, Bastien P, Sockalingum G, et al. An *in vivo* randomized study of human skin moisturization by a new confocal Raman fiber-optic microprobe: assessment of a glycerol-based hydration cream[J]. Skin Pharmacology and Physiology, 2006, 19(4): 207-215.

[8] 许振华. FT-Raman 光谱及其应用[J]. 光谱学与光谱分析, 1993, 13(1): 83-90.

[9] Gamsjaeger S, Baranska M, Schulz H, et al. Discrimination of carotenoid and flavonoid content in petals of pansy cultivars (*Viola x wittrockiana*) by FT-Raman spectroscopy[J]. Journal of Raman Spectroscopy, 2011, 42(6): 1240-1247.

[10] Downes A, Elfick A. Raman spectroscopy and related techniques in biomedicine[J]. Sensors, 2010, 10(3): 1871-1889.

[11] Beechem T, Graham S. Temperature measurement of microdevices using thermoreflectance and Raman thermometry[M]. Berlin: Springer, 2008: 153-174.

[12] Xu S, Fan A, Wang H, et al. Raman-based nanoscale thermal transport characterization: a critical review[J]. International Journal of Heat and Mass Transfer, 2020, 154: 119751.

[13] Childs P R, Greenwood J, Long C. Review of temperature measurement[J]. Review of Scientific Instruments, 2000, 71(8): 2959-2978.

[14] Yue Y, Zhang J, Wang X. Micro/nanoscale spatial resolution temperature probing for the interfacial thermal characterization of epitaxial graphene on 4H-SiC[J]. Small, 2011, 7(23): 3324-3333.

[15] Tang X, Xu S, Wang X. Corrugated epitaxial graphene/SiC interfaces: Photon excitation and probing[J]. Nanoscale, 2014, 6(15): 8822-8830.

[16] Yue Y, Chen X, Wang X. Noncontact sub-10 nm temperature measurement in near-field laser heating[J]. Acs Nano, 2011, 5(6): 4466-4475.

[17] Pettinger B, Ren B, Picardi G, et al. Nanoscale probing of adsorbed species by tip-enhanced Raman spectroscopy[J]. Physical Review Letters, 2004, 92(9): 096101.

[18] Maher R, Cohen L, Etchegoin P, et al. Stokes/anti-Stokes anomalies under surface enhanced Raman scattering conditions[J]. The Journal of Chemical Physics, 2004, 120(24): 11746-11753.

[19] Pozzi F, Lombardi J R, Bruni S, et al. Sample treatment considerations in the analysis of organic colorants by surface-enhanced Raman scattering[J]. Analytical Chemistry, 2012, 84(8): 3751-3757.

[20] Balois M V, Hayazawa N, Catalan F C, et al. Tip-enhanced THz Raman spectroscopy for local temperature determination at the nanoscale[J]. Analytical and Bioanalytical Chemistry, 2015, 407(27): 8205-8213.

[21] 阮华. 在线拉曼分析系统关键技术研究与工业应用[D]. 杭州: 浙江大学, 2012.

[22] Dierker S, Murray C, Legrange J, et al. Characterization of order in Langmuir-Blodgett monolayers by unenhanced Raman spectroscopy[J]. Chemical Physics Letters, 1987, 137(5): 453-457.

[23] 胡晓红, 周金池. 拉曼光谱的应用及其进展[J]. 分析仪器, 2011, (6): 1-4.

[24] 王锭笙, 李学铭, 董鸥, 等. 亚单分子层三聚氰胺的便携式拉曼检测[J]. 光散射学报, 2008, 20(4): 379-383.

[25] 张巍巍, 牛巍. 拉曼光谱技术的应用现状[J]. 化学工程师, 2016, (2): 56-58.

[26] 冯艾, 段晋明, 杜晶晶, 等. 环境水样中五种多环芳烃的表面增强拉曼光谱定量分析[J]. 环境化学, 2014, 33(1): 46-52.

[27] 刘风翔, 张礼豪, 黄霞. 拉曼光谱技术在肿瘤诊断中的应用[J]. 激光与光电子学进展, 2022, 59(6): 0617016.

[28] Glenn J V, Beattie J R, Barrett L, et al. Confocal Raman microscopy can quantify advanced glycation end product (AGE) modifications in Bruch's membrane leading to accurate, nondestructive prediction of ocular aging[J]. The FASEB Journal, 2007, 21(13): 3542-3552.

[29] Kalasinsky K S, Minyard Jr J P, Kalasinsky V F, et al. Quantitative analysis of kerosines by Raman spectroscopy[J]. Energy & Fuels, 1989, 3(3): 304-307.

[30] Marteau P, Zanier-Szydlowski N, Aoufi A, et al. Remote Raman spectroscopy for process control[J]. Vibrational Spectroscopy, 1995, 9(1): 101-109.

[31] Cooper J B, Wise K L, Groves J, et al. Determination of octane numbers and Reid vapor pressure of commercial petroleum fuels using FT-Raman spectroscopy and partial least-squares regression analysis[J]. Analytical Chemistry, 1995, 67(22): 4096-4100.

[32] Gresham C A, Gilmore D A, Denton M B. Direct comparison of near-infrared absorbance spectroscopy with Raman scattering spectroscopy for the quantitative analysis of xylene isomer mixtures[J]. Applied Spectroscopy, 1999, 53(10): 1177-1182.

[33] 徐广通, 袁洪福, 陆婉珍. 现代近红外光谱技术及应用进展[J]. 光谱学与光谱分析, 2000, 20: 134-142.

[34] 李民赞, 韩东海, 王秀. 光谱分析技术及其应用[M]. 北京: 科学出版社, 2006.

[35] 严衍禄, 陈斌, 朱大洲. 近红外光谱分析的原理、技术与应用[M]. 北京: 中国轻工业出版社, 2013.
[36] 傅霞萍. 水果内部品质可见/近红外光谱无损检测方法的实验研究[D]. 杭州: 浙江大学, 2008.
[37] Li J, Zhao F, Ju H. Simultaneous determination of psychotropic drugs in human urine by capillary electrophoresis with electrochemiluminescence detection[J]. Analytica Chimica Acta, 2006, 575(1): 57-61.
[38] 杨琼. 近红外光谱法定量分析及其应用研究[D]. 重庆: 西南大学, 2009.
[39] 袁天军, 王家俊, 者为, 等. 近红外光谱法的应用及相关标准综述[J]. 中国农学通报, 2013, 29(20): 190-196.
[40] 陆婉珍. 近红外光谱技术进展[J]. 现代科学仪器, 2006(5): 5.
[41] 宁宇. 功能性富集材料用于微量成分的近红外光谱分析[D]. 天津: 南开大学, 2013.
[42] 褚小立, 陆婉珍. 近五年我国近红外光谱分析技术研究与应用进展[J]. 光谱学与光谱分析, 2014, 34(10): 2595.
[43] 褚小立, 史云颖, 陈瀑, 等. 近五年我国近红外光谱分析技术研究与应用进展[J]. 分析测试学报, 2019, 38(5): 603-611.
[44] 程旎, 李小昱, 赵思明, 等. 鱼体新鲜度近红外光谱检测方法的比较研究[J]. 食品安全质量检测学报, 2013(2): 427-432.
[45] 陶琳, 武中臣, 张鹏彦, 等. 近红外光谱法快速鉴定干海参产地[J]. 农业工程学报, 2011, 27(5): 364-366.
[46] 苏东林, 张欣, 李高阳, 等. 拉曼光谱结合化学计量学方法测定蜂蜜的主要糖分[J]. 中国食品学报, 2016, 16(11): 263-272.
[47] 杨丹, 刘新, 王川丕, 等. 近红外光谱技术在茶叶及茶制品上应用[J]. 浙江农业科学, 2012, (9): 1290-1294.
[48] 张爱军, 戴宁, 赵国磊. 丹参产业化提取中近红外在线检测技术的研究[J]. 中草药, 2010, (2): 238-240.
[49] 申兰慧, 高国英, 吴建伟, 等. 近红外图谱比对法快速鉴别 10 种假药[J]. 中国药事, 2011, 25(6): 587-590.
[50] 周征, 罗淑青, 陈仲益. 近红外光谱法快速鉴别硫酸亚铁片[J]. 药学进展, 2012, 36(7): 321-324.
[51] 褚小立, 陆婉珍. 近红外光谱分析技术在石化领域中的应用[J]. 仪器仪表用户, 2013, 20(2): 11-13.
[52] 李敬岩, 褚小立, 田松柏. 红外光谱快速测定原油硫含量[J]. 石油学报(石油加工), 2012, 28(3): 476.
[53] 张彦君, 蔡莲婷, 丁玫, 等. 近红外技术在聚丙烯物性测试中的应用研究[J]. 当代化工, 2010, 39(1): 93-97.
[54] 秦庆伟. 近红外光谱法快速测定聚乙烯醇的醇解度[J]. 化学研究与应用, 2012, 24(6): 1005-1008.

第 9 章　暗场光学显微镜

暗场显微镜（DFM）是一种无背景成像方法，可提供高灵敏度和大信噪比。它可应用于纳米级检测、生物物理学和生物传感、粒子跟踪、单分子光谱学、X 射线成像和材料失效分析。自 1830 年发明以来，DFM 因其在成像背景和可见度之间的平衡而具有成为强大光学工具的潜力。与明场显微镜相比，DFM 在降低成像背景方面具有先天优势，这是灵敏传感的关键方面。现代 DFM 的大部分重大发展和广泛应用发生在 2000 年以后，其特征是获得了高质量的彩色照片和相应的单个纳米粒子水平的散射光谱。磷光生物和化学发光物体等自发光物质是在 DFM 下观察的理想样品。在这种情况下，不需要外部光源，但应用范围相当有限。DFM 的基本工作模型是将被摄体在倾斜照明焦平面上的散射光传递到物镜或电荷耦合器件（CCD）相机中。虽然可以获得深色背景，但收集到的光散射强度仍然必须足够高。到目前为止，已经鉴定出一些具有高散射效率的优秀成像探针，如贵金属纳米粒子[1]和有机分子的有序组装体[2]。这些探针都是光散射光谱分析（光谱散射仪）发展的里程碑，并已迅速转移到暗场显微成像（iDFM）分析领域。

由于纳米科学的快速发展和广泛使用，DFM 得到了巨大的推广，从而提高了对化学和生物过程、催化和能量机制的理解。研究者还做出了许多努力来进一步提高 DFM 在定量和过程分析中的性能。因此，单个分子可以通过 DFM 进行测量。高分辨率成像也成为 iDFM 的一个重要分支。本章简要讨论了 DFM 的工作原理，并进行了一些探索。还总结了新的有效散射成像模式，是对 DFM 的重要补充。

9.1　DFM 原理

iDFM 具有灵敏度高、空间和时间分辨率高、单粒子分析精度高、成像背景低等优点。后者是先天优势，并导致高信噪比。这种无背景的成像特性归功于 DFM 独特的工作原理，也就是说，未散射的入射光的路径通常被排除在探针散射信号的检测范围之外。

DFM 的低背景通常通过暗场聚光镜来实现。样品由白光源照射，可用于激发具有不同波长的等离子体纳米探针。在聚光镜中，使用光阑来切断垂直入射光的中心部分。在这种情况下，没有光进入物镜。边缘部分的入射光通过聚光镜中的光学元件转移到照明光锥中，仅对焦平面内的样本进行照明。然后，入射光沿其原始路径通过，远离信号采集区域，产生无背景成像效果，仅检测到来自探头的散射光[图 9.1（a）]。根据物镜和光源的相对位置，有两种 DFM 形式，即正置显微镜和倒置显微镜[3]。由于这种简单的工作原理，iDFM 技术具有成本效益并得到广泛应用。

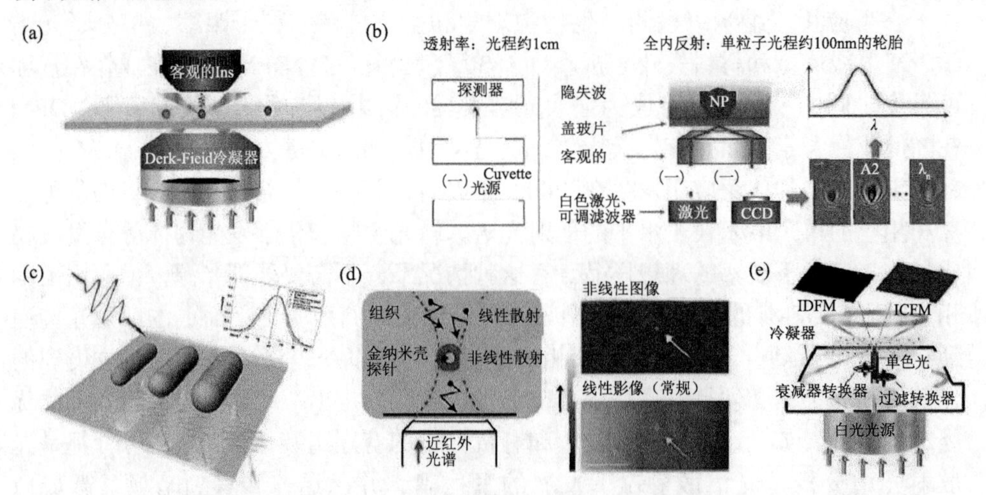

图 9.1 （a）带有暗场聚光镜的 DFM 的典型光路示意图；（b）基于全内反射的消光光谱方案；（c）共线单光束干涉非线性光学显微镜的示意图；（d）非线性近红外（NIR）等离子体散射成像示意图；（e）基于 DFM 的复合场显微成像示意图

iDFM 效果也可以通过用于样品照明和成像的暗场物镜来实现。经过一系列的转换过程，宽带光在特定显微镜物镜的后焦平面上转换成一圈入射光。当光到达样品时，大部分入射光会穿过样品，而其他一些光会沿其路径反射回来并阻挡它，仅收集通过阻挡器中心的样品的后向散射光。在这种情况下，总是需要牺牲有效数值孔径来追求 iDFM 效果。

对于广泛的应用场景，还有一些具有特定技术特性的其他选择。

无论是 DFM 还是 iDFM，它们的基本目的是减少收集的入射光、杂散光或两者兼而有之。降低成像背景的代表性方法是全内反射显微镜、非线性 DFM 和波导散射显微镜。无论这些方法采取何种形式，主要工作原理是形成的倏逝波，它只能穿透到光学密度较低的介质，其深度相当于观察到的粒子。全内反射显微镜已广泛应用于荧光成像，被称为全内反射荧光（TIRF）显微镜。这里不再讨论全内反射 DFM 的光路，因为唯一的规定是检测信号被样品的光散射代替。

与通常使用的全内反射 DFM 不同，波导散射显微镜的基本工作原理是相似的。调整时非相干白光源可以耦合到电介质平板波导。这用于提供倏逝场以照亮位于近距离的物体，该距离始终位于波导表面上方几百纳米处。在全内反射 DFM 的基础上，Wang 和同事开发了全内反射——基于消光光谱[图 9.1（b）][4]。该技术可用于分析单个电介质（聚苯乙烯）、等离子体（金）或吸光（普鲁士蓝）纳米颗粒。作者发现，光的吸收和散射会导致纳米颗粒的波浪状图案中的暗和亮质心，即使在单个颗粒水平上，也可以在消光光谱中区分吸收和散射成分。显然，这是准确表征和研究单个纳米粒子领域的前沿探索。Novotny 等通过使用两个激光束作为入射光引入了非线性 DFM。

他们在特定频率（四波混合频率）获得了一个真正的渐逝场，用于样品的照明和检测[5]。与上述使用两束激光束的方法相比，Knappenberger 及其同事研究了使用单光束来实现非线性光学干涉测量[图 9.1（c）]。入射光是由一些双折射光学器件提供的相位稳定飞秒激光脉冲的共线序列[6]。该系统成功地量化了等离子模式质量因子。此外，Fujita 和 Chu 通过使用由共振近红外光激发的等离子金纳米壳和纳米棒的非线性散射开发了饱和激发（SAX）显微镜，用于低背景和高分辨率成像[图 9.1（d）]。在 SAX 显微镜下，散射信号的非线性分量通过谐波解调技术被捕获。然而，背景信号中没有非线性分量，因此具有较高的信噪比，并成功地在深层组织中成像等离子体探针。这是对高效 DFM 技术新模式的成功探索[7]。

除了这些模式之外，光片散射成像方法也被证实可用于 DFM。其除了减少成像背景外，还可以轻松实现高 z 方向和三维方向分辨率。在这些成像过程中，等离子体纳米探针的高散射效率起着重要作用。

通过利用等离子体探针和引入背景的物质之间对入射光的不同响应，可以获得高信噪比的成像结果。Huang 等通过将强度和颜色可控的单色光引入普通 DFM 系统的入射光中，引入了一种复合场显微镜成像方法[图 9.1（e）][8]。

结合高通量输出过程，增强的成像背景可以很容易地被切断，即使在复杂的癌细胞样品中，等离子体探针的成像可见度也得到了很大的提高。在这种情况下等离子体诱导的光聚集效应是可见的系统。

Quidant 及其同事使用类似的设计，成功地使用微流控芯片筛选循环细胞，并对内化的纳米粒子进行高分辨率跟踪[9]。

9.2　DFM 应用

DFM 由于具有高灵敏度、高空间和时间分辨率以及高信噪比等优点，已被广泛用于成像分析工具。

最近，已经开发了许多新的分析策略和设计。在此将回顾最近在精确分析应用中对 DFM 的研究，主要是在定量分析、动态监测和生物测定等方面。

9.2.1 定量分析

在定量分析方法中，以适当探针计数为基础的“计数分析”方法应该是最直接、最简单的方法。此外，一些智能设计也可能导致高度敏感和智能的测量。基于可以有效调节等离子体纳米探针的局部表面等离子体共振（LSPR）的因素的分析仍然是一种广泛使用的策略。对有用的 DFM 传感工具的两个最新应用[等离子体共振能量转移（PRET）和等离子标尺]也进行了讨论。分析方法的不断探索对于推动 DFM 的发展具有重要意义。

9.2.2 计数分析

基本原理是建立目标和探针之间的定量关系。通过使用 DFM 和核壳适体传感器，Sun 等在（6～100）f_M 范围内实现了凝血酶的灵敏定量，检测限为 2 f_M。适配体传感器释放的凝血酶释放的金纳米颗粒可以在 DFM 下进行数字计数，显示出比 UV-vis 分光光度法更高的灵敏度[10]。在 DFM 下的计数分析中消除假阳性干扰是一个挑战，因此仅由目标介导的特定信号应该成为有效的解决方案。Zhou 等将磁性纳米粒子（MNP）探针与 DFM 相结合，对磁分离后隐孢子虫诱导的金花环状结构进行计数。这种计数方法的检测时间为上午 8 点，并显示出类似 PCR 的灵敏度。令人惊讶的是，由于小隐孢子虫在形成特征性的金花环状结构方面的不可替代性，在分析过程中没有获得假阳性结果。同样，他们使用抗体功能化的金纳米粒子来识别肺炎衣原体形成花环样结构。这种计数分析方法中的特定光学形貌也可以在避免假阳性结果方面发挥重要作用[11]。

9.2.3 聚合

基于探针聚合的传感简单而灵敏。等离子体纳米粒子的聚集可导致散射强度增强和红移波长，这是广泛使用的分析信号。Chen 和同事设计了几个基于聚合的分析系统，用于灵敏检测多个目标，如蛋白质分子、DNA 和金属离子。凝血酶和双适体诱导的金纳米粒子寡聚体的形成可以在 DFM 下被灵敏地检测到，检测限为 20 f_M。单链 DNA 可以吸附在金纳米粒子表面，抑制金纳米粒子在高浓度盐介质下的聚集。因此，他们使用目标 DNA 触发的杂交链式反应或外切核酸酶Ⅲ（Exo Ⅲ）的银离子触发 DNA 切割来调节单链和双链 DNA 之间的转换（图 9.2）。然后通过 DFM 控制金纳米粒子的聚集和分散并成像，用于目标分析[12]。

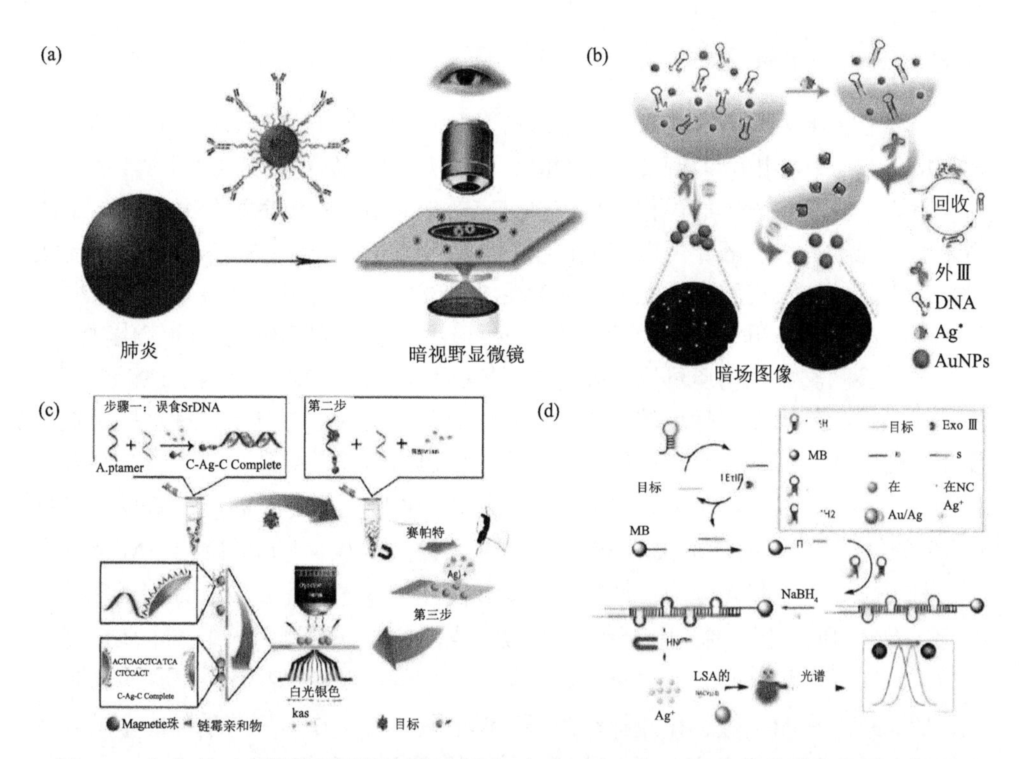

图 9.2　（a）基于光散射的裸眼枚举示意图；（b）DFM 下 Ag^{+}比色信号放大检测示意图；（c）用于 iDFM 分析的金属介导等离子体组装示意图；（d）Au@Ag 纳米雪人检测超灵敏 microRNA 的示意图

DFM 已成功用于通过等离子体纳米粒子的聚集来确定金属离子。Chen 等使用 Cd^{2+} 与谷胱甘肽的结合来触发金纳米粒子的聚集以确定 Cd^{2+}。K^{+} 介导的 G 四链体/ K^{+} 复合物可用于连接金纳米颗粒并导致聚集。通过这种方法，Xie 可以灵敏地检测到真实血清样品中 K^{+}。32 C- Ag^{+} -C 配位是两条 DNA 单链以及 DNA 修饰的金纳米粒子的有用连接体。以这种方式，Ag^{+} 很容易促进成像分析。如果选择适体作为 C- Ag^{+} -C 配位中的 DNA 链，则目标触发的 Ag^{+} 释放的量化可以很容易地转化为目标的量化。Huang 等成功开发了一种通用分析策略。一旦结合目标 DNA/RNA 触发的杂交链式反应和 C- Ag^{+} -C 配位，重新释放的 Ag^{+} 还原形成 Au@Ag 纳米雪人可用于在 DFM 下检测目标[图 9.2（d）]。通过这种设计，Zhao 等成功地灵敏检测了 microRNA-21。

除了广泛使用的贵金属纳米探针外，等离子体 Cu2-xSe 纳米粒子也是强大的光学探针。Huang 等使用肝素诱导的 Cu2-xSe 纳米颗粒聚集来灵敏检测肝素，显著增强的散射强度确保了该方法的高灵敏度。

9.2.4 折射率和形态

等离子体纳米粒子对几个因素很敏感，包括周围的折射率和它们自身的组成和形态。基于这些因素的调节，在 DFM 下可以使用灵敏的传感方法。

首先，分子和离子通过化学反应总是有效地调节 LSPR 散射信号。等离子体纳米粒子通常是亲硫的，可以与硫化物发生离子反应。Zhang 和 Fan 等使用硫化物离子引起的波长红移和降低的 Au@Ag 纳米立方体探针散射强度来定量分析痕量硫化物离子[13]。同样，Lin 等使用 Au@AgI 核壳探针对活细胞中的硫化物离子进行灵敏检测。氧化物质可以诱导等离子体探针的氧化，尤其是高活性银壳[14]。Xiao 等在 DFM 下以无标记的方式敏感地检测到高锰酸盐。基于探针反应的直接使用是有限的，但基于现有反应的外源规则的测量可能会导致传感平台具有多种用途[15]。一旦 Cu^{2+} 被还原为 CuO 并涂覆在金纳米粒子的表面上，就可以得到 LSPR 的红移。因为焦磷酸盐（PPi）可以阻止这个过程，Xiao 等在 DFM 下开发了一种方便的 PPi 量化策略。同样，Huang 和同事使用 PPi 来阻止金纳米探针与共存的 Cu^{2+} 和 I^- 的蚀刻，用于 PPi 的敏感成像分析。通过引入第二个调节器，可以进一步扩展传感平台，这可以显著增强反应的灵敏度和特异性。通过这种方式，Wang 和 Huang 等选择硫脲作为第一调节剂，肝素作为 Fe^{3+} 诱导的金纳米颗粒蚀刻的第二调节剂，建立了一种简单灵敏的肝素检测方法[16]。

酶催化反应具有较高的特异性和催化活性，可导致酶检测具有较高的选择性和灵敏度。可以利用抗坏血酸的还原性来建立传感平台，抗坏血酸可以通过碱性磷酸酶（ALP）由 2-磷酸-L-抗坏血酸三钠盐进行酶催化。Xiao 等使用抗坏血酸触发金纳米粒子上的涂层 MnO_2 壳的分解以检测 ALP。Chen 等使用抗坏血酸获得 I_2 以诱导 Au@Ag 核壳纳米立方体的蚀刻以检测 ALP，这也是有效的。Chen 等介绍了一种使用 DFM 检测 PPi 和焦磷酸酶的灵敏检测系统。Zhang 和 Wang 通过酶促生成 Br 对金三角纳米板进行氧化蚀刻，用于细胞内 H_2O_2 检测。

除了蚀刻介导的探针折射率变化外，Zhang 和 Wang 还设计了四面体结构 DNA（tsDNA）修饰的等离子体探针。他们发现单次 microRNA-21 杂交可导致 LSPR 发生约 0.4 nm 的红移，因此该探针可用于检测单分子水平的 microRNA。自 2007 年 Lee 及同事从金纳米粒子的散射光谱中的细胞色素 c 诱导的猝灭下降中发现 PRET 现象以来，它已被广泛应用于分析化学领域[17]。

最近，PRET 已被用于酶动力学和酶活性的成像分析。Chen 等利用 PRET 技术研究生物分子的特异性识别和 DNase Ⅰ的酶动力学。确定分子的大小和介质的黏度在生物分子识别过程和酶消化中都起着重要作用。这种方法表现出比传统吸收光谱更高的灵敏度。Huang 及同事使用海胆类金纳米等离子体（UGP）作为 DFM 探针，并选择 oxTMB 作为能量受体来建立新的 PRET 对。基于酸性磷酸酶（ACP）催化抗坏血酸形成，可诱导 oxTMB 还原阻断 PRET，实现了对 ACP 的灵敏选择性检测。值得注意的是，通过静电相互作用构建 PRET 探针确实是一个简单的设计。

结合先前报道的 Cu^{2+} 识别策略和光纤，Basabe-Desmonts 和 Villatoro 最近开发了一种超小型和灵敏的 Cu^{2+} 传感器。使用低功率发光二极管并使光谱仪小型化，这是该分析系统的显著优势。这种基于光纤的方法比基于显微镜和化学的方法的灵敏度高 1000 倍。一些能量传输技术已被证实与距离相关，PRET 也是如此。最近，通过使用 DNA 间隔物系统地研究了 PRET 的距离依赖性。本研究使用了两个 PRET 系统，其中四甲基罗丹明（TAMRA）或 Cy3 分子用作受体，50 nm 金纳米颗粒用作供体。实验和准静态近似数据均表明 ηPRET 显示出与 d 值相关的衰减函数。这项研究为广泛使用的 PRET 技术提供了系统的见解[15]。

9.2.5　等离子标尺

iDFM 中另一个强大的工具是等离子体标尺，它是基于等离子体共振耦合效应。该技术由 Alivisatos 及其同事于 2005 年首次建立。从那时起，该技术被广泛使用，并且该技术的一些变体也被采用。

He 和 Xiong 等使用等离子标尺的振动形式（称为等离子纳米弹簧）来测量机械力及其局部转导。机械力可以转化为连接在纳米弹簧末端的两个金纳米粒子之间的距离变化，并以波长变化的形式表现出来[19]。该工具成功地用于动态测量由 ROS 刺激引发的活细胞中的机械力转导。同样，Zhu 等开发了一种光驱动振荡器，用于监测 microRNA 的熔解和杂交。该技术的本质也是表面等离子体耦合和散射成像技术。将常用的带有两个颗粒的偶联系统的一侧改为镀金玻璃载玻片[20]。

振荡器的振荡幅度是通过映射金纳米粒子的 LSPR 波长来测量的，这与可调间隙距离有一定的关系。

等离子体标尺也已被证实是单个 DNA 或蛋白质分子构象动力学的有力工具。在 DNA 构象研究中，通常可以实现 1μs 的积分时间，并发现了对实现短寿命中间体和相关转换路径很重要的三种信号状态。单分子伴侣热休克蛋白的构象动力学研究可以长达 24 h 视频速率。有趣的是，这种等离子体标尺的观察带宽可以从几毫秒到几小时，比单分子荧光共振能量转移（FRET）技术（通常在秒到分钟的时间尺度）大 3～4 个数量级。

该技术可用于研究链置换反应的动力学。Xu 等研究了 toehold 介导的链置换反应，该反应已广泛用于荧光 DNA 探针的设计。他们揭示了 DNA/RNA 和 DNA/DNA 双链体之间链置换动力学的差异。在这些结果的基础上，他们还建立了 microRNA-21[20]。Xia 等的灵敏定量方法，设计了一个核心-卫星等离子体标尺探针，其中引入了Cu^{2+}切割 DNAzyme 接头并充当响应位点。该探针可用于活细胞中Cu^{2+}的灵敏检测，检测限低至 62pM[21]。

缩短连接距离的方法也很有用。Wei 和同事开发了一种基于体外和体内检测聚（ADP-核糖）聚合酶-1（PARP-1）的等离子体标尺，它在许多癌细胞中过表达并被认为是潜在的生物标志物。在 PARP-1 的存在下，可以在等离子体探针表面合成超支化聚（ADP-核糖）聚合物，并导致带负电荷的界面[22]。然后，可以吸收小尺寸的带正电的金纳米粒子，导致 LSPR 的红移，用于成像检测由Cu^{+}催化的 PARP-1.63 点击化学已被证实是构建 iDFM 方法的有效方法。最近，Guo 等结合点击化学和滚环扩增（RCA）用于 HER2 蛋白的 iDFM 测量。在本研究中，采用了等离子体标尺的“开启”模型[23]。

9.2.6　方法探索

尽管 DFM 在分析方面显示出显著优势，但最近已经进行了许多提高分析灵敏度和准确性的研究。光源是暗场显微镜的主要组成部分之一，对成像性能有重大影响。例如，Mulvaney 及其同事使用单波长共振位移来提供更快、更灵敏的分析方法。更巧妙的是，基于颜色调制，He 等制定了新的分析策略[24,25]。利用光谱敏感区域并减少光谱不敏感区域的贡献，在 iDFM 分析中获得了更高的光谱灵敏度。Wang 等还选择了发射更敏感的垂直极化的金纳米棒来开发垂直极化激发的 DFM。可以以高分辨率检测细胞内 microRNA-21 并进行空间成像，并且该技术还能够区分探针和背景。

对于高性能成像分析，灵敏的光学探头是必不可少的，因此对关键因素进行系统研究是有用的。最近，Ha 等研究了形状对金纳米立方体的折射率敏感性的影响，金纳米立方体被认为是敏感的等离子体探针。此外，Huang 和同事探索了尺寸对银纳米立方体传感灵敏度的影响。显然，这些研究可以提供探头选择的实用参考。

由于光学成像的衍射极限，等离子体探针只能被识别为艾里斑，以提供重要的信息，如 LSPR 散射强度和波长。一旦探针的一维可以在足够大的尺寸范围内以不受光学衍射极限的限制，则该探针可用于提供新的光学信息，如探针的实际外观。

Huang 等使用大于 500 nm 的金正六边形板进行成像分析，其中将归因于边缘效应的探针甜甜圈形状的变化用作信号。这一探索丰富了 iDFM 中成像信号的选择[26]。

从 DFM 下的分析精度来看，无论新颖的成像策略和适当的设计如何，都值得研究。为了获得更好的定位精度，Iino 等设计并构建了一种新型全内反射 DFM 系统，该系统具有由轴锥透镜实现的环形照明系统。可以实现更小的等离子体纳米粒子的定位精度和更高的时间分辨率[27]。不可避免的测量误差会导致观察到或捕捉到的散射光发生波动。为了解决这个问题，Huang 等引入了一个内部参考，无论是具有不同散射波长的惰性金纳米粒子，还是通过对银纳米粒子探针本身进行壳隔离修饰以避免可能的干扰。前者简单，后者可以发挥其作用。

9.2.7　动态监测

光学成像技术为深入了解物理化学过程的新机制提供了广阔的平台，包括微观反应机制、影响反应比的因素、详细的动力学等。在这些光学成像技术中，DFM 表现出几个优势，包括实时和原位分析、单粒子分析和催化机理分析[28,29]。等离子体探针具有广泛的调节作用，除了常规使用的周围介质的成分、形状、尺寸和折射率外，充电/放电和耦合/解耦也已成为 iDFM 分析中的有效信号，还讨论了有关使用 iDFM 进行反应监测的最新报道。

9.2.8　反应过程分析

首先介绍了对探头本身反应的监测。最广泛使用的等离子体探针是纳米级贵金属。具有高反应性和散射强度的银纳米粒子是该领域研究最广泛的探针。氧化还原反应的本质是电子转移，因此，银纳米粒子的电化学氧化还原反应可以在 DFM 下成像。氧化铟锡（ITO）导电玻璃始终用于 iDFM 和电化学反应。已经确定，在高电极电位下，银纳米颗粒的电化学检测可以在电极表面受到抑制。在银纳米颗粒电化学氧化还原的 iDFM 期间，Wang 等发现电化学还原不能完全导致电化学氧化后波长偏移的恢复，这归因于新形成的小银纳米粒子。Tschulik 及其同事还研究了银纳米粒子在不同系统中的电化学溶解，用高光谱 DFM 发现溶解过程可以由共存的阴离子调节。

铜在等离子体纳米探针上的沉积已广泛用于上述准确分析，也可以在 DFM 下成像。Song 及其同事在单粒子水平上对铜在银纳米粒子上的欠电位沉积进行成像和跟踪。使用这种方法，他们还研究了银纳米粒子的硫化反应，并发现了该过程中的三个离散步骤。电交换反应是金属纳米粒子的经典反应，它基于金属的活性顺序。使用 iDFM 可以监测该反应，结果突出了添加剂在原子水平上对相变性质产生的显著影响。对于在等离子体纳米粒子表面进行的反应，反应进程可以通过调节 LSPR 散射信号轻松监测。然而，如果没有等离子体探针，直接监测反应变得困难。在金纳米粒子表面电化学沉积聚（3,4-乙烯二氧噻吩）（PEDOT）壳的 iDFM 期间，散射强度也成功地用于监测掺杂-去掺杂转变。

LSPR 波长对表面电子密度敏感。电子转移也是一些化学反应的本质，等离子纳米粒子表面丰富的电子在促进反应中始终发挥着重要作用。Huang 等使用

DFM 对单粒子水平对氨基苯硫酚（*p*-ATP）到 4,4′-二巯基偶氮苯的光催化转化过程中的光诱导电子转移（PET）过程进行成像。在光催化反应过程中发现了 LSPR 波长和电子转移延迟的双向变化。最近，越来越多的研究表明，热空穴也可以在等离子体催化中发挥重要作用。热空穴以及热电子是一种高能电荷载流子，可以有效地促进化学反应。改进对热载体在纳米尺度上的洞察力，应该能够促进等离子体光催化剂的发展。Corteś 及其同事使用 iDFM 和光电化学来监测单粒子水平的热孔驱动反应。这项调查为荧光成像分析提供了重要的补充信息。

9.2.9 材料加工

DFM 技术不仅可以用来监测探针表面的反应，还可以用来记录探针的制备和生长过程。在这种情况下，DFM 应该能够研究各种纳米材料的制备过程。Jose-Yacamán 等使用 DFM 研究从倍凹形形态到纳米星的受控过度生长。他们使用单粒子散射光谱和形态特征来确认光谱中等离子体带的起源。他们发现 z 方向堆积的聚集体是造成这种情况的主要原因。Sun 和其同事发现，通过结合 DFM 和 SEM，沸石咪唑酯骨架（ZIF-8）显示出尺寸相关的结构颜色。这些结果表明，DFM 监测 MOF 的生长过程。特定条件下的加工是精细合成的重要方法，如激光辐照和氧等离子体处理。通过时程暗场显微光谱学，Baumberg 及其同事研究了激光辐照诱导的纳米颗粒二聚体重塑。在此过程中，他们确定了三种机制：刻面生长、导电桥形成和桥生长。显然，这些结果对于纳米线的光诱导制备和电子器件的修整非常重要。结合 SEM 的形态表征，Ha 等使用 DFM 研究氧等离子体处理与金纳米棒的结构和 LSPR 光谱变化之间的关系。他们发现，增加等离子体处理时间会导致纵横比降低和等离子体阻尼增加，从而导致 LSPR 线宽变宽。

核壳纳米结构始终可以表现出优异的光催化活性和广泛的传感应用，因此金属@半导体和金属@金属核壳材料的合成受到广泛关注。Xu 等使用 iDFM 监测这些复合纳米材料的合成过程，如 Au@CdS 和 Au@metal，在此过程中，散射颜色和强度都是有效信号。Au@metal 材料表现出等离子的特性增强甲醇氧化的催化活性。

除了核壳结构外，还有一些其他的双金属结构，如掺杂模型、Janus 纳米粒子和核框架模型。Huang 等使用单粒子 DFM 研究中空 Au@AgPt 核框架纳米结构的形成。在此过程中，可以观察到 LSPR 的双向移动和散射强度先增加后减少。

有限差分时域仿真也证实了这一过程。尽管 DFM 在动态过程的监测中显示出各种应用，但仍有一个主要的限制需要在未来克服。反应信息与 DFM 获得的光信号之间的对应关系总是需要通过包括共定位成像在内的一系列研究来确认。广泛的研究和系统的总结可能是解决这个问题的有效途径。

9.2.10　生物测定

与准确的分析和反应监测相比，基于 iDFM 的生物检测有一些特殊的获得。首先，生物测定总是与疾病诊断、治疗等直接相关。从这个角度来看，分析结果应该更准确。其次，生物样本通常具有更复杂的成像背景和更多的干扰。因此，生物测定应具有优良的特异性。最后，有时生物测定需要在较长时间内连续观察。因此，所使用的探针应具有较高的发光强度和稳定性。幸运的是，等离子体探针可以满足这些要求。特定的分子识别系统始终是许多传感平台的核心组件。在单粒子水平上，iDFM 可用于研究这些相互作用，如抗体-抗原相互作用。安托谢维奇等引入了一个单分子 LSPR 传感平台来研究长时间尺度的抗体-抗原相互作用动力学。他们证实，该系统中 LSPR 波动的主要因素是单价结合的抗 PEG 抗体的可逆吸附。这项研究表明，频域分析可能是在平衡波动分析中获得相互作用率的一种很有前景的策略。Wang 和 Zhang 使用单个 Au@Ag 纳米立方体来分析 DFM 下的凝集素-糖相互作用。LSPR 波长的偏移用作信号，该传感平台成功用于对痕量伴刀豆球蛋白 A 的灵敏测量。

噬菌体和细菌之间的相互作用在生物传感器应用中受到越来越多的关注。

渡边等使用噬菌体作为识别元件，将金纳米颗粒二氧化硅纳米球标记到目标金黄色葡萄球菌上。该方法具有很高的选择性。羟基自由基（•OH）是短寿命自由基，对许多生物分子具有高反应性[30]。基于•OH 的银蚀刻能力，Zhu 和 Chen 使用 Ag-Au@PEG/RGD 纳米探针来分析内源•OH。选择 LSPR 波长的红移作为信号，可以在单细胞水平上进行分析。了解纳米探针和纳米载体的细胞内化过程有助于其生物学应用。Li 等开发了一种基于比色法的算法来分析广泛使用的球形核酸的聚集状态。经过干扰减少过程，原始 iDFM 结果被提取为目标图像点的聚类状态。这种方法是自动且快速的。作为等离子体探针 LSPR 散射的重要补充信号，目标本身的散射也很有用，有时也很方便[31]。Wang 等利用单个 DNA 分子的散射信号来监测其状态。他们发现 DNA 在拉伸时是暗的，而在冷凝时是亮的[32]。

由于等离子体探针诱导高信噪比，iDFM 已广泛用于跟踪分析。通过使用高光谱 DFM，Lu 等探索了贵金属纳米粒子（如金和银纳米粒子）之间的巨大单层囊泡（GUV）的相互作用。这两种纳米粒子在 GUV 上表现出非常不同的状态，包括分布位置和聚类状态。Xiao 等研究了病毒衣壳蛋白（VCP）包被的金纳米粒子在活细胞膜上的扩散行为。基于双通道成像模块，成像可以避免散射背景干扰。一些 VCP-GNR 被发现表现出异常的受限扩散。He 等使用金纳米棒作为示踪剂来研究黏性群体流体薄层的时空结构。他们发现，在蜂群上方约 2 mm 的平面上，金纳米粒子可以长距离高速移动，没有细菌运动的干扰。

借助各向异性纳米探针，DFM 可用于旋转运动和动力学分析。Cui 和同事使用多通道偏振显微镜来研究数千个轴突运输的内体的旋转和平移动力学。选择各向异性金纳米棒作为探针。配体-受体复合物和微管马达之间的直接机械联系可以从含有内体的纳米棒和微管之间的方向一致性得到证实。为了研究表皮生长因子受体（EGFR）的旋转动力学，Seo 和同事开发了陀螺等离子体纳米粒子，它由一对 25 nm 的金纳米粒子组成。在这项研究中，频闪成像方法很重要，因为它提供了一种可视化组装和构象变化的有效策略。通过使用旋转扩散率，He 等实现了蛋白质电晕的原位测量，这可能导致纳米颗粒的尺寸发生变化。在这项研究中，确定了金纳米棒与 BSA 和纤维蛋白原之间相互作用的热力学参数，还研究了复杂介质中金纳米棒周围的电晕形成。他们还通过跟踪平移和旋转扩散实时研究了金纳米棒在质膜上的动态异质性。在研究过程中，发现了四种不同的金纳米棒旋转平移模式。

9.3 其他新出现的应用

虽然对化学和生物样品的准确分析和动态反应是 DFM 的一个深入研究领域，但该技术还有一些其他应用值得关注。

9.3.1 材料性能评估

DFM 的高灵敏度和动态监测能力使其适用于材料性能的评价，以及一些未揭示的特性的探索。众所周知，充电/放电会导致波长偏移，但配体是否能调节等离子体电效应是一个挑战。萨达尔等发现用不同的苯硫酚配体对其表面进行功能化，可以将金三角纳米棱柱的自由载流子浓度调节至 12%。此外，吸电子基团可以产生波长蓝移以及加宽的 LSPR 峰线宽度。这项有趣的研究可能对功能材料的制备有参考作用。Ha 等发现吸附质分子的界面电子效应可用于调节等离子体纳米粒子的化学界面阻尼，并且吸附质上的吸电子基团（EWG）将导致更大的均匀 LSPR 线宽。

Wang 等发现了一个有趣的现象，其中金纳米棒的散射质心取决于其电子密度，即使几何特征根本没有改变。在非法拉第充电/放电过程中，从一系列 DFM 结果来看，金纳米棒的光心可逆地来回移动了大约 0.4 nm，与扫描电位同步。显然，这些细致研究的完成取决于 iDFM 的高灵敏度。此外，DFM 还广泛用于研究微/纳米材料的结构和性能。通过使用持久长度分析评估单个水凝胶纳米纤维的力学。在 DFM 下旋转跟踪单个各向异性纳米探针，直接观察到时空非均相凝胶化。在研究蛋白质覆盖的银纳米粒子的光谱学和形态学时，尽管银芯被发现相当稳定，但激光能量诱导的加热或熔化仍然对其中一些粒子产生了影响。透明光学元件（TOC）的三维缺陷分布可以通过同轴传输 DFM 检测到。iDFM 展示在高纵横比纳米结构的光学成像中具有更好的成像性能，从而形成基底，这进一步导致图像分析过程中的分割得到改进。在银纳米线的受控合成和二氧化硅壳涂层中，iDFM 用于评估维护在可见激光诱导制造金纳米结构在银纳米线的所需位置。

9.3.2　环境/植物样本的检测

由于其高灵敏度，iDFM 可用于环境科学和农业科学中的检测、标记和物质传递。

Wanzenböck 等测定了废水处理厂的进水和出水中含银纳米粒子（SCN）的含量和总银，将净化后的废水排放到湖中。作者使用单粒子电感耦合等离子体质谱（SP-ICP-MS）检测样品中的 SCN，使用 ICPMS/OES（光学发射光谱）检测总元素分析，并使用 DFM 进行组织学分析（组织样品）。总之，他们发现废水中银和 SCNs 的去除效率确实很高，但在排放点附近，可以测量到高浓度的银，因此仍然应该有恒定的银输入湖中。Piccoli 和同事将高光谱增强的 DFM 和 SEM 与 2D 自动光学图像分析相结合，以分析 350℃和 550℃下来自固体废物和农业生物质的生物炭的物理化学和空间特性。本研究中的方法可能是一种很有前景的检测生物炭原料和热解温度的策略。iDFM 在农业科学中也显示出重要的应用前景。Lowry 等将 X 射线荧光映射与增强的 DFM 相结合，研究了将纳米粒子精确输送到植物中的目标位置。他们发现抗体 LM6-M 涂层可以导致对气孔的强烈黏附，这在柠檬酸盐或牛血清白蛋白涂层组中没有发现。这项研究可能为纳米农药的靶向递送提供一种策略。此外，他们进一步研究了使用星形聚合物在番茄叶中体外和体内程序温度释放分子[34]。

可以通过高光谱增强 DFM 分析 Silwet L-77 的温度响应和调控，该结果可能为防止热应激提供策略。

9.3.3　生物医学研究

DFM 的长期实时监控能力有助于构建评估平台。稳定且生物相容的金纳米粒子是应用最广泛的生物标记光学探针之一。Huang 等使用实时 iDFM 跟踪呼吸道合胞病毒（RSV）感染过程。由于标记效率高，因此选择 13 nm 金纳米粒子标记 RSV 以动态监测感染过程。本研究的成像结果引起了广泛关注。

根据含有金纳米粒子的细菌悬浮液的颜色与细菌活力之间的关系，Shiigi 等使用吸收光谱和 iDFM 分析细菌活力并提供了一种通用方法。基于导电聚合物，Shiigi 等引入了一个微生物平台来评估大肠杆菌的代谢活性。DFM 用于监测活力，然后用于测量细胞密度。同样，Koetsveld 及其同事使用 DFM 来计数运动螺旋体，以帮助实现宫本疏螺旋体临床分离株的抗菌敏感性。

此外，DFM 的运动计数也被用于评估梅毒候选疫苗。此外，DFM 还被用于诊断钩端螺旋体病，该病出现在钩端螺旋体感染的病例报告中。有趣的是，DFM 也被用于诊断钩端螺旋体病。纳米粒子在生物组织中的易位规律、分布规律和相互作用特性对于药物输送和健康保护具有重要意义。维曼等使用 DFM 辅助对大鼠肺中 Fe_2O_3/SiO_2 纳米颗粒分布的质谱分析，在此期间未发现硅对脂质的快速吸附。Tsuda 及其同事发现气血屏障与大鼠模型中的成熟肺，在未成熟的肺中检测到更高的渗透性，并且没有发现明显的大小依赖性。这些结果有助于了解纳米颗粒暴露对婴儿的潜在危害[35]。

9.4 技术组合

DFM 与其他几种成像技术的结合是一种有趣且成功的探索，可以克服单一技术固有缺陷所面临的缺点。因此，这是迈向高性能成像分析的重要一步，可实现高时空分辨率、高灵敏度和更好的穿透深度。在此，简单总结了几种经典的 DFM 技术组合。

9.4.1 组合荧光成像

DFM 和荧光成像都具有较高的灵敏度，但它们切断入射光干扰的工作原理不同。因此，它们的组合有可能实现敏感和高分辨率的成像。为了实现这一目标，需要具有优异性能的探针。Xiao 等合成了一种复合探针，其中包含荧光共轭聚合物和金纳米棒。通过这种复杂的探头，他们实现了双模态成像。有趣的是，使用适当的 10 nm 硅壳，可以观察到经典的金属增强荧光（MEF）效应，导致荧光强度大约增加一倍。最近，Wang 等使用传统的共聚焦显微镜同时对无标记银纳米粒子和荧光标记的核进行成像[36]。为了了解耦合等离子体激子系统中的激发态动力学，合理选择了相关的暗场（DF）和光致发光（PL）光谱。舍盖等使用该系统来研究相关的光与物质的相互作用。他们给出了 PL 发射中两个能量峰的相应归属。

多模态成像是一种非常理想的准确诊断策略。有时治疗功能可以巧妙地集成在一个平台中，以实现成像引导治疗。为了提高探针的实际应用，原位生物合成研究并成功地在活血小板中实现了用于多模式生物医学成像的等离子体探针。Chen 和同事报道了另一种巧妙的制备方法。在这项研究中，银纳米粒子的形成同时诱导了 AIEgens 在粒子表面的涂层，产生了核壳纳米探针，用于荧光、LSPR 散射和基于 X 射线计算机断层扫描的三峰成像[37]。

9.4.2　组合 SERS

当使用具有局部增强电磁场的等离子体纳米粒子作为探针时，等离子体共振瑞利散射和表面增强拉曼散射（SERS）已成为两种同源技术。因此，这两种成像技术的结合简单而流行，可用于某些反应的成像监测，如电化学反应。这种结合的另一个优点是所用探针的光稳定性。当引入激光进入 DFM 时，它可以同时进行 SERS 测量，而无需复杂的设备组合。然而，背景荧光信号将难以消除。Chen 和同事将一束新月形激光束引入 DFM，使 1 μm 聚苯乙烯颗粒的拉曼与背景比提高了大约 4 倍[37]。通过同时 DFM 和拉曼光谱，Pradeep 等[38]在具有柠檬酸盐封端的单个银纳米颗粒上观察到激光诱导的 SERS 活性。SERS 活性归因于激光诱导的等离子体基质的重塑。这项研究可能会在单个纳米粒子水平上提供对分子间或粒子间反应的实时多光谱观测。在 DFM 和 SERS 的结合过程中，DFM 可以发挥除目标检测之外的机制探索作用，SERS 可以有效降低极限的检测。Cui 等设计了一个基于等离子体腔的无标记检测平台。PRET 和 SERS 都用于敏感分子检测。因此，这两种技术可用于设计其他具有成本效益的传感平台，如纸基传感平台。

9.4.3　其他组合成像

实时 iDFM 背后的隐藏机制和本质通常通过结合其他技术来探索。其中，TEM 是一种常见但有效的方法。通过 DFM 和 TEM，Uchiyama 及其同事发现金纳米粒子溶液在老化数周后形成的纤维结构是一种真菌结构。这些纤维的内部充满了柠檬酸盐涂层的金纳米颗粒，可以在暗场高光谱显微镜和 TEM 下清晰成像[37]。

由于贵金属往往具有电极和等离子体探针的双重身份，它们可以起到 DFM 和电化学之间的桥梁作用。Tschulik 等使用包括 DFM、分光光度计和电化学电池的耦合系统来研究银纳米粒子在氯化物存在下的氧化还原反应。同时 LSPR 强度、波长和循环伏安法被用作有效信号。他们发现 LSPR 强度的降低归因于氯化银的可逆形成，电化学信号中隐藏的信息也可以通过光谱揭示[37]。同样，Ren 及其同事还使用电化学系统耦合 DFM 来研究在金纳米晶体表面上可能沉积的（亚）单层银。Kanoufi 等在白光照射下使用 DFM 监测氢氧化钴颗粒的电沉积[39]。使用边缘超定位技术，还可以监测氢氧化钴颗粒氧化过程中的可逆体积膨胀。本研究成功地利用散射信号直接反映化学信息。

9.5　DFM 辅助分析

对于基于等离子体纳米粒子的分析技术，DFM 可用于表征等离子体纳米粒子的实际和实时状态，尤其是聚集态，这是成像和光谱分析的关键因素。此外，在一些 DFM 参与的分析系统中，DFM 可能不是主要技术，但它仍然发挥着不可替代的作用。

9.5.1 用于表征

在基于等离子体探针的敏感分析系统中，很大一部分是基于探针的聚集和耦合，从而导致电磁场显著增强。等离子体纳米粒子最广泛使用的与距离相关的光学特性是比色分析和 SERS。

乔杜里等使用 DFM 定性支持多种生物体的基于金纳米颗粒的比色分析检测。在 SERS 的金基底形成过程中，DFM 用于确定纳米间隙的状态。同样，研究在 DNA 折纸模板超分子的 SERS 中，DFM 用于获取结构信息，如纳米颗粒大小或聚类。在构建 3D 纳米等离子体井（NPW）作为新的 SERS 基板时，DFM 用于研究金 NPW 和银 NPW 的散射特性。当 SERS 探针用于细胞内检测时，DFM 可用于确认 Zn^{2+} 诱导的 SERS 强度增强。在深度神经网络中，DFM 也用于估计油滴的大小。

9.5.2 辅助分析

有时 iDFM 可以充当一些其他技术的眼睛。在分析结构依赖性电催化活性之前，Zhao 等使用 DFM 将探针聚焦在 ITO 基板上。在 DFM 辅助的共焦拉曼成像中，DFM 信号和 SERS 信号的共定位表明 SERS 信号仅在电喷雾银纳米颗粒位置测量。在基于金纳米笼的 SERS 监测细胞内 microRNA 期间，使用 DFM、荧光成像和 TEM 研究 SERS 探针的内化，这主要通过内吞作用或专门的吞噬作用得到证实。在分析辐射纳米药物的活性时，通过 DFM 和荧光成像测量结合和内化。除了 DFM 辅助的拉曼分析外，DFM 还被用于光声成像、光热治疗和热电子响应成像等多个领域。

在使用流式细胞仪方法测量金纳米粒子的细胞摄取之前，首先使用 DFM 确认细胞摄取活性。核定位信号肽修饰的金纳米粒子表现出更高的摄取效率。该结果可用于流式细胞仪的后续测量。

9.6 非线性暗场光学显微镜

这种限制会降低数值孔径并影响分辨率。这里介绍一种克服这一限制的非线性暗场方案。频率为 ω_1 和 ω_2 的两个激光束用于照射样品表面，并在四波混频（4WM）频率 ω4wm = $2\omega_1 \sim \omega_2$ 处产生纯渐逝场。倏逝的 4WM 场在样品特征处散射并产生由标准远场光学器件检测到的辐射。这种非线性暗场方案适用于任何材料的样品，并且与从生物成像到故障分析的应用兼容。

9.7　光声暗场显微镜

暗场照明减少了来自浅近轴区域的光声信号的干扰。图 9.3 是成像系统的光学传感器原理图。

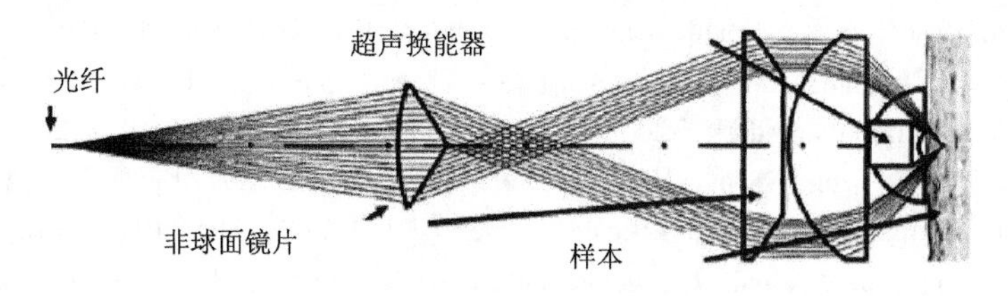

图 9.3　成像系统的光声传感器原理图

光声成像（photoacoustic imaging，PAI）是近年来发展起来的一种非入侵式和非电离式的新型生物医学成像方法。当脉冲激光照射到（热声成像则特指用无线电频率的脉冲激光进行照射）生物组织中时，组织的光吸收域将产生超声信号，这种由光激发产生的超声信号称为光声信号。生物组织产生的光声信号携带了组织的光吸收特征信息，通过探测光声信号能重建出组织中的光吸收分布图像。光声成像结合了纯光学组织成像中高选择特性和纯超声组织成像中深穿透特性的优点，可得到高分辨率和高对比度的组织图像，从原理上避开了光散射的影响，突破了高分辨率光学成像深度“软极限”（1 mm），可实现 50mm 的深层活体内组织成像。

参 考 文 献

[1] 周惠宇. 金纳米颗粒组装体的 LSPR 响应用于肿瘤细胞内 microRNA 的暗场成像检测[D]. 南京: 南京邮电大学, 2023.

[2] 黄文文, 张玉, 李琪, 等. 基于能量转移的光响应型生物探针在分子医学方面的应用[J]. 分析测试学报, 2024, 43(1): 83-94.

[3] 潘龙飞, 李静. 一种新型的暗场显微镜成像系统[J]. 新技术新工艺, 2017(7): 53-54.

[4] Li M, Yuan T, Jiang Y, et al. Total internal reflection-based extinction spectroscopy of single nanoparticles[J]. Angewandte Chemie, 2019, 131(2): 582-586.

[5] Harutyunyan H, Palomba S, Renger J, et al. Nonlinear dark-field microscopy[J]. Nano Letters, 2010, 10(12): 5076-5079.

[6] Zhao T, Steves M A, Chapman B S, et al. Quantification of interface-dependent plasmon quality factors using single-beam nonlinear optical interferometry[J]. Analytical chemistry, 2018, 90(22): 13702-13707.

[7] Nishida K, Deka G, Smith N I, et al. Nonlinear scattering of near-infrared light for imaging plasmonic nanoparticles in deep tissue[J]. ACS Photonics, 2020, 7(8): 2139-2146.

[8] Gao P F, Gao M X, Zou H Y, et al. Plasmon-induced light concentration enhanced imaging visibility as observed by a composite-field microscopy imaging system[J]. Chemical Science, 2016, 7(8): 5477-5483.

[9] Rodríguez-Fajardo V, Sanz V, de Miguel I, et al. Two-color dark-field (TCDF) microscopy for metal nanoparticle imaging inside cells[J]. Nanoscale, 2018, 10(8): 4019-4027.

[10] Yang R, Liu S, Wu Z, et al. Core-shell assay based aptasensor for sensitive and selective thrombin detection using dark-field microscopy[J]. Talanta, 2018, 182: 348-353.

[11] Chen F, Tang F, Yang C T, et al. Fast and highly sensitive detection of pathogens wreathed with magnetic nanoparticles using dark-field microscopy[J]. ACS Sensors, 2018, 3(10): 2175-2181.

[12] Li J, Jiao Y, Liu Q, et al. The aptamer-thrombin-aptamer sandwich complex-bridged gold nanoparticle oligomers for high-precision profiling of thrombin by dark field microscopy[J]. Analytica Chimica Acta, 2018, 1028: 66-76.

[13] Zhang L, Zhang J, Wang F, et al. An Au@ Ag nanocube based plasmonic nano-sensor for rapid detection of sulfide ions with high sensitivity[J]. RSC Advances, 2018, 8(11): 5792-5796.

[14] Li Q, Peng M, Wang C, et al. Sensitive sulfide monitoring in live cells by dark-field microscopy based on the formation of Ag_2S on Au@ AgI core-shell nanoparticles[J]. ACS Sustainable Chemistry & Engineering, 2019, 7(24): 19338-19343.

[15] Ye Z, Weng R, Ma Y, et al. Label-free, single-particle, colorimetric detection of permanganate by GNPs@ Ag core-shell nanoparticles with dark-field optical microscopy[J]. Analytical Chemistry, 2018, 90(21): 13044-13050.

[16] Zhang Y, Shuai Z, Zhou H, et al. Single-molecule analysis of microRNA and logic operations using a smart plasmonic nanobiosensor[J]. Journal of the American Chemical Society, 2018, 140(11): 3988-3993.

[17] Gao P F, Li Y F, Huang C Z. Plasmonics-attended NSET and PRET for analytical applications[J]. TrAC Trends in Analytical Chemistry, 2020, 124: 115805.

[18] Barroso J, Ortega-Gomez A, Calatayud-Sanchez A, et al. Selective ultrasensitive optical fiber nanosensors based on plasmon resonance energy transfer[J]. ACS Sensors, 2020, 5(7): 2018-2024.

[19] Xiong B, Huang Z, Zou H, et al. Single plasmonic nanosprings for visualizing reactive-oxygen-species-activated localized mechanical force transduction in live cells[J]. ACS Nano, 2017, 11(1): 541-548.

[20] Chen Z, Peng Y, Cao Y, et al. Light-driven nano-oscillators for label-free single-molecule monitoring of microRNA[J]. Nano Letters, 2018, 18(6): 3759-3765.

[21] Zhai T T, Ye D, Shi Y, et al. Plasmon coupling effect-enhanced imaging of metal ions in living cells using DNAzyme assembled core-satellite structures[J]. ACS Applied Materials & Interfaces, 2018, 10(40): 33966-33975.

[22] Zhang D, Wang K, Wei W, et al. Single-particle assay of poly (ADP-ribose) polymerase-1 activity with dark-field optical microscopy[J]. ACS Sensors, 2020, 5(4): 1198-1206.

[23] Guo Y, Liu F, Hu Y, et al. Activated plasmonic nanoaggregates for dark-field in situ imaging

for HER2 protein imaging on cell surfaces[J]. Bioconjugate Chemistry, 2020, 31(3): 631-638.
[24] Collins S S E, Wei X, McKenzie T G, et al. Single gold nanorod charge modulation in an ion gel device[J]. Nano Letters, 2016, 16(11): 6863-6869.
[25] Kawawaki T, Zhang H, Nishi H, et al. Potential-scanning localized plasmon sensing with single and coupled gold nanorods[J]. The Journal of Physical Chemistry Letters, 2017, 8(15): 3637-3641.
[26] Pan Z Y, Zhou J, Zou H Y, et al. *In situ* investigating the size-dependent scattering signatures and sensing sensitivity of single silver nanocube through a multi-model approach[J]. Journal of Colloid and Interface Science, 2021, 584: 253-262.
[27] Ando J, Nakamura A, Visootsat A, et al. Single-nanoparticle tracking with angstrom localization precision and microsecond time resolution[J]. Biophysical Journal, 2018, 115(12): 2413-2427.
[28] Wang W. Imaging the chemical activity of single nanoparticles with optical microscopy[J]. Chemical Society Reviews, 2018, 47(7): 2485-2508.
[29] Wilson A J, Devasia D, Jain P K. Nanoscale optical imaging in chemistry[J]. Chemical Society Reviews, 2020, 49(16): 6087-6112.
[30] Imai M, Mine K, Tomonari H, et al. Dark-field microscopic detection of bacteria using bacteriophage-immobilized SiO_2@ AuNP core-shell nanoparticles[J]. Analytical Chemistry, 2019, 91(19): 12352-12357.
[31] Liu M, Mao X, Huang L, et al. Automated nanoplasmonic analysis of spherical nucleic acids clusters in single cells[J]. Analytical Chemistry, 2019, 92(1): 1333-1339.
[32] Wang B, Sun D, Zhang C, et al. Dark-field microscopy for characterization of single molecule dynamics *in vitro* and *in vivo*[J]. Analytical Methods, 2019, 11(21): 2778-2784.
[33] Ye Z, Wei L, Zeng X, et al. Background-free imaging of a viral capsid proteins coated anisotropic nanoparticle on a living cell membrane with dark-field optical microscopy[J]. Analytical Chemistry, 2018, 90(2): 1177-1185.
[34] Vogt R, Mozhayeva D, Steinhoff B, et al. Spatiotemporal distribution of silver and silver-containing nanoparticles in a prealpine lake in relation to the discharge from a wastewater treatment plant[J]. Science of the Total Environment, 2019, 696: 134034.
[35] Mühlfeld C, Neves J, Brandenberger C, et al. Air-blood barrier thickening and alterations of alveolar epithelial type 2 cells in mouse lungs with disrupted hepcidin/ferroportin regulatory system[J]. Histochemistry and Cell Biology, 2019, 151: 217-228.
[36] Wang F, Chen B, Yan B, et al. Scattered light imaging enables real-time monitoring of label-free nanoparticles and fluorescent biomolecules in live cells[J]. Journal of the American Chemical Society, 2019, 141(36): 14043-14047.
[37] 李朝, 周军, 俞宪同. 双金属核壳纳米结构中荧光单分子的表面能量转移及金属操控自发辐射效应[J]. 光学仪器, 2022, 44(4): 57-66.
[38] Chaudhari K, Ahuja T, Murugesan V, et al. Appearance of SERS activity in single silver nanoparticles by laser-induced reshaping[J]. Nanoscale, 2019, 11(1): 321-330.
[39] Brasiliense V, Clausmeyer J, Berto P, et al. Monitoring cobalt-oxide single particle electrochemistry with subdiffraction accuracy[J]. Analytical Chemistry, 2018, 90(12): 7341-7348.

第 10 章　单相对流传热

10.1　对流传热概述

10.1.1　牛顿冷却公式

对流是由于流体各部分发生宏观运动而引起的热量传递现象。由于分子无规律热运动是流体的固有本质，因此对流必然伴随着导热现象。运动着的流体同与之相接触的固体表面之间由于存在温度差而引起的热传递现象称为对流传热，如图 10.1 所示。对流传热与热对流不同，既有热对流也有导热，是导热与热对流同时存在的复杂传递过程。对流传热要求流体与壁面存在直接接触和宏观运动，同时必须存在温差。由于流体的黏性和受壁面摩擦阻力的影响，紧贴壁面处会形成速度梯度很大的边界层[1]。

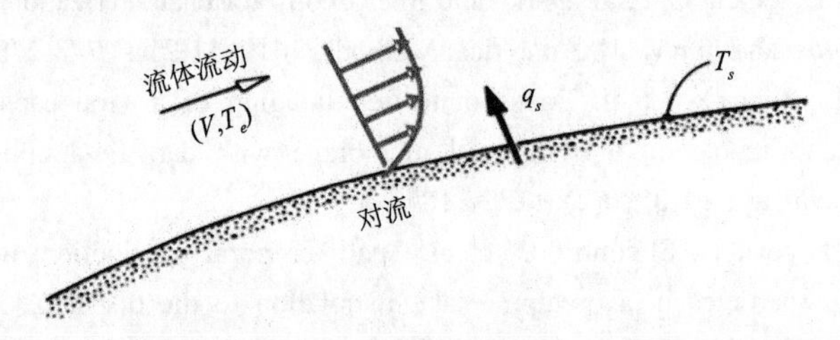

图 10.1　对流传热

对流换热机理与紧靠壁面的薄膜层的热传递有关，同时，对流换热与具体的换热过程密切相关。按引起流体流动的原因，可分为强制对流和自然对流；按流体的流动状态分，可分为层流和湍流；按流体是否发生相变可分为有相变和无相变的对流换热；按几何布置分，又可分为外部流动和内部流动。

对流换热的基本计算式是牛顿冷却公式：

$$\Phi = hA\Delta t = \begin{cases} hA(t_{\mathrm{w}} - t_{\mathrm{f}}), & \text{流体被加热时} \\ hA(t_{\mathrm{f}} - t_{\mathrm{w}}), & \text{流体被冷却时} \end{cases} \tag{10.1}$$

其中，h 为对流传热系数[W/(m^2·K)]，指当流体与壁面温度相差 1℃时，每单位壁面面积上单位时间内所传递的热量。与导热系数不一样，h 为过程量，取决于换热过程的许多因素，如流体流动的状态、流动的起因、流体的物性及换热面的几何状况等。牛顿冷却公式只是对流传热系数 h 的一个定义式，并未揭示 h 与各影响物理量间的内在关系。

10.1.2　影响对流换热表面传热系数的因素

影响对流换热表面传热系数 h 的因素主要有以下 5 个方面：流体的流动起因、流体有无相变、流体的流动状态、传热表面的几何因素、流体的物理性质。

1. 流体的流动起因

流体的流动原因有两种，一种是内部密度差，另一种是外部动力源，分别对应自然对流传热和强制对流传热。自然对流指流体因各部分温度不同而引起的密度差异所产生的流动，强制对流是指在外力（如泵、风机、水压头）作用下所产生的流动。强制对流的对流换热表面传热系数大于自然对流。

2. 流体有无相变

对流传热分为单相传热和相变传热，单相传热指传热是由于流体的显热（1atm 100℃饱和水的比热容：$c_p = \dfrac{4.22\text{kJ}}{\text{kg}\cdot\text{K}}$）变化。在流体没有相变时对流传热中的热量交换是由于流体显热的变化而实现的，而在有相变的换热过程中（如沸腾或凝结），流体相变热（潜热）的释放或吸收常常起主要作用，因而传热规律与无相变时不同。大部分情况下，同一种流体发生相变的换热强度比无相变时大得多。

3. 流体的流动状态

黏性流体流动存在着层流和湍流两种状态，层流指整个流场呈一簇互相平行的流线，湍流指流体质点做复杂无规则的运动。层流换热和湍流换热的换热强度不同。

4. 传热表面的几何因素

流体和壁面间的对流换热受换热面的形状、大小、相对位置及表面粗糙度的直接影响。

5. 流体的物理性质

流体的物理性质对表面传热系数影响很大，如密度 ρ 、动力黏度 η 、导热系

数 λ 以及定压比热容 c_p 等，这些物理性质都会对流体中速度的分布及热量的传递造成影响，从而影响对流传热。

综上所述，表面传热系数是众多因素的函数：

$$h = f(\rho, c_p, \eta, \lambda, r, u, l, t_m, \phi) \tag{10.2}$$

其中，ρ 为流体的密度；c_p 为定压比热容；η 为动力黏度；u 为运动黏度；λ 为导热系数；r 为汽化潜热；l 为换热表面的特征长度；ϕ 为几何因素的影响。

10.1.3 对流换热微分方程

对流换热微分方程组[2]是用来描述流体中热量传递现象的数学模型，特别是当热量通过流体流动从一个区域传递到另一个区域时。在处理对流换热问题时，通常需要考虑以下几个基本物理原理和对应的微分方程。

1. 连续性方程

它基于质量守恒原理，表明单位时间内通过某一空间控制体的流入质量流量等于流出质量流量。对于不可压缩流体，连续性方程简化为

$$\frac{\partial \rho}{\partial t} + \nabla \cdot (\rho u) = 0 \tag{10.3}$$

其中，ρ 为密度；t 为时间；u 为速度场。

2. 动量守恒方程

动量守恒方程又称纳维-斯托克斯方程（Navier-Stokes equations），源于牛顿第二定律和动量守恒原理。它描述了作用在流体微元上的力与流体加速度之间的关系，涵盖了压力、黏性力和其他外力的影响。

$$\rho\left(\frac{\partial u}{\partial t} + u \cdot \nabla u\right) = -\nabla p + \mu \nabla^2 + \rho g \tag{10.4}$$

其中，p 为压力；μ 为动力黏度；g 为重力加速度。

3. 能量守恒方程

能量守恒方程描述的是单位体积内能量的变化率等于能量的输入输出差额，包括热传导、对流换热和外部热源项。在不可压缩流体且假设定常状态下，能量守恒方程可以表达为

$$\rho c_p\left(\frac{\partial T}{\partial t}+u\cdot\nabla T\right)=k\nabla^2 T+Q''_{\text{gen}} \tag{10.5}$$

其中，c_p为定压比热容；T为温度；k为热导率；Q''_{gen}为单位体积内产生的热源项。

结合以上三个方程，可以形成一个完整的对流换热微分方程组，用于解决复杂几何结构中的对流换热问题，如管道、通道内的流体流动以及固体壁面与流体间的换热计算等。对于特定情况，如层流或湍流边界层问题，可能还需要进一步应用相应的近似方法或模型来求解这些方程。

对流换热微分方程组优点包括以下几个方面。

（1）完整性：这套方程组全面考虑了影响对流换热的所有关键因素，包括流体的质量、动量和能量的时空变化，适用于各种复杂的流动和换热情况。

（2）准确性：基于基础物理定律建立，只要满足假设条件，其预测结果理论上与实际情况吻合，提供了定量计算的基础。

（3）普适性：适用于多种不同类型的流动状态，无论是层流还是湍流，都可以通过对这些方程的不同解析或数值求解方法来处理。

（4）理论指导：为实验设计、工程优化和新型换热设备的研发提供了重要的理论指导依据。

对流换热微分方程组缺点包括以下几个方面。

（1）复杂性：微分方程组非线性且耦合性强，尤其在湍流条件下求解非常复杂，难以找到封闭形式的解析解，往往需要借助数值模拟方法，如有限元法、有限体积法或谱方法等。

（2）模型依赖：对于湍流边界层等问题，常常需要引入经验模型或者近似理论（如雷诺平均 Navier-Stokes 方程或大涡模拟等），这些模型的选取和参数化会影响最终的计算精度。

（3）计算资源需求：求解这类方程组所需的计算资源庞大，尤其是对于三维复杂几何结构和大规模流场问题，需要高性能计算机支持。

（4）初始条件和边界条件：正确设定问题的初始条件和边界条件也是求解过程中的挑战，不恰当的条件设置会导致计算结果偏离实际。

总之，尽管对流换热微分方程组在理论上完备准确，但其在实际应用中的求解难度较大，需要综合运用物理洞察、数学技巧以及先进的计算技术才能获得可靠的结果。

10.1.4　流动边界层和热边界层

流动边界层[3]是指在流体流过固体表面时，在贴近固体表面附近形成的流速梯度极大的薄层区域。这一现象普遍存在于空气动力学、水力学以及其他涉及流体与固体表面相互作用的问题中。由于固体表面摩擦阻力的作用，靠近固体表面的流体分子速度较低，而远离表面的流体速度则接近于主流速度，这就导致了流速分布显著变化，形成了边界层。

在边界层内部，流速、压强、温度以及浓度等物理量均会发生明显变化，从而对流动特性和传热传质过程产生重要影响。根据流动特性，边界层可分为层流边界层和湍流边界层两种类型。层流边界层：当流体流动相对平稳，雷诺数较低时，边界层内的流体流动呈有序、平行的层状结构，各层流体之间的剪切力较小，无明显的旋涡或混合现象。湍流边界层：随着雷诺数增大，流体内部的流速梯度增加，层流边界层可能发生失稳并转变为湍流边界层。湍流边界层内存在强烈的涡旋结构和混合，使得流速、温度、浓度等分布更加复杂，同时提高了传热和传质效率。

在对流换热问题中，流动边界层的研究至关重要，因为它直接影响着流体与固体界面处的换热速率，是决定许多工程技术问题（如散热器设计、飞行器外形优化等）性能的关键因素。

热边界层是流体动力学和传热学中的一个重要概念，它是在流体流经与其温度不同的固体表面时，在紧邻固体表面的一个很薄的流体层内，温度发生显著变化的区域。具体来说，当流体与高温或低温固体表面接触时，由于热传导和对流作用，会在流体靠近固体表面处形成一个温度梯度很大的薄层，这个薄层就被称为热边界层或温度边界层。

在热边界层内，热量从固体表面向流体传递，造成流体温度由壁面温度迅速过渡到主流流体的温度。热边界层的厚度相对于整个流动域的尺寸而言是非常小的，但它在传热过程中起着至关重要的作用，因为大部分的热量交换就是在这一区域内发生的。

热边界层的发展和特点包括：随着离固体表面距离的增加，温度梯度逐渐减小直至消失。对于层流和湍流流动，热边界层的结构和行为有所不同。

分析热边界层有助于简化传热问题，并能通过求解相关微分方程来确定对流传热系数和温度分布。在工程应用中，理解热边界层对于优化散热器设计、强化传热设备性能、改善飞行器和汽车等交通工具的气动热效应等方面具有重要意义。

10.1.5　特征数方程式

对流传热特征数[4]是无量纲数，它们是通过对流传热过程进行相似分析得出的，用于表征流动和传热现象的重要参数组合，帮助我们理解和预测不同物理条件下对流传热规律的相似性。以下是几种常见的对流传热特征数。

（1）努塞特数（Nusselt number，*Nu*）：努塞特数描述了对流传热强度与纯导热强度之比，是评价对流传热效率的重要指标。它的定义为

$$Nu = \frac{h \cdot L}{K} \tag{10.6}$$

其中，h 为对流传热系数；L 为特征长度（如管径或平板宽度）；K 为流体的热导率。

（2）雷诺数（Reynolds number，*Re*）：雷诺数反映惯性力与黏性力之间的相对大小，决定了流体流动是层流还是湍流：

$$Re = \frac{\rho u L}{\mu} \tag{10.7}$$

其中，ρ 为流体密度；u 为特征速度；L 为特征长度；μ 为动力黏度。

（3）格拉斯霍夫数（Grashof number，*Gr*）：在自然对流中，格拉斯霍夫数衡量浮升力与黏性力的相对大小：

$$Gr = \frac{g\beta\left(T_s - T_\infty\right)L^3}{v^2} \tag{10.8}$$

其中，g 为重力加速度；β 为流体的体膨胀系数；T_s 为固体表面温度；T_∞ 为远场流体温度；L 为特征长度；v 为运动黏度。

（4）普朗特数（Prandtl number，*Pr*）：普朗特数反映了流体动量扩散与热量扩散的相对速率：

$$Pr = \frac{v}{\alpha} \tag{10.9}$$

其中，v 为动力黏度；α 为热扩散率。

对流传热特征数之间存在着一定的关联式，如对于不同的流动和换热情况，努塞特数可以通过雷诺数、格拉斯霍夫数和普朗特数的关系式得到，这些关系式大多数来自实验数据拟合或者理论分析。对于强迫对流和自然对流，都有各自的努塞特数关联式，这些关联式可以帮助工程师在设计阶段估计对流传热速率和选择合适的换热设备。

10.2　管内受迫对流换热

10.2.1　一般分析

管内受迫对流换热是一种典型的对流传热方式，发生在流体在管道内部受到

外力推动（如泵或风扇等）而强制流动的情况下，同时与管道壁面之间发生热量交换的过程。在这种情况下，热量的传递是由两部分组成：一部分是由于流体内部温度差异引起的热传导，另一部分是由于流体流动引起的对流换热。

受迫对流换热的特点主要包括：流体的流动是由外部机械力驱动，而非由于密度差异引起的自然对流。流体与管壁之间的传热强度取决于多个因素，包括流体的流速、物理性质（如热导率、比热容和密度）、管道壁面的温度、管道直径以及管道材料的热导率等。衡量受迫对流换热强度的主要无量纲数是努塞特数（Nu），它表示对流传热系数与纯导热系数之比，通常努塞特数与雷诺数（Re）和普朗特数（Pr）有关，可通过实验数据或经验关联式计算得到。在实际工程应用中，如空调系统、制冷系统、化工流程中的换热器设计以及电子设备冷却等领域，都需要对管内受迫对流换热进行深入研究和精确计算，以便优化设备的设计和提高换热效率。

在管内受迫对流换热过程中，流体的平均流速和平均温度对于热量传递有着重要影响。平均流速可以影响对流传热系数，进而改变总的对流传热速率；平均温度则涉及流体的物性参数（如热导率、比热容等）以及温差驱动的热传递能力。

（1）平均流速：随着流速的增加，流体与管壁间的对流换热增强，即对流传热系数 h 增大。这是因为较快的流速可以降低边界层厚度，增强流体内部的混合，加速热量从壁面传递到流体主体的过程。在工程实践中，努塞特数（Nu）通常被用来量化这种关系，努塞特数与雷诺数（Re）和普朗特数（Pr）有关，可以通过实验或经验关联式获取。

（2）平均温度：平均温度影响流体的物理性质，如热导率 k 和比热容 c_p，这些参数都直接参与对流传热计算中。此外，如果流体的入口温度和壁面温度相差较大，那么平均温度也可以反映流体内部的温度分布情况，从而影响整个换热过程的效率。

综上所述，在管内受迫对流换热分析中，要综合考虑流体的平均流速和平均温度等因素，利用适当的理论模型或实验数据建立起热量传递的数学模型，以实现对传热过程的有效预测和控制。

物场性不均匀性是指在物理学或工程领域中，某个物理场（如温度场、流速场、浓度场等）在其空间分布上表现出的不均匀性。管内受迫对流换热中的物场性不均匀性主要表现在以下几个方面。

（1）温度场不均匀性：在管内液体或气体受迫对流时，壁面与流体之间的热量交换导致管壁附近的温度分布发生显著变化。靠近管壁的位置，流体直接与壁面接触并吸收或释放热量，因此温度首先发生变化，形成一个温度较高的热边界层或较低的冷边界层。随着与管壁距离的增加，流体温度逐渐过渡到不受壁面直接影响的主流温度，形成温度的梯度变化，即温度场的不均匀性。

（2）流速场不均匀性：在受迫对流中，流体由于泵或风扇等外力驱动，在管道内流动。同样，在管壁摩擦阻力作用下，靠近管壁处的流速明显小于管道中心区域的流速。这就形成了一个从壁面开始，流速由零逐渐增大至最大值的流速边界层，表现为流速场的不均匀性。

（3）浓度场不均匀性（对于混合问题）：如果涉及溶质传输或化学反应，那么浓度场也存在不均匀性。例如，如果溶质在壁面上有吸附或者解吸现象，那么壁面附近的浓度将会不同于主流区的浓度。

（4）物性参数不均匀性：流体的物性参数（如导热系数、比热容、黏度等）可能随温度变化而变化。在温度不均匀的情况下，这些物性参数也会相应地在空间上呈现不均匀分布，进而影响到对流换热效率。

受迫对流换热过程中，通过建立和求解相关的物理模型，可以量化和分析温度场、流速场以及其他相关物性参数的空间分布及变化规律，这对于优化设计换热器、强化传热过程以及提高能源利用效率等方面具有重要意义。

10.2.2　管内对流换热的实验关联式

管内对流换热的实验关联式主要是指针对不同流动和换热条件下的对流传热系数（h）的经验公式。

紊流换热关联式主要用于描述受迫对流中紊流流动状态下，流体与固体壁面间换热系数与流体物性、流动状况和几何特征参数之间的关系。在工程实践中，通过大量实验数据的统计分析，建立了若干经验关联式来估算紊流对流换热系数。下面是一些经典的紊流换热关联式。

（1）迪贝斯-贝尔特公式（Dittus-Boelter equation）：对于圆管内的紊流对流换热，迪贝斯-贝尔特公式给出努塞特数与雷诺数和普朗特数的关系为

$$Nu = 0.023 \cdot Re^{0.8} \cdot Pr^{n} \tag{10.10}$$

其中，n 对于加热流体通常取0.4，对于冷却流体通常取0.3。

（2）Sieder-Tate 关联式：这个关联式也被广泛应用在工业换热器的设计中，特别适用于较大的雷诺数范围。

$$Nu = C_1 \cdot Re^{0.8} \cdot Pr^{n} \tag{10.11}$$

其中，C_1 和 n 为经验常数，与流动的具体情况有关。

（3）Gnielinski 关联式：Gnielinski 提出了一种广泛的关联式，它在层流与湍流过渡区也有很好的适用性。

$$Nu = \frac{\frac{f}{8}(Re-1000)Pr}{1+12.7\left(\frac{f}{8}\right)^{\frac{1}{2}}\left(Pr^{\frac{2}{3}}-1\right)}\left[1+\left(\frac{d}{l}\right)^{\frac{2}{3}}\right]C_t \qquad (10.12)$$

其中，f为雷诺数修正因子，可以根据雷诺数和普朗特数查图表或计算得到。

这些关联式都是基于大量的实验数据推导出来的，应用于实际问题时需注意适用条件，如流动是否为完全发展紊流、流体物性是否恒定、是否考虑了入口段和出口段的影响等。在现代工业和科研中，高精度的换热计算往往会采用更为复杂的湍流模型或通过计算流体动力学（computational fluid dynamics，CFD）数值模拟来实现。

10.2.3 管槽内部强制对流换热的强化

管槽内部强制对流换热的强化主要通过改进流体流动和增加传热表面积的方式来提升传热效率。常见的强化策略如下。

（1）增加表面粗糙度：增加管槽内壁的微观或宏观粗糙度可以促进流体流动的扰动，增大湍流程度，从而提高对流传热系数。但这需要在不影响流动阻力过大、防止结垢的前提下适度实施。

（2）安装插入物：在管槽内安装螺旋片、锯齿形翅片、波纹管等插入物，可以显著增加流体的湍流程度，同时扩大传热面积，从而强化换热效果。

（3）采用异型管：使用椭圆形、三角形或多边形截面的管子，或是内壁具有特定形状（如螺旋线、波纹、肋片等）的管槽，可以改变流体流动形态，增加流体质点间的混合，提高对流换热效率。

（4）采用多管并联或串联：将多个小直径管子并联或串联布置，可以增大总传热面积，并且在并联时有利于减少流体流速局部下降，保持较高的流速和传热效率。

（5）振动或旋转：对管槽施加周期性振动或使管槽自身旋转，可以动态改变流体边界层，增强流体混合，提高对流传热性能。

（6）采用相变换热：流体在管槽内部蒸发或冷凝，利用相变潜热，可大幅度提高传热系数。

（7）优化流体入口条件：通过合理设计入口段结构，保证流体进入管槽时具有良好的均匀性和适宜的速度分布，有利于提高整体的对流传热性能。

以上策略并非孤立使用，而是需要根据具体应用场景、流体性质和设备要求综合考量，有时可能需要结合几种方法共同作用，以实现最佳的强化效果。

10.3　外掠圆管对流换热

10.3.1　横掠单管对流换热

横掠单管对流换热是指流体横向（即垂直于管轴方向）流过一根固定不动的圆管时，由于流体与管壁之间的温差而发生的热量交换现象。这种换热方式常见于工业冷却系统、热交换器以及航空航天等领域。横掠单管对流换热的特点在于：①流体在管壁周围形成温度和速度梯度明显的边界层，几乎所有的热量交换都在边界层内完成；②对流换热强度与努塞特数紧密相关，而努塞特数又与雷诺数和普朗特数相联系，不同流动状态下有相应的经验关联式；③对流换热沿管长方向上呈现出从入口发展区到充分发展区再到尾流区的变化规律；④通过改变流体流动状态、增加表面粗糙度或采用强化传热技术（如安装扰流装置或使用纳米流体等）可以有效提升换热效率。

在横掠单管对流换热中，影响传热的因素主要有以下几个方面。

（1）流体速度：流体的流速越高，对流传热越强。这是因为在高速流动下，流体与管壁之间的热边界层更薄，热量交换更快。

（2）流体物性：流体的导热系数、比热容和密度等物性参数会影响对流传热的效果。普朗特数（*Pr*）和努塞特数（*Nu*）是描述这些物性影响的重要无量纲数。

（3）温度差：管壁与流体之间的温差越大，对流换热越剧烈。

（4）管道几何参数：如管道直径、管道表面粗糙度等都会影响对流换热的强度。

横掠单管对流换热广泛应用在各种工业热交换设备和日常生活中。当流体如空气、水或其他工质沿一根直立或水平布置的圆形管外壁高速流动时，就会产生强烈的热量传递。这一过程常见于热交换器的设计中，如在冷却塔、空调系统的蒸发器和冷凝器、汽车散热器以及航空航天领域的热管理系统等。通过对横掠单管对流换热机制的研究和实验，可以得到相关的换热关联式，用于准确计算和预测流体与固体表面之间的热传递速率，从而指导工程师们设计出更高效的换热器组件，提升能量利用效率和系统整体性能。此外，在太阳能集热器和众多自然对流环境中也有类似原理的应用。

10.3.2　横掠管束对流换热

横掠管束对流换热是热力学中一个重要的传热现象，主要发生在流体以一定速度横向流过由多根圆管组成的空间时。相较于单根外掠圆管，横掠管束的换热特点更加复杂，不仅受到单个管子上的对流换热规律支配，还与管束的整体配置有关。流体在管束间流动时，相邻管子之间相互影响，导致流体在管间流动路径交替加速和减速，流动截面的变化会影响对流换热系数。

横掠管束对流换热的影响因素主要包括以下几方面。

1. 流体特性

（1）雷诺数（*Re*）：反映流体流动状态，决定流体是层流还是湍流，湍流状态下的对流换热通常比层流更为剧烈。

（2）普朗特数（*Pr*）：衡量流体热扩散能力和动力黏性力的相对大小，不同普朗特数的流体对流换热特性不同。

（3）流体物性：包括导热系数、密度、比热容、黏度等，它们直接影响流体的传热能力和温度变化。

2. 流动条件

（1）流速：流速越高，流体与管束表面的热量交换就越快。

（2）流体入口和出口条件：如流体的温度、压力、速度分布等，影响流体在整个管束中的流动模式和换热效率。

3. 几何参数

（1）管束布局：管束的排列方式（如顺排、叉排、三角形排列等）影响流体在管间流动的复杂性和流动阻力。

（2）管径与管间距：管径大小和管间距离直接影响流体流过时的局部速度分布和对流换热系数。

（3）管束层数与管子数量：增加管束层数和管子数量可以扩大传热面积，但也可能增加流体在管束内部的流动阻力和不均匀性。

4. 表面条件

（1）管表面粗糙度：粗糙的表面可增强湍流程度，但同时也会增大摩擦阻力，影响总的换热效果。

（2）翅片或强化措施：使用翅片或特殊表面处理可以改变流体边界层特性，增加传热面积，提高对流换热系数。

5. 操作条件

流体与管壁间的温差越大，对流换热越强烈。

6. 管束内流动特点

管内流动状态：如果管内还有受迫对流，则内外两侧的对流换热相互作用，共同影响总换热性能。

横掠管束对流换热是工业热交换器设计中不可或缺的核心原理，广泛应用于诸多领域，如能源工程、化工生产、空调制冷、汽车制造、电力设施及航空航天等。在这些场合中，流体（如空气、水或其他工质）以一定的速度横掠过由多根并行排列的圆管组成的管束，通过管壁与流体间的热传递，实现热量的有效交换。例如，在大型锅炉的冷凝器、石油化工生产设备的壳管式换热器、空调系统的蒸发器和冷凝器中，流体横掠管束的对流换热作用至关重要，其既能高效地回收或散发热量，又能在保持紧凑结构的同时满足大流量和高换热效率的需求。此外，采用优化管束的排列方式、设置翅片增强传热、调控流体速度等手段，可进一步提升对流换热的效果，实现节能减排和提高系统整体效能的目标。

10.4 自然对流传热

10.4.1 自然对流传热模式

自然对流传热[5]又称自由对流换热，是指在没有外部机械力（如泵、风扇等）驱动的情况下，流体因其内部温度差异引起的密度变化而自发产生的流动与热传递现象。在自然对流中，流体温度较高区域的密度较小，向上移动，而温度较低、密度较大的流体则向下填充，由此形成了自然循环。这一过程中，流体与固体壁面接触时，由于温度差异导致的热量从壁面传递给流体或从流体传递给壁面，实现了对流换热。

自然对流传热广泛存在于自然界和各种工程设备中，如建筑物内部的空气自然对流、烟囱效应、太阳能热水器中的水箱自然对流、电子设备的自然冷却等。自然对流的强度和换热效果与流体的物理性质（如热导率、密度、比热容、黏度等）、几何参数（如容器尺寸、固体表面形状等）以及温度差等因素密切相关，通常通过格拉斯霍夫数和雷诺数来表征自然对流的程度和状态。在设计和分析自然对流换热系统时，通常需要借助实验测量和理论模型建立的经验关联式来预测和优化换热性能。

大空间自然对流是指在一个相对开放、没有明显障碍物阻挡的广阔空间内，流体（如空气或水）因内部温度不均匀而自发形成的对流现象。在大空间自然对流中，流体的冷却或加热过程不会受到周围结构的显著影响，流动可以在三维空间内自由发展，对流边界层相对较薄且不互相干扰。

此类自然对流现象通常出现在如下场景。

（1）室内空气的自然对流，如房间的一侧接受阳光照射，一侧背阴，造成温度不均，引发空气流动。

（2）大型建筑内部的空气流动，由于温度梯度引起的热压差，导致空气从下往上或从上往下的自然流动。

（3）大型储罐或开阔水面的自然对流，底部受热后，热流体上升，冷流体下沉，形成自然循环。

在大空间自然对流的分析中，热流体的上升和冷流体的下沉主要是由流体内部的温度差异导致的密度差异所驱动，进而形成自然对流的循环流动。相比于有限空间自然对流，大空间自然对流的计算一般较为简化，但仍要考虑地理、气候和其他环境因素的影响。在实际应用中，了解并掌握大空间自然对流规律对于建筑设计、环境控制系统的设计以及热能工程等领域具有重要意义。

有限空间自然对流指的是在具有一定几何约束的封闭或半封闭空间内部，流体（如空气、水等）由于温度差异引起的密度变化而产生的对流现象。在这种情况下，流体的冷却和加热过程受到周围固定结构的限制和影响，流体的流动路径、流动速度和对流换热效率相比大空间自然对流更为复杂。

在有限空间自然对流中，由于空间的限制，流体上浮和下沉的运动受到约束，可能会形成复杂的流动模式，如回流、旋涡等，而且对流边界层可能因为与其他边界层相互作用而变得更为复杂。这种情况下的自然对流换热计算需要考虑更多因素，如几何尺寸、壁面的热边界条件、流体的初始和边界条件等。有限空间自然对流现象常见于小型房间、设备内部通道、建筑物内部空间、狭小腔室、换热器内部等场合。在这些应用中，流体的流动和换热特性会直接影响设备的工作效率和稳定性，因此在设计和优化这些设备时，必须深入理解并精确计算有限空间内的自然对流换热过程。

10.4.2 流动与换热特征

自然对流传热的流动与换热特征主要包括以下几个方面。

（1）流动启动与驱动机制：自然对流传热的流动起源于流体内部的温度不均匀性，导致各部分流体密度差异。在重力作用下，较热且密度较小的流体会上升，较冷且密度较大的流体会下沉，从而形成自然对流循环。这种流动不依赖于外部机械力，而是由流体自身的物理特性驱动。

（2）流动模式与稳定性：自然对流的流动模式可以是层流或湍流，取决于雷诺数和格拉斯霍夫数。层流状态下，流体流动相对平缓有序；当格拉斯霍夫数较大时，流动易转变为湍流，流体混合加剧，换热增强。

（3）边界层发展与换热系数：自然对流传热过程中，靠近加热或冷却表面会形成边界层，边界层内的流速和温度梯度较大，换热主要发生在边界层内。自然对流的对流换热系数通常低于强制对流，意味着单位面积上的换热量较少。

（4）温度分布与换热强度：自然对流的温度场分布不均匀，温度梯度随着离开加热或冷却表面的距离而逐渐减小。换热强度与温度差、流体物性、空间几何尺寸以及流体流动特性等因素密切相关。

（5）空间效应：大空间自然对流与有限空间自然对流的流动和换热特性有所不同。大空间自然对流如大气对流、开放式空间的热交换等，流动范围广，流态复杂；而有限空间自然对流如封闭容器内的热交换，受限于容器边界，容易形成特殊的流动模式和温度分布。

（6）实验关联式与数值模拟：自然对流传热的流动与换热特性可通过实验获取经验关联式，如努塞特数与雷诺数和格拉斯霍夫数之间的关系。同时，利用现代计算流体动力学工具，可以对自然对流现象进行详细的数值模拟，以获得更为精确的流动与换热信息。

10.5　混合对流传热

混合对流传热是指在传热过程中和强制对流和自然对流共同作用的现象。在实际工程和自然界中，流体的流动往往是两种对流机制的结合，即一部分流体的流动是由外加机械力（如风扇、泵等）强制驱动的，另一部分流体的流动则是由温度差异导致的密度变化引起的自然对流。

混合对流传热的特点在于其流动和传热过程的复杂性。在混合对流条件下，传热强度不仅取决于强制对流的流速、流体物性以及表面几何特性，还要考虑自然对流的影响，如流体的温度梯度、空间几何形状以及环境条件等。换热系数会受到强制对流和自然对流的共同作用影响，且难以直接套用单一的对流传热经验关联式进行计算，通常需要结合具体情况进行修正或采用专门的混合对流模型。

在实际应用中，混合对流传热广泛存在于各类换热器、建筑通风系统、电子设备冷却系统、环境热交换过程等场合，理解和优化混合对流传热对于提高系统效率、减少能耗具有重要意义。

参考文献

[1] 王秋旺. 传热学[M]. 西安：西安交通大学出版社, 2001.

[2] Incropera F P, DeWitt D P, Bergman T L, et al. Fundamentals of Heat and Mass Transfer[M].

8th ed. Hoboken: John Wiley & Sons, 2016.

[3] White F M. Viscous Fluid Flow[M]. 3rd ed. New York: McGraw-Hill, 2006.

[4] Incropera F P, DeWitt D P, Bergman T L, et al. Fundamentals of Heat and Mass Transfer[M]. 7th ed. Hoboken: John Wiley & Sons, 2007.

[5] Churchill S W, Chu H H S. Correlating equations for laminar and turbulent free-convection heat transfer from a horizontal cylinder[J]. International Journal of Heat and Mass Transfer, 1975, 18(9): 1049-1053.

第 11 章　相变对流传热

11.1　凝 结 传 热

11.1.1　凝结传热的形式

凝结传热[1]是指在热力学过程中，当蒸气或其他气体在其饱和温度以下与固体壁面接触时，蒸气迅速转变为液态，同时释放出大量潜热传递至壁面的传热现象。在这个过程中，蒸气的相态发生了变化，即从气态转化为液态，伴随着热量的显著转移。在工业应用中，凝结传热是一种极为有效的传热方式，广泛应用于制冷、空调、发电厂的蒸气轮机冷凝器、化工生产中的蒸馏塔和其他蒸气加热或冷却设备中。在实际的凝结过程中，根据蒸气与壁面之间的相互作用和润湿情况，凝结形态可以分为膜状凝结和珠状凝结，其中膜状凝结较为常见，珠状凝结虽然传热效率较高，但在自然条件下较难维持稳定存在。

膜状凝结[2]是凝结传热的一种重要形式，在这种传热过程中，饱和蒸气遇到温度低于其饱和温度的壁面时，会在壁面上形成一层连续且完全润湿壁面的液膜。随着蒸气不断与壁面接触并凝结为液体，液膜逐渐增厚，多余液体沿着壁面流淌下去。在膜状凝结过程中，热量传递的主要阻力在于液膜本身，即蒸气释放的汽化潜热需首先通过液膜才能传递到冷凝壁面。由于液膜的热阻作用，相较于珠状凝结，膜状凝结的传热效率较低。尽管如此，膜状凝结是许多工程实际应用中常见的凝结现象，如在许多热交换器和冷凝器中，由于材料的选择和表面处理，蒸气易于形成液膜并与壁面良好接触。

珠状凝结[3]是凝结传热的另一种重要形式，当饱和蒸气接触到温度低于其饱和温度且蒸气对壁面的润湿性较差时，蒸气不会在整个壁面上形成连续的液膜，而是以分散的小液珠形式出现。这些液珠独立存在于壁面上，彼此之间以及与壁面之间留有空气间隙，允许未凝结的蒸气直接与壁面接触并快速凝结成液珠。由于珠状凝结减少了液膜的热阻，蒸气能够更有效地将汽化潜热传递给壁面，因此珠状凝结相比膜状凝结具有更高的表面传热系数，即更强的换热能力。珠状凝结通常在特定的表面材料或处理条件下才会出现，它是强化凝结传热的一个理想状态，尤其是在设计高效换热器时备受关注。

膜状凝结与珠状凝结的异同点如下。

1. 相同点

（1）都是饱和蒸气在低于饱和温度的壁面上发生的凝结现象。

（2）都涉及热量从蒸气转移到壁面的过程，通过释放汽化潜热实现高效的传热。

2. 不同点

形态差异如下。

（1）膜状凝结：蒸气在壁面上形成连续且均匀的液膜，完全润湿壁面。

（2）珠状凝结：蒸气在壁面上形成离散的小液珠，不形成连续的液膜，液珠间有明显的间隙。

润湿性如下。

（1）膜状凝结表明凝结液对壁面具有良好的润湿性，能够平铺并紧密接触壁面。

（2）珠状凝结则说明凝结液对壁面的润湿性较差，液滴不易扩散并在壁面上形成孤立的液珠。

热量传递效率如下。

（1）膜状凝结：由于液膜的存在，热量必须通过液膜传导至壁面，增加了热阻，故传热效率相对较低。

（2）珠状凝结：蒸气与壁面直接接触的机会较多，液珠与壁面之间的接触面积较小，减少了液膜热阻，所以珠状凝结的传热效率较高。

膜状凝结的优点在于其稳定性和普遍性，能在大多数换热表面上形成，并持续不断地通过液膜向壁面传递热量。然而，它的缺点主要体现在传热效率上，由于液膜内部的导热系数相对较低，形成了较大的热阻，整体的传热性能相对不高。

相比之下，珠状凝结的优点突出表现在传热效率上，由于凝结液以液珠的形式分布在壁面上，减少了液膜厚度，蒸气能够更直接地与壁面接触，从而大大提升了换热速度。但是，珠状凝结的缺点在于其实现条件较为苛刻，通常需要特殊的表面处理或特定的材料属性，以促使蒸气无法在壁面上形成连续液膜，而在实际工程应用中，长时间维持稳定的珠状凝结状态比较困难，且容易受到蒸气质量、流速及壁面状况等多种因素影响。此外，珠状凝结的不稳定性和难以控制性也使其在设计和操作上面临挑战。

11.1.2　主要传热热阻

在凝结传热过程中，主要的传热热阻通常集中在液膜区域。具体如下。

对于膜状凝结，主要的热阻位于蒸气与壁面之间形成的液膜中。这是因为蒸气在冷壁面凝结成液态后形成一层液膜，而这层液膜的导热系数远小于蒸气和固体壁面的导热系数，所以热量从液膜内部向壁面传递的速度受限，液膜热阻成为决定传热效率的关键因素。

对于珠状凝结，由于液滴直接与壁面接触，中间没有连续的液膜，所以液膜热阻显著减小甚至可以忽略不计。珠状凝结时的热阻主要来源于液滴与壁面间的接触热阻以及液滴本身的热扩散过程，但由于液滴能够更快地脱离壁面，传热效率大大提高。

在凝结传热过程中，膜状凝结的主要传热热阻是液膜热阻，而珠状凝结虽然传热效率更高，其热阻主要与液滴形成、蒸发和脱落的过程有关，但总体上，珠状凝结的热阻要小得多。在实际应用中，提高传热效率常常致力于减小膜状凝结的液膜热阻或者通过特殊表面处理手段诱导珠状凝结的发生。

11.1.3　膜状凝结换热的规律

膜状凝结换热是一种高效的传热方式，其效率受到多个关键因素的影响。

（1）蒸气流速：蒸气流速的高低直接影响液膜的更新速度和厚度。适当的蒸气流速能够帮助带走已凝结的液膜，减少热阻，但如果流速过高，可能会导致液膜破裂，失去连续性，从而减弱传热效果。

（2）蒸气中不凝结气体的存在：不凝结气体如空气若混杂在蒸气中，会在靠近壁面处积聚，形成气体层，增加额外的传热阻力。这些气体不能凝结，会阻碍蒸气与壁面的有效接触，从而显著降低凝结换热系数。

（3）冷却壁面状况：壁面的粗糙度、清洁度、湿润特性和热传导性能均会影响凝结传热效率。光滑、清洁的壁面有利于蒸气凝结，而粗糙或污染的壁面会增加液膜的厚度，导致传热性能下降。

（4）管束排列方式：在多管程换热器中，管束的排列方式会影响蒸气流动路径和局部蒸气流速分布，进而影响整个换热器内的凝结传热效果。

（5）液膜特性：液膜的厚度、流动状态（层流或湍流）、物性参数（如密度、黏度、导热系数等）也是影响凝结传热的重要因素。

膜状凝结换热的强化旨在提高饱和蒸气在冷壁面上凝结成液态时的传热效率，减少由液膜产生的热阻。为了实现这一点，可以从以下几个方面入手。

（1）表面改性：通过制造具有特殊微观结构的表面，如微槽、微柱、纳米结构等，可以促进液膜破裂和液滴滑落，加速液膜更新，从而降低热阻，强化传热。

（2）提高蒸气流速：适当提高蒸气流速有助于冲刷掉已经凝结的液膜，减少液膜厚度，但也应注意避免过度流速引发的湍流和冲击损失。

（3）减少不凝结气体含量：严格控制系统密封性，减少不凝结气体如空气的混入，确保蒸气与壁面充分接触，降低热阻。

（4）利用相变动力学：合理设计换热器结构，使蒸气在流动过程中多次经历闪蒸和再凝结过程，借助相变潜热进一步强化传热。

（5）优化换热器设计：采用螺旋线圈、波纹管等特殊结构，增加传热面积，改善流体流动特性，提高凝结换热性能。

通过上述措施，可以有效强化膜状凝结换热过程，实现节能减排、提高设备运行效率的目标。

11.1.4 珠状凝结换热的规律

珠状凝结换热是一种高效传热方式，其性能受到多个重要因素的影响。

（1）表面润湿性：珠状凝结倾向于在低表面能、弱润湿性的壁面上发生，这样的表面会使蒸气直接在固壁上凝结成液滴，而非形成连续液膜。选择或处理材料以达到憎水性，是促进珠状凝结的关键。

（2）表面粗糙度：表面粗糙度对珠状凝结也有重要影响，粗糙表面有助于液滴形成并更容易滚动脱离，减少滞留时间和传热热阻。

（3）蒸气质量：蒸气中不凝结气体的含量会干扰珠状凝结过程，过多的不凝结气体阻止蒸气直接接触壁面，降低珠状凝结的效率。

（4）蒸气速度和压力：适宜的蒸气流速可以帮助液滴形成和脱落，过高的流速可能导致液滴被吹走，而过低则不足以清除先前凝结的液滴；蒸气的压力与饱和温度直接相关，影响蒸气的凝结倾向。

（5）温度梯度：足够的壁面温度梯度可以保证凝结过程的持续进行，而且高温侧的热流密度越大，珠状凝结的强度和速率也可能越高。

要强化珠状凝结换热，主要应关注以下几个方面的优化。

（1）表面处理：通过表面改性技术，如应用疏水涂层或制造微纳结构表面，以降低润湿性，促使蒸气直接在壁面上形成孤立的液珠，减小热阻，加快液珠滚落，强化传热。

（2）流动条件：控制适当的蒸气流速和流动模式，既可防止液珠过大而不易脱落，又能及时补充新的蒸气分子，保持高效的凝结传热状态。

（3）热边界条件：维持壁面与蒸气之间足够大的温差，确保蒸气持续凝结，同时尽量减少壁面附近区域的温度梯度不均匀性，提高传热均匀性。

（4）减少不凝结气体：严格控制系统密封性，减少不凝结气体如空气的掺杂，以保证蒸气能充分接触壁面进行有效凝结。

（5）创新结构设计：研发新型的换热器结构，如采用倾斜或波纹状表面，以便更好地引导液珠运动，缩短液珠滞留时间，从而提升珠状凝结的传热性能。

总之，珠状凝结换热的强化依赖于精细调控表面性质、流体动力学环境以及传热边界条件，结合先进材料和结构设计技术，最终达到大幅度提升传热效率的目的。

11.2 沸腾传热

11.2.1 沸腾传热的形式

沸腾传热是一种特殊的对流传热方式，指的是热量通过固体壁面传递给与之接触的液体，当液体吸收热量达到其饱和温度时，液体开始在壁面上产生气泡并不断汽化的过程。在这一过程中，热量不仅通过液体本身的对流传递，还伴随汽化潜热的吸收，从而实现高效的热量传递。沸腾传热根据液体所处的空间位置和流动状态，主要分为两大类形式：池内沸腾和管内沸腾。

池内沸腾[4]又称大容器沸腾，是一种常见的沸腾现象，它发生在液体位于一个相对较大且开放的加热表面上，如容器底部或侧壁。在这种情况下，液体由于受到持续加热，当其温度达到并超过相应环境压力下的饱和温度时，会在加热表面产生大量气泡。这些气泡从加热表面形成、长大，并在浮力作用下上升至液体上方空间，此过程中气泡的生成和破裂会强烈搅动液体，从而促进液体与蒸气之间的热量传递。液体沸腾时，其温度通常维持在一个恒定值，即沸点（对应特定压力下液体的饱和温度）。沸腾传热效率高，取决于加热面材料性质、表面粗糙度、液体性质以及系统的热负荷等因素。池内沸腾过程中，传热机制涉及两种主要方式：一是气泡脱离时带走的能量，二是沸腾过程中产生的自然对流。在实际工程应用中，池内沸腾广泛应用于各种加热和冷却系统，如锅炉、蒸发器、化工反应釜等。

管内沸腾是指液体在细长管道内部受热条件下发生的一种特殊沸腾现象，属于强制对流沸腾范畴。当液体在管道中流动并被加热到一定程度时，若热流密度足够高，会导致液体在其与管壁接触的界面上开始产生气泡，进而发展成连续的汽液两相流。管内沸腾液体的流动由外部泵或其他动力源驱动，与大容器沸腾中的自然对流不同，呈现出强烈的强制对流特性。换热强度不仅取决于加热面的温度和液体的沸点，还直接与热流密度、流体速度和压力梯度相关。管内沸腾过程中，气泡在管内生成、成长和脱离的过程伴随着复杂的两相流动现象，这会对传热效率和流动阻力产生显著影响，导致换热系数随着热流密度变化而出现复杂非线性行为，如可能出现不稳定沸腾区域，即“干涸”或“闪蒸”现象。相对于池内沸腾，管内沸腾的研究和应用更为复杂，常见于核反应堆冷却系统、空调制冷设备、热交换器和其他工业过程中的传热系统设计中。

池内沸腾和管内沸腾各有其适用场景和优缺点。

池内沸腾优点如下。

（1）结构相对简单，适合于大型、静态的加热容器，便于观察和初步研究沸腾现象。

（2）在稳定的沸腾状态下，传热性能相对稳定，易于控制。

缺点如下。

（1）单位体积或单位面积的传热强度受限，换热效率相对较低，不适合高热流密度的场合。

（2）自然对流为主，沸腾传热受到沸腾核心位置和气泡脱离速率的影响，传热性能受环境条件制约较大，不易精准控制。

（3）易出现热应力集中和热冲击，需要谨慎处理干涸和热流密度上限问题。

管内沸腾优点如下。

（1）结合强制对流和沸腾，能够在较小的设备体积内实现高效的热量传递，特别适用于紧凑型热交换器设计。

（2）可通过调整流速和压力等因素灵活控制传热性能，适应范围广。

缺点如下。

（1）传热过程复杂，沸腾模式多样，如泡状沸腾、弹状沸腾、膜状沸腾等，对流体力学和传热学研究要求较高。

（2）容易出现不稳定沸腾现象，如干涸、闪蒸等，可能导致传热性能突然下降，对系统的安全性要求严苛。

（3）设计和维护相对复杂，需精确控制流体流动和传热参数，以避免传热恶化和设备损坏。

此外，根据流动条件的不同，沸腾传热还可以进一步细分，具体如下。

（1）强制对流沸腾：流体流动是由外部驱动（如泵）而非仅由自然对流引起。

（2）被动式微尺度沸腾：在微小通道或微结构表面，由于几何尺寸效应，沸腾行为和传热机制有所不同。

沸腾传热的研究与应用对于优化各种工业设备的设计，如蒸发器、冷凝器、核反应堆冷却系统、热交换器等至关重要。

11.2.2　沸腾传热的规律

沸腾传热是指液体受热至其饱和温度并在加热表面上形成蒸气，从而实现热量传递的过程。影响沸腾传热的主要因素包括如下几个方面。

（1）热力学条件：操作压力和温度决定了液体的饱和状态，进而影响汽化点和汽化速率；过热度（液体的实际温度与其饱和温度之差）越大，气泡生成速率越快，传热效率越高。

（2）液体特性：液体的物理性质，如表面张力、密度、热导率、汽化热，以及其中溶解的不凝性气体含量等均会影响沸腾过程。例如，溶解气体的存在可能在初期促进气泡成核，但在后期可能会阻碍传热。

（3）加热表面特征：加热表面的粗糙度、形状、清洁度、润湿性等都对沸腾传热有着显著影响。粗糙表面有利于汽化核心的形成，从而增强传热效果。

（4）流动状态：流体流速可以改变沸腾模式，加速气泡脱离，改善传热性能；液位高度也会影响沸腾形态和传热效率。

（5）重力效应：在地球重力环境下，重力影响着沸腾过程中气泡的运动和聚集，而在微重力条件下，沸腾行为会发生显著变化。

（6）热流密度：若热流密度过大，可能会导致加热表面出现干涸现象，影响传热并可能引发局部过热。

通过调整以上各种因素，可以优化沸腾传热过程，强化传热效果，并在工程应用中通过改进设计和采用特殊技术（如表面处理、微尺度结构设计、流场控制等）进一步提高沸腾传热效率。

11.2.3　强化池内沸腾

池内沸腾过程一般可以细分为四个主要阶段。

（1）自然对流阶段：在此阶段，加热面上的温度逐渐升高，当达到液体饱和温度时开始有少量蒸气生成。这一阶段主要是由于加热面与周围液体间的温差引起的自然对流作用导致热量传递，液体内形成的微小气泡数量较少且不稳定，上升速度较慢。

（2）核态沸腾阶段：当加热面温度继续升高并超过一定的过热度时，大量的蒸气核开始在加热表面上形成，并迅速生长成为气泡。这个阶段的沸腾非常剧烈，每个气泡在其产生的瞬间就能快速脱离加热表面，进入液体主体并向上移动，从而显著提高传热速率。

（3）过渡沸腾阶段：过渡沸腾阶段也称为不稳定膜态沸腾阶段，这时沸腾特性随热流密度的增加变得不连续和不稳定。随着加热强度增大，气泡生成更加频繁且相互影响，沸腾传热机制由单个气泡的生成转变为连续的汽膜形成，传热性能在此阶段波动很大。

（4）膜态沸腾阶段（或称稳态膜态沸腾阶段）：当热流密度进一步增加时，会进入一个相对稳定的沸腾状态，即膜态沸腾阶段。在这个阶段，加热面上形成了一个连续的蒸气膜，它有效地隔离了液体与加热面，降低了热阻，使得热量通过蒸气膜快速传递。这种情况下，传热效率较高且趋于稳定。

强化池沸腾是指通过改进换热表面特性、优化流体流动条件和调整热源结构等手段，提高池沸腾（pool boiling）这一传热过程的效率。池沸腾是指液体在大面积开放容器底部加热时，液体吸收热量后在其表面产生大量气泡，这些气泡不断生成、长大并脱离表面，带走大量热量，实现高效传热的现象。

强化池沸腾的具体措施包括但不限于以下几个方面。

（1）表面改性：通过机械加工或化学处理，如制备微/纳米结构表面、添加亲水/疏水涂层等，改变液体在加热表面的润湿性、附着行为和气泡生成与脱离特性，从而提高沸腾传热效率。

（2）增加加热表面粗糙度：粗糙表面有助于气泡的生成和脱离，减少气泡形成后的滞留时间，从而提高沸腾传热系数。

（3）流场控制：改变流体的流动状态，如引入外部搅拌、设计特殊的流道结构等，以增强流体混合，减少热边界层厚度，促进热量快速传输。

（4）热源优化：改进热源的设计，如采用微电子技术制作的微尺度热源阵列，可以增加单位面积上的气泡生成中心数量，有效提升沸腾传热性能。

（5）两相流动力学研究：深入理解气泡生长、脱离的动力学过程，以及气液界面的热质传递规律，从而指导开发新的强化沸腾技术。

通过以上方法，可以在相同的功率输入下获得更高的热量传递速率，或者在相同传热量的要求下降低所需的输入功率，这对于能源节约、热管理系统的设计等方面具有重要意义。

11.2.4 强化流动沸腾

流动沸腾大致可以分为以下几个特点及阶段。

（1）预热阶段：流体在进入沸腾区域前先被加热至接近饱和温度。

（2）起始沸腾阶段：随着流体温度进一步升高，在壁面上开始出现局部的核沸腾现象，此时流动和沸腾交互作用，沸腾区段的传热系数显著增强。

（3）发展沸腾阶段：随着流速和热流密度增加，沸腾现象变得更加活跃，连续的蒸气层或汽膜会在加热面上形成，同时破裂的气泡会被流动带走，新的气泡不断生成，实现高效传热。

（4）极限热流阶段：当热流密度达到一定程度后，可能会遇到“临界热流通量”（critical heat flux，CHF），此时即使再增加加热功率，也无法进一步提高传热效率，因为蒸气生成速率过大导致的气泡堵塞效应阻止了有效传热，若处理不当，容易引发设备失效或安全事故。

流动沸腾的研究对于核电站冷却系统、化工过程中的换热器设计以及航天器热管理系统等领域具有重要意义。通过对流动沸腾现象的深入理解和精确控制，可以优化系统设计，确保安全高效的热能传输。

强化池沸腾的手段主要包括以下几个方面。

（1）表面改性：通过改变加热表面的物理和化学性质来改善沸腾性能。例如，制造微纳结构表面（如微沟槽、微支柱、纳米粒子涂覆等），可以增加气泡脱离的活性位点，减少气泡黏附，加速气泡生成和脱离，从而提高沸腾传热效率。

（2）流场控制：通过设计合理的流道结构和控制流体流动速度，优化流体在沸腾表面的分布，减小热边界层厚度，增加有效传热面积，从而提高沸腾传热性能。

（3）物理激励：通过声波、电磁场等方式对沸腾过程进行物理激励，打破原有沸腾模式，促进气泡的生成和脱离，增强传热效果。

（4）化学添加剂：向沸腾液体中添加适量的表面活性剂或其他化学物质，可以改变液-气界面的性质，影响气泡的生成和成长过程，从而强化沸腾传热。

（5）复合沸腾：结合自然对流沸腾和强制对流沸腾的优势，设计复合沸腾模式，如在加热面上方施加一定的压力脉动或流动，促进气泡的生成和脱离。

（6）多孔介质和微通道：利用多孔介质或多孔结构以及微小通道进行沸腾，可以极大增加沸腾传热面积，并且由于通道狭窄，气泡更容易生成和脱离，从而显著提高传热效率。

以上各类方法常结合使用，以求在特定应用条件下最大程度地提高池沸腾的传热效果。

参 考 文 献

[1] Faghri A, Zhang Y. Transport Phenomena in Multiphase Systems[M]. New York: CRC Press, 2006.

[2] El-Genk M S, Juhasz A J. Analysis of film condensation on the outside of a tube in laminar flow with variable wall temperature[J]. International Journal of Heat and Mass Transfer, 1981, 24(2): 251-259.

[3] Rohsenow W M, Hartnett J P, Cho Y I. Handbook of Heat Transfer[M]. New York: McGraw-Hill, 1998.

[4] Carey V P. Liquid-Vapor Phase-Change Phenomena: An Introduction to the Thermophysics of Vaporization and Condensation Processes in Heat Transfer Equipment[M]. Oxfordshire: Taylor & Francis Group, 1992.

第12章　热电制冷

热电致冷的核心原理是热电效应，热电效应可以将温度差转换为电压。受热物体中的电子或者离子沿着温度梯度从温度高的区域移动到温度低的区域，会伴随电流现象的产生。热电效应存在逆现象，在热电能量转换特性的材料上施加直流电时，该材料将会表现出致冷效果，称为热电冷却。热电效应的研究以及相关应用起源于19世纪的两个实验。

1821年德国物理学家塞贝克（Seebeck）在实验中发现，两种不同的导体组成一个闭合回路，其接点处存在温度差时，闭合回路会产生电流，这种现象称为塞贝克效应。1834年法国科学家佩尔捷（Peltier）在实验中发现了塞贝克效应的逆现象，他将两种不同导电材料组成一个闭合回路，在回路中施加直流电时，两种材料的接点存在吸热或放热现象，这种现象称为佩尔捷效应。塞贝克效应和佩尔捷效应搭建起联系热学和电子科学的桥梁，奠定了热电效应的研究基础。

热电冷却具有优于其他方式的特点：无噪声运行、无运动部件、安全可靠性高。热电冷却装置可以通过改变电流大小来调整制冷量，而且运行与重力加速度无关，适用于航空航天等领域。在电子设备冷却方面，热电制冷元件可根据热源散热量和几何尺寸的大小任意组合成不同的制冷模块，既可以采用热电模块与热源结合进行局部冷却[1]，又可以采用热电薄膜与电子芯片集成，进行点对点的主动冷却，消除热点[2]。

本章将介绍热电效应的关键原理、基于佩尔捷效应的热电冷却技术、热电冷却结构的设计，以及热电材料的相关研究。

12.1　热电制冷原理

12.1.1　塞贝克效应

回路中产生的电流称为温差电流，该闭合回路构成一个温差电偶，产生的电动势称为温差电动势。

图12.1为导体的塞贝克效应原理，A和B的接头为1和2，对应的温度分别为T_0、T_1（$T_0 < T_1$），在闭合回路中产生温差电动势E_{ab}，则可表示为

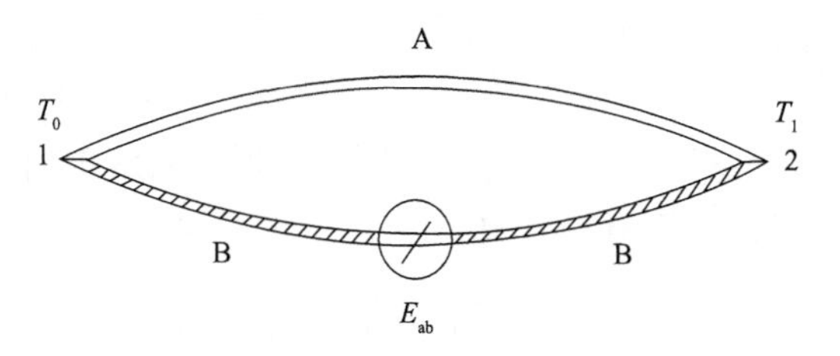

图 12.1 塞贝克效应原理图

$$E_{ab} = \left(\overline{\alpha_a} - \overline{\alpha_b}\right)\left(T_1 - T_0\right) \tag{12.1}$$

其中，

$$\overline{\alpha_a} = \frac{1}{T_1 - T_0}\int_{T_0}^{T_1} \alpha_a\left(T\right)\mathrm{d}T \tag{12.2}$$

$$\overline{\alpha_b} = \frac{1}{T_1 - T_0}\int_{T_0}^{T_1} \alpha_b\left(T\right)\mathrm{d}T \tag{12.3}$$

式中，$\alpha_a(T)$、$\alpha_b(T)$为材料 A 和 B 相对于某种标准材料的温差电动势率（V/K）；$\overline{\alpha_a}$、$\overline{\alpha_b}$为对应为温差电偶 A 和 B 的电动势率$\alpha_a(T)$和$\alpha_b(T)$的平均值（V/K）；T_0、T_1为冷、热接触点的热力学温度（K）。

由此可知，式（12.1）可以表示为

$$E_{ab} = \alpha_{ab}\left(T_1 - T_0\right) \tag{12.4}$$

其中，$\alpha_{ab} = \overline{\alpha_a} - \overline{\alpha_b}$，为材料 A 和 B 的相对塞贝克系数（V/K）。

当冷端和热端接触点温差$T_1 - T_0$趋近于 0 时，材料 A 和材料 B 构成电偶的温差电动势可表示为

$$a_{ab} = \frac{\mathrm{d}E_{ab}}{\mathrm{d}T} = \left(\frac{\mathrm{d}E}{\mathrm{d}T}\right)_a = \left(\frac{\mathrm{d}E}{\mathrm{d}T}\right)_b \tag{12.5}$$

实际上，对于任何一对半导体的相对塞贝克系数，都可以表示为绝对塞贝克系数之差：

$$a_{ab} = \alpha_a - \alpha_b \tag{12.6}$$

由此式可知，当α_a为正、α_b为负时，由 A、B 两种材料制成的温差电偶的塞贝克系数α_{ab}大于 0。

12.1.2　佩尔捷效应

由两种不同导电材料构成的回路，当回路中通有直流电时，两接点存在吸热或放热现象，这种现象称为佩尔捷效应。

$$Q_{\mathrm{P}} = \pi_{\mathrm{ab}} I \tag{12.7}$$

其中，Q_{P} 为佩尔捷热（W）；π_{ab} 为佩尔捷系数（V）；I 为电流强度（A）。

佩尔捷系数 π_{ab} 为正值时，表示吸热；反之则为放热。由于二者是可逆的，所以 $\pi_{\mathrm{ab}} = -\pi_{\mathrm{ba}}$。

塞贝克系数与佩尔捷系数之间的关系：

$$\pi = \alpha T \tag{12.8}$$

其中，T 为热力学温度。将式（12.7）结合式（12.8），两种材料的接触点上单位时间内吸收的热量或者放出的热量为

$$Q_{\mathrm{P}} = \alpha_{\mathrm{ab}} I T \tag{12.9}$$

佩尔捷效应应用范围广泛。尤其对于热电致冷技术主要应用的半导体热电偶，佩尔捷效应特别显著。当施加的电流方向为从 P 型半导体材料指向 N 型半导体材料时，两种材料的接触点处的温度上升，并伴随着热量的散发；反之，接触点处温度下降，并伴随着热量的吸收。半导体材料中有两种导电机制，因此半导体材料中的佩尔捷效应不能仅用接触点的电势差来解释，否则理想结论将和上述事实违背。

12.1.3　汤姆孙效应

当导体中的温度梯度建立后，若此时施加电流，电流会破坏导体内的温度梯度，为了维持已建立的温度梯度分布，导体将放出或者吸收热量，这种现象称为汤姆孙效应。

汤姆孙效应表明，在导体中不仅会产生经过电阻的焦耳热，还会有因汤姆孙效应吸收或放出的热量，这种热量称为汤姆孙热。单位长度吸收或放出的热量与电流和温度梯度的乘积成比例：

$$Q_{\mathrm{T}} = \tau I \frac{\mathrm{d}T}{\mathrm{d}x} \tag{12.10}$$

其中，Q_{T} 为每单位长度导体的吸热（放热）率，也称汤姆孙热（W）；τ 为比例系数常数，称为汤姆孙系数（V/K）；I 为通过导体的电流（A）；$\frac{\mathrm{d}T}{\mathrm{d}x}$ 为温

度梯度（K/m）。

判定汤姆孙系数正负取决于电流的流向与热量吸收或释放的关系，当电流从温度高的一端流向温度低的一端，如果导体释放出热量，则汤姆孙系数为正；反之，如果电路吸收热量，则汤姆孙系数为负。

通过以上的描述，可以看出汤姆孙效应与塞贝克效应和佩尔捷效应的区别，塞贝克效应和佩尔捷效应存在于由两种不同导体构成的回路，而汤姆孙效应则是单独一种均匀导体中的热电转换现象。温差与冷端温度的比值较大时，汤姆孙效应占主要地位。一般情况下，汤姆孙效应的热交换是二级效应，在电路的热分析中处于次要地位，可忽略不计。

12.1.4 焦耳效应

焦耳效应与导体电阻相关，指的是稳定电流经过导体电阻时产生的热量，称为焦耳热。单位时间的焦耳热等于导体电阻和电流平方的乘积。

$$Q_{\mathrm{J}} = I^2 R = I^2 \frac{\rho l}{S} \tag{12.11}$$

其中，Q_{J}为由焦耳效应产生的热量，简称焦耳热（W）；I为通过导体的电流（A）；R为导体的电阻（Ω）；ρ为导体的电阻率（Ω·m）；l为导体长度（m）；S为导体截面积（m^2）。

12.1.5 傅里叶效应

单位时间内经过均匀介质沿某一方向传导的热量与垂直这个方向的面积和该方向温度梯度的乘积成正比：

$$Q_{\mathrm{F}} = \frac{\kappa S}{l}\left(T_{\mathrm{h}} - T_{\mathrm{c}}\right) = K\Delta T \tag{12.12}$$

其中，κ为导体的热导率（$\frac{\mathrm{W}}{\mathrm{m}\cdot\mathrm{K}}$）；$K$为热电单元臂的总热导（$\frac{\mathrm{W}}{\mathrm{K}}$）；$T_{\mathrm{h}}$为热端热力学温度（K）；$T_{\mathrm{c}}$为冷端热力学温度（K）。

12.2 热电冷却结构设计

完整的热电冷却器件由热电堆、工作端热负载和散热系统构成。每个部件都是独立工作部件，当组装成完整器件时，则相互影响。热电堆是热电制冷器的核心部件，其材料和构造对制冷器的整体性能起到至关重要的作用，而热电堆又有单级和多级之分。

12.2.1　热电堆

热电堆包含多个热电单元，这些热电单元按照设计的结构排列，形成电路串联、热路并联的制冷器件。热电单元由一个 P 型半导体电偶臂和一个 N 型半导体电偶臂组成，这两个电偶臂通过导流片焊接连接，导流片在其中起到导电和连接的作用，结构组成见图 12.2。

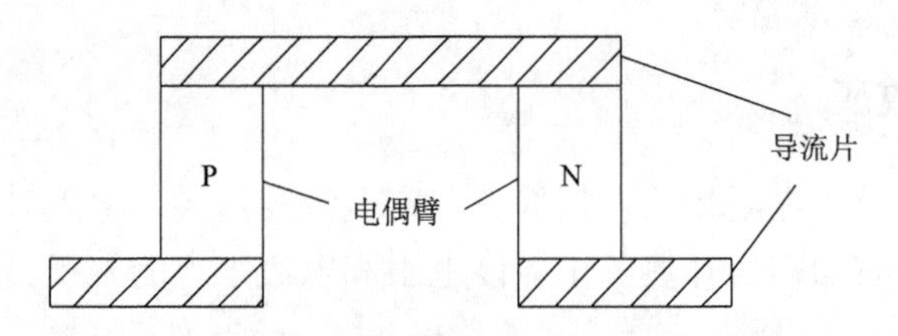

图 12.2　热电单元结构示意图

电偶臂通常采用圆形或正方形截面，在某些特殊场合下也采用长方形或环形截面。半导体电偶臂与导流片一般会以互相垂直的方式连接，有时为了缩短导流片之间的距离，电偶臂会和导流片以某个夹角连接，减少热电堆的厚度，也可增加电偶臂的长度。

在一个热电堆中，只有一个冷、热端面，且温度相同，这样组成的器件成为单级热电冷却器。图 12.3 所示为单级热电堆，各热电单元在电路中互相串联，由外部引线接外部电源。与电偶臂相连的导流片，通常采用铜片，在减少电阻的同时，也降低热阻。在电偶臂与导流片连接处焊有焊层，起固定、连接、导电和导热作用；焊层与电偶臂中间还有过渡层，起过渡作用，减少因热胀冷缩产生的机械应力。热电堆冷、热端面的陶瓷片经过金属化处理后与导流片熔合在一起构成整个热电器件的外表面。当外接导线接通直流电源后，热电堆的一个侧面将会吸收热量，而另一个侧面将会释放热量，这是热电制冷器的工作原理。

若多个热电堆以上一级热端是下一级的冷端的形式连接，这种结构称为多级热电堆。从电路上看，如果一级热电堆与另一级热电堆之间没有隔离层，以电学并联的形式级联，则称为级间并联结构；如果一级热电堆与另一级热电堆之间由绝缘层隔开，以电学串联的形式级联，则称为级间串联结构。各种不同的电路形式中，电偶臂的截面积往往是不相等的，其尺寸由级与级之间的制冷量分配所决定。

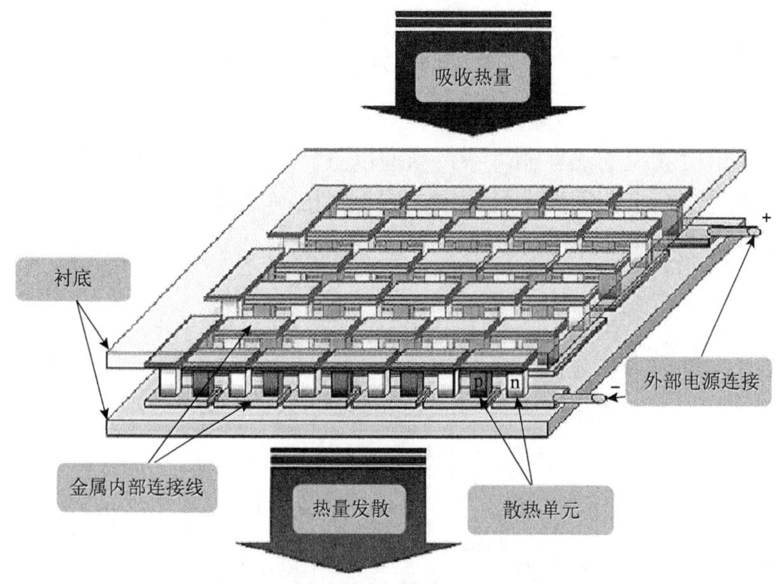

图 12.3 单级热电堆结构示意图

12.2.2 散热系统

热电冷却器作为能量转换和输运“引擎”，散热系统则是系统热量的终端释放系统。若不采取适当的散热措施，积聚在器件热端的热量将会通过器件内部的热传导回到冷端，从而降低器件的制冷效率。常用的热电制冷器有六种：①自然对流散热；②强制对流散热；③液体散热；④相变散热；⑤冷板辐射散热；⑥热管散热。

散热器作为无源器件，其作用是将从热电冷却器冷端抽取到热端的热量输送到周围环境中去，因此必须采用高热导率的材质（铝和铜等）制作。为了扩大散热器与环境介质的热交换面积，通常将散热器加工成肋片或针状翅片。散热器与热电制冷器之间的连接，以及冷却器与热负载之间的连接，对冷却器性能的影响甚大。在连接时，须保证各热接触面具有良好的接触，因此要求冷却器与各接触面具有良好的平整度。散热器与冷却器之间的连接方式通常有三种：①机械夹紧固定；②树脂胶黏结；③焊接。机械夹紧固定便于拆装，但是对冷却器与散热器的连接面平整度要求较高。在实际加工过程中，不可能完全保证冷却器与散热器的表面完全平整，在安装过程中，需要在冷却器和散热器的接触面上添加一层导热硅脂，避免因接触不良产生过高的热阻。对于小功率情况，可采用树脂胶黏结，但导热性能相对较差，且不能用于真空环境中。连接方式最好的则是焊接，但须选用熔点温度低于制冷器温差电偶组装焊接温度的低温焊料，而且尽可能具有较高的热导率。

12.3　热电冷却器的热力学分析

基于佩尔捷效应的热电制冷器，当通以直流电时，将热量从冷端面抽取到热端面，再通过散热系统散发至环境中。假设热电制冷器工作环境条件为冷端温度 T_c 和热端温度 T_h，其热流模型如图 12.4 所示。

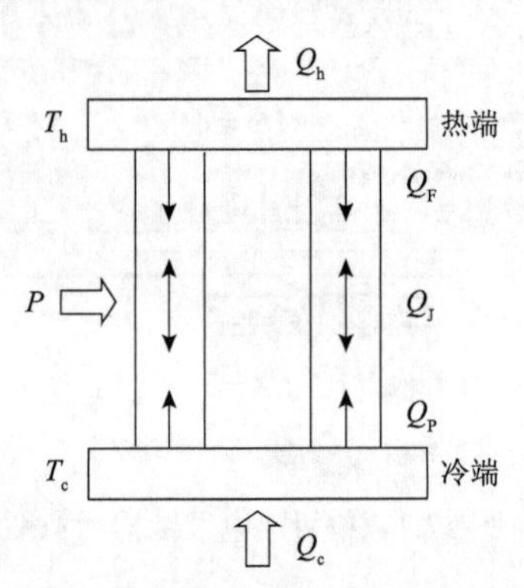

图 12.4　热电制冷器热电单元热流模型

当通有直流电时，在忽略汤姆孙热的情况下，制冷器产生佩尔捷热、焦耳热以及由于冷热端存在温差而导致的傅里叶热，其中，产生的焦耳热在数值上一半向冷端传递，一半向热端传递（实际上并非刚好对半传递，而是积分运算所致）。热端产生的佩尔捷热从热端面散发出去，冷端产生的佩尔捷热被冷端面吸收。

（1）冷端面。吸收的佩尔捷热等于从外界介质吸收的热量和通过电偶臂传输的热量的总和：

$$Q_C + \frac{1}{2}Q_Z + Q_F = Q_P \tag{12.13}$$

（2）热端面。热端产生的佩尔捷热等于散发总热量与沿电偶臂传出的傅里叶热之和再减去沿电偶臂传入的焦耳热：

$$Q_h + Q_F - \frac{1}{2}Q_J = Q_P \tag{12.14}$$

（3）系统能量守恒：

$$Q_C + P = Q_h \tag{12.15}$$

将式（12.13）和式（12.14）移项变换，再将各量代入得制冷量和制热量。

制冷量：

$$Q_{\mathrm{C}} = \alpha I T_{\mathrm{C}} - 0.5 I^2 R - K\Delta T \tag{12.16}$$

制热量：

$$Q_{\mathrm{n}} = \alpha I T_{\mathrm{h}} + 0.5 I^2 R - K\Delta T \tag{12.17}$$

由于存在塞贝克电动势，因此热电制冷器的耗功率为

$$P = \alpha I \left(T_{\mathrm{h}} - T_{\mathrm{C}}\right) + UI = \alpha I \Delta T + I^2 R \tag{12.18}$$

制冷系数是描述制冷器运行性能的重要指标之一，和机械压缩式制冷循环相似，热电制冷器制冷系数同样表示单位功耗所获得的制冷量，其表达式为

$$\varepsilon = \frac{Q_{\mathrm{C}}}{P} = \frac{\alpha I T_{\mathrm{C}} - 0.5 I^2 R - K\Delta T}{\alpha I \Delta T + I^2 R} \tag{12.19}$$

以上各式中：Q_{C} 为冷却器从环境中吸收的热量，即制冷量（W）；Q_{h} 为制热量（W）；Q_{F} 为傅里叶热（W）；Q_{J} 为焦耳热（W）；Q_{P} 为佩尔捷热（W）；P 为输入功率（W）；α 为单个电偶对塞贝克系数（$\frac{\mathrm{V}}{\mathrm{K}}$）；$R$ 为单个电偶对电阻值（Ω）；K 为单个电偶对总热导（$\frac{\mathrm{W}}{\mathrm{K}}$）；$T_{\mathrm{h}}$ 为热端温度（K）；T_{C} 为冷端温度（K）；ΔT 为冷热端温差（K）。

12.4 热电制冷的工作状况分析

热电制冷器应根据不同的需要，选择在不同的工作状况下运行。所有的热电制冷器都有两种工作状态：最大制冷效率状态和最大产冷量状态。两者所获得的效果不同：最大制冷效率状态工作状况是为了获得较好的经济效益，将电能最有效地转化为“冷量”；最大制冷量工作状态是为了获得最大的冷量，并非效率优先。

12.4.1 热电优值

在给定条件下工作的热电制冷器，其最大致冷效率和最大制冷量取决于热电材料的优值系数。也就是说，热电材料的优值系数决定了热电制冷器的热电转换能力和转换效率。优值系数越大，制冷性能越好。热电材料的优值系数的影响因素包括材料的电学特性和热学特性，热电单元优值系数 Z 取决于构成该单元的两个电偶臂材料的优值系数，其表达形式为

$$\sqrt{Z}=\frac{\alpha_1+\alpha_2}{\frac{\alpha_1}{\sqrt{Z_1}}+\frac{\alpha_2}{\sqrt{Z_2}}} \tag{12.20}$$

其中，$Z_1=\frac{\alpha_1}{\rho_1\kappa_1}$，$Z_2=\frac{\alpha_2}{\rho_2\kappa_2}$，分别为两臂的优值系数。

若热电单元两臂具有相同的热导率、电导率，以及大小相等、符号相反的塞贝克系数，且电偶臂几何尺寸相同，则优值系数可表示为

$$Z=\frac{\alpha^2\sigma}{\kappa}=\frac{\alpha^2}{\rho\kappa} \tag{12.21}$$

其中，α 为塞贝克系数（V/K）；σ 为电导率（$\Omega^{-1}m^{-1}$）；ρ 为电阻率（$\Omega\cdot m$）；κ 为热导率（$W\cdot m^{-1}\cdot K^{-1}$）。

通常，采用无量纲热电优值系数 ZT 来描述热电材料的热电特性，其表达式为

$$ZT=\frac{\alpha^2\sigma}{\kappa}T=\frac{\alpha^2 T}{\rho\kappa} \tag{12.22}$$

其中，T 为热力学温度，其他符号意义同上。

若要使优值系数 ZT 增大，则需增大材料的塞贝克系数（α），提高材料的电导率（σ），降低热导率（κ）。热导率为晶格热导率 κ_L 与载流子热导率 κ_c 之和。但以上三个参数并非相互独立，都被载流子浓度制约。κ 减小必然伴随着 σ 降低，α 增大时 σ 也会降低，σ 增大时因 κ_c 升高 κ 必增大。通常希望热电材料能有晶体般导电，玻璃般隔热，即“声子玻璃-电子晶体”的结构特征材料。

若热电单元两个电偶臂的参数不同，塞贝克系数分别为 α_1、α_2；电导率分别为 σ_1、σ_2；热导率分别为 κ_1、κ_2；电偶臂的长度分别为 l_1、l_2；电偶臂截面积分别为 S_1、S_2。则单个电偶对的各参数计算式如下。

总塞贝克系数：

$$\alpha=|\alpha_1|+|\alpha_2| \tag{12.23}$$

总电阻：

$$R=\frac{l_1}{S_1\alpha_1}+\frac{l_2}{S_2\alpha_2}=\frac{l_1\rho_1}{S_1}+\frac{l_2\rho_2}{S_2} \tag{12.24}$$

总热导率：

$$\kappa = \frac{\kappa_1 S_1}{l_1} + \frac{\kappa_2 S_2}{l_2} \tag{12.25}$$

12.4.2 最大制冷效率状态

1. 最佳工作电流

由式（12.19）可知，热电制冷系数 ε 是关于电流 I 的函数。令 $\partial\varepsilon/\partial I = 0$，则可得出电流的最佳值，其表达式为

$$I_0 = \frac{\alpha\left(T_h - T_C\right)}{R\left(M-1\right)} \tag{12.26}$$

其中，无量纲数 M 表达式如下：

$$M = \sqrt{1+0.5Z\left(T_h + T_C\right)} \tag{12.27}$$

式中，α 为热电单元总塞贝克系数（V/K）；R 为热电单元串联两臂的总电阻（Ω）。

2. 最佳工作电压

由热电原理可知，热电单元的电压由两部分构成，一是热电单元本身的电阻产生的电压降，二是热电单元为了抵消温差电动势产生的电压降。因此，热电单元总压降为

$$U_0 = I_0 R + \alpha\left(T_h - T_C\right) \tag{12.28}$$

将式（12.26）代入式（12.28）并整理得：

$$U_0 = \frac{\alpha\left(T_h - T_C\right)M}{R\left(M-1\right)} \tag{12.29}$$

此式即为在最大制冷效率状态下工作的一个热电单元的最佳工作电压。

3. 制冷量

将式（12.26）代入式（12.16）中的制冷量表达式，则单个热电单元制冷量为

$$Q_0 = \frac{\alpha^2 M\left(T_h - T_C\right)\left(T_C M - T_h\right)}{R\left(M-1\right)^2\left(M+1\right)} \tag{12.30}$$

4. 耗功率

耗功率为

$$P_0 = U_0 I_0 = \frac{\alpha \left(T_h - T_C\right)^2 M}{\left(M - 1\right)^2 R} \quad (12.31)$$

5. 制冷系数

制冷系数为

$$\varepsilon_{max} = \frac{MT_C - T_h}{\left(T_h - T_C\right)\left(M + 1\right)} \quad (12.32)$$

12.4.3 最大制冷量状态

1. 最佳工作电流

制冷量是关于电流的函数，因此，由 $\frac{\partial Q_C}{\partial I} = 0$ 便可得出最大制冷量对应的电流值。将式（12.16）对电流 I 求偏导，则最佳工作电流为

$$I_m = \frac{\partial T_C}{R} \quad (12.33)$$

2. 最佳工作电压

将式（12.33）代入热电单元电压降公式 $U = IR + \alpha\left(T_h - T_C\right)$ 中，则在最大制冷量状态下单一热电单元的电压降为

$$U_m = \alpha T_h \quad (12.34)$$

3. 最大制冷量和最大温差

在最佳电流 I_m 工作下能够获得最大制冷量，则单一热电单元最大制冷量表达式为

$$Q_{max} = \frac{\alpha^2 T^2}{2R} - \frac{\alpha^2 \left(T_h - T_C\right)}{ZR} \quad (12.35)$$

由单个热电单元制冷量公式 $Q = \alpha ITc - 0.5I^2 R - k\Delta T$ 可推出：

$$\Delta T = \frac{\alpha ITc - 0.5I^2 R - Q}{K} \quad (12.36)$$

要获得在最佳电流 I_m 工作下的最大温差 ΔT_{max}，只能是制冷量 Q 等于 0。将式（12.33）代入式（12.36）可得：

$$\Delta T_{max} = \frac{1}{2} Z T_C^2 \tag{12.37}$$

由此可见，对于给定的热电制冷量，材料优值系数 Z 是确定值，要想得到最大温差，则要取决于冷端的温度值。

4. 耗功率

在最大制冷量状态下，单个热电单元耗功率为

$$P_m = U_m I_m = \frac{\alpha^2 T_h T_C}{R} \tag{12.38}$$

5. 制冷系数

把处于最大制冷量状态下的最佳电流 I_m 代入式（12.19），则可以得到最大制冷量状态下的制冷系数：

$$\varepsilon_m = \frac{1}{2T_h}\left[T_C - \frac{2(T_h - T_C)}{ZT}\right] \tag{12.39}$$

12.5 热电材料

单个 n 型或 p 型材料的热电性能可以由公式 $ZT = S^2 \rho^{-1} \kappa^{-1} T$，其中，$\rho$ 为电阻率；κ 为导热系数。尽管在过去的二十年中发现了许多在中高温下 ZT 数值良好的材料，但热电制冷材料的开发进展并不令人满意。最先进的低温和室温热电材料包括 n 型 $YbAI_3$、$Cu_{0.9}Ni_{0.1}AgSe$、$Bi_2Te_{3-x}Se_x$、$Mg_3Bi_{1.25}Sb_{0.75}$ 和 $Bi_{0.905}Sb_{0.095}$ 与 p 型 $Bi_{2-x}Sb_xTe_3$、$CePd_{2.95}$、$Ce(Ni_{0.6}Cu_{0.4})_2Al_3$ 和 $CsBi_4Te_6$。

在几种高性能材料中，热电材料的热电优值的进一步比较如图 12.5 所示。可以看出，只有 Bi_2Te_3 合金、$CsBi_4Te_6$ 和 $Mg_3Bi_{2-x}Sb_x$ 在室温附近表现出高性能，只有 $Bi_{1-x}Sb_x$ 在 150K 以下表现出色。在低温下实现高 ZT 值是很困难的，显而易见的原因是低 T。因此，这对非常高的热电优值 Z 有一个挑战性的要求，需要在同一材料中对几个基本矛盾的属性进行高度有利的组合。迄今，热电制冷性能主要是针对 $Bi_{1-x}Sb_x$、Bi_2Te_3 合金和 $Mg_3Bi_{2-x}Sb_x$ 合金进行讨论。

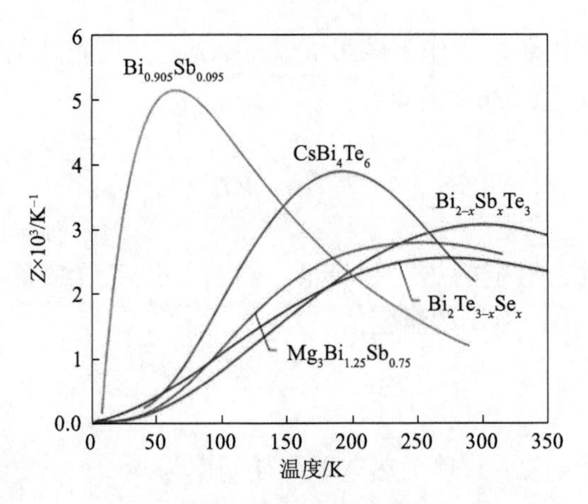

图 12.5　不同材料热电优值的比较

12.6　小　　结

热电冷却效应是由两种具有不同热电效应的导体构成的回路。当这个回路通以直流电时，回路会产生吸热现象。热电冷却的过程是塞贝克效应、佩尔捷效应、汤姆孙效应、焦耳效应和傅里叶效应共同作用的结果。塞贝克效应、佩尔捷效应和汤姆孙效应是电能与热能直接转化的效应，是可逆的；焦耳效应和傅里叶效应则是热的不可逆效应。

热电制冷器作为能量转换和输运的“引擎”，其性能的优劣除了取决于热电材料的性质外，还很大程度上受热电堆结构和冷热两端散热的影响。因此在做冷却系统的优化时，要尽量降低制冷系统各个环节的热电阻。

通过前面的公式可以推导出，热电材料的优值系数是提高热电制冷器性能的关键，提高材料的生产合成工艺，改善半导体晶体结构，能极大地提高材料性能。在热电优值一定的情况下，热电制冷器的设计可参照最大制冷量和最大制冷效率状态两种工作状况来设计。在实际运行过程中，热电制冷器在两种工作状况之间运行，在一定温差下，电流偏离最佳电流程度不同，冷却器的性能也会随着改变。

参 考 文 献

[1] 杨士冠，林鑫，何俊松，等. 并联模型研究双层热电薄膜热电性能[J]. 物理学报，2023, 72(22): 306-316.

[2] 胡静静，沈媛媛. 铂电阻温度计自热效应对测量结果的影响[J]. 流体测量与控制，2024, 5(1): 23-26.

第 13 章　制冷技术前景

13.1　热 管 散 热

13.1.1　热管工作原理

典型的热管由外部的管壁和端盖与内部的吸液芯结构和少量工作流体组成。根据应用场合所需的工作温度，热管可充装不同类型的工作流体，如水、丙酮、甲醇或氨等。热管在轴向可分为蒸发段、绝热段和冷凝段三部分，各部分数量以及长度可根据具体设计和应用确定。

外部施加到热管蒸发段的热量，会经过吸液芯结构和热管的管壁传输到工质，该处的工质吸收热量会蒸发成蒸气，蒸气会借助蒸气本身产生的压力穿过绝热段来到冷凝段，然后冷凝，将其气化潜热传递至所提供的热沉，冷凝后的工质在吸液芯气-液交界面产生的毛细压力的驱动下回流至蒸发段，如图 13.1 所示。

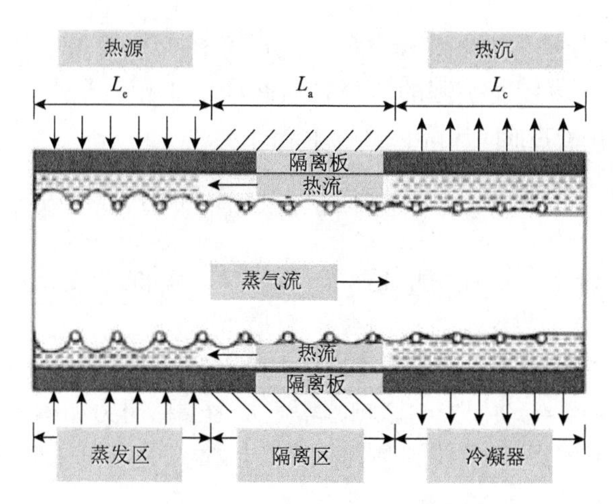

图 13.1　热管工作情况示意图

因此，热管在实现该热量传递过程中主要经历以下过程。

（1）热量经过吸液芯结构和热管的管壁传导至气-液交界面。

（2）液体在蒸发段的气-液界面上吸热蒸发。

（3）蒸气在蒸气腔内两端压差驱动下流动至冷凝段。

（4）蒸气在冷凝段的气-液界面上凝结，然后放热。

（5）热量通过冷凝段的工质、吸液芯和管壁传递至热沉。

（6）吸液芯气-液界面生成的毛细压力驱动冷凝后的流体反向流到蒸发段。

其中，气-液界面的毛细压力一方面来自表面张力，另一方面来自气-液界面的弯曲结构，弯月面曲率的差异导致毛细压力沿热管长度方向变化。毛细压力梯度使工质能够在两相流动压力损失以及重力或加速度等不利的体积力的作用下循环流动。因此，为了让热管连续将工质的蒸发潜热从蒸发段传导到冷凝段，需要有足够的毛细压力驱动冷凝的工质反向回流到蒸发段。

13.1.2 热管的流动理论

1. 压力平衡方程

由热管工作原理可知，热管中的热量传导是通过其内部工质的相变和流动来实现的。工质的相变会产生气-液交界面，交界面的毛细压力与工质流动压降和体积力会相互抵消平衡，进而使得工质能够在热管中循环流动。因此热管正常工作的条件是吸液芯所能提供的毛细压力的最大值应不小于管内所有压降，即

$$\Delta P_{\text{cap,max}} \geqslant \Delta P_{\text{l}} + \Delta P_{\text{v}} + \Delta P_{\text{ev}} + \Delta P_{\text{cd}} + \Delta P_{\text{g}}$$

其中，ΔP_{l} 和 ΔP_{v} 分别为液体和蒸气的流动压降；ΔP_{ev} 和 ΔP_{cd} 分别为蒸发段液体蒸发和冷凝段蒸气凝结所引起的压降，这两项由于相对很小，一般可以忽略；ΔP_{g} 为重力作用引起的轴向压降，可按下式计算：

$$\Delta P_{\text{g}} = \rho_{\text{l}} g L \sin\varphi$$

其中，ρ_{l} 为液体密度；g 为重力加速度；L 为热管轴向长度；φ 为热管轴线与水平线的夹角。

热管内部两相工质的流动损失主要包括吸液芯内液体和核心区蒸气的流动压降。对于液相工质，流动损失的影响因素主要为黏性阻力和体积力；对于气相工质，流动损失的影响因素主要为黏性阻力、动量变化、可压缩性以及气-液交界面上工质相变速率等。

2. 毛细压力

当热管吸液芯的当量直径较小时，液体工质浸润吸液芯表面，在压力与表面

张力的作用下气-液分界面会出现弯月面，称为毛细现象。产生毛细现象时，弯月面蒸气侧与液体侧的压差称为毛细压力，是吸液芯热管正常工作的主要驱动力之一，其表达式为

$$\Delta P_{\text{cap}} = P_{\text{v}} - P_{\text{l}}$$

可通过 Laplace-Young 方程进行计算：

$$P_{\text{v}} - P_{\text{l}} = \sigma\left(\frac{1}{r_1} + \frac{1}{r_2}\right)$$

其中，r_1、r_2 为弯月面曲率半径；σ 为液体的表面张力系数。热管吸液芯结构能产生的毛细压力有最大值，即最大毛细压力 $\Delta P_{\text{cap,max}}$，由热管工作原理可知该值对热管正常连续工作有重要意义，且对于微槽道热管，最大毛细压力决定了其最大的传热功率。实际设计时为计算方便，可按下式计算：

$$\Delta P_{\text{cap,max}} = \frac{2\sigma}{r_{\text{c}}}\cos\theta$$

其中，r_{c} 为有效毛细半径；θ 为液体工质的接触角。由上式可知，表面张力、液体接触角和有效毛细半径是决定最大毛细压力大小的主要因素。一般假定净化和清洁处理后的工质和吸液芯的接触角为 0°，则此时 $\cos\theta$ 项为 1。在工质确定的情况下，吸液芯结构的最大毛细压力 $\Delta P_{\text{cap,max}}$ 与有效毛细半径 r_{c} 成反比，即有效毛细半径越小，吸液芯结构产生的最大毛细压力就越大。对于简单形状的吸液芯结构可以从理论上直接推导和计算其有效毛细半径，但更多复杂结构的吸液芯往往采用实验方法来测定。

3. 液体流动压降

一般认为热管吸液芯结构中的液体工质流动为二维的稳定不可压缩层流，考虑到热管的吸液芯通常会设计得很薄，因此可以将吸液芯结构中的液体流动用速度梯度非常小的一维轴向流动模型来分析。将热管吸液芯等效为多孔介质，并结合重力作用因素，给出了以摩擦系数形式表示的液体压降的计算公式：

$$\frac{\mathrm{d}P_l}{\mathrm{d}x} = -F_{\text{l}}Q \pm \rho_{\text{l}} g \sin\varphi$$

$$F_{\text{l}} = \frac{\mu_{\text{l}}}{K A_{\text{l}} \rho_{\text{l}} h_{\text{fg}}}$$

其中，F_l为液体摩擦系数；μ_l为液体动力黏度；K为渗透率；A_l为液体流通截面积；h_{fg}为工质气化潜热；Q为轴向热通量。

相较于上述公式，在不考虑重力作用时由达西定律给出的计算公式更具有参考价值，工程应用时常采用该公式进行计算：

$$\Delta P_l = \frac{\mu_l m_l L_{eff}}{K A_l \rho_l}, \dot{m}_l = -\dot{m}_v = -\frac{Q}{h_{fg}}$$

其中，$\dot{m}_l$和$\dot{m}_v$分别为液体和蒸气的质量流量；L_{eff}为热管有效长度。

渗透率的确定对计算很重要，渗透率的确定在热管吸液芯结构的计算中较为关键，对于热管吸液芯结构的几何形状规则，则可以用相应公式求解或通过实验测定。非圆形通道的渗透率可由下式表示：

$$K = \frac{2\varepsilon r_{hl}^2}{f_l \mathrm{Re}_l}$$

其中，ε为吸液芯的孔隙率；r_{hl}为吸液芯有效水力半径；$f_l\mathrm{Re}_l$为液体阻力系数。

渗透率在物理意义上表征了毛细结构中孔的大小、分布以及弯曲度的影响。由于吸液芯中液体的流动属于层流，$f_l\mathrm{Re}_l$为常量，工程计算中可以通过查询相应吸液芯的摩擦系数表得到具体数值，从而简化液体流动压降的计算流程。

4. 蒸气流动压降

根据质量守恒定律，热管稳态运行时通过横截面的蒸气质量流量与液体质量流量相等，但由于蒸气密度远小于液体密度，因此蒸气的流速比液体大很多。在这种情况下，蒸气的压降还需考虑动力效应。假设热管只包含冷凝段和蒸发段，且内部的蒸气流动为不可压缩层流流动，则蒸气的流动压降可通过如下公式计算：

$$\Delta P_v = -\frac{4\mu_v L Q}{\pi \rho_v r_{hv}^2 h_{fg}}$$

其中，μ_v为蒸气动力黏度；ρ_v为蒸气密度；r_{hv}为蒸气流动的水力半径。

该式适用于蒸气流动径向雷诺数远小于 1，且径向质量流量是不受轴向距离影响的常数，蒸气流动主要由黏滞力决定的情况。

考虑可压缩性和动压变化的影响时的蒸气流动压降公式为

$$\frac{\mathrm{d}P_v}{\mathrm{d}x} = -F_v Q - D_v \frac{\mathrm{d}Q^2}{\mathrm{d}x}$$

其中蒸气的摩擦系数 F_v 和动压系数 D_v 按下式计算：

$$F_v = \frac{(f_v \mathrm{Re}_v)\mu_v}{2A_v r_{hv}^2}$$

$$D_v = 1/2\rho V^2$$

其中，ρ 是流体的密度，V 是流体的速度。

13.1.3　热管的主要性能参数

1. 启动特性

启动特性是热管瞬态传热性能的重要组成部分，包括启动时间、启动温度和启动功率三个指标。

启动时间是指热管从输入热负荷到各部分温度达到稳定所需要的时间，反映了热管的热响应性能。启动时间的长短一般与热管的结构尺寸、工质和管壁材料以及真空度等有关。当电子器件间歇性工作或功率存在较大变化时，需保证热管具有较短的响应时间。启动温度和启动功率是指能够使热管正常启动并稳定工作的最高初始温度和最高初始加热功率。当初始的温度或加热功率过高时，容易造成热管蒸发段局部过热而发生“闪蒸”，不能在吸液芯内形成正常的弯月面，进而导致工质无法正常循环。

2. 温度特性

在热管设计与应用时，首先需考虑的是热管的工作温度，即其稳定工作时自身的温度。根据工作温度范围，热管可大致分为高温、常温与低温热管，可依据工质的凝固点和沸点来选择相匹配的工质。

热管稳定工作时的表面温度分布体现了其均温性，是直观反映热管传热性能的重要指标。航空航天等对系统温度控制要求较为严格的应用领域，对热管均温性要求较高。在测试时一般通过在热管表面长度方向上布置若干个热电偶温度测点，来获得热管稳定工作时的表面温度分布情况，近几年也有研究者借助红外热像仪来获得热管表面整体的温度分布。影响热管均温性的内部因素主要有工质热物性、真空度和充液率等，在热管设计与加工时应充分考虑。

3. 总热阻

热管总热阻为表面整体温差与传热功率的比值，是热管最重要的传热性能指标之一。热管热阻的主要组成部分如图 13.2 所示。由前述热管传热分析可知，热量通过吸液芯时有两条并联的传热途径，其中液体的导热系数很小，因此吸液芯整体热阻较大。热管管壁通常采用导热系数较高的金属材料，热阻相对较小。

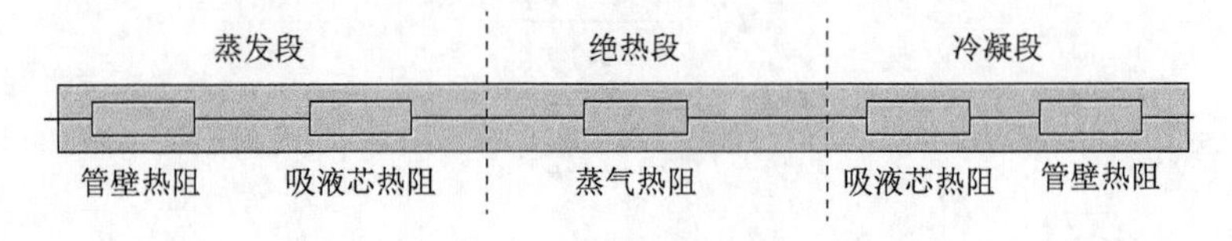

图 13.2　热管的热阻通路

13.1.4　微型热管

目前，微型热管逐渐被重视，成为热管冷却领域的热门研究话题。微型热管的概念最早是由 Cotter 提出的，其典型结构如图 13.3 所示。它不同于传统热管结构形式，它主要通过非圆形通道截面尖角的吸附作用来促使液体流动，在一定程度上还具有微通道高效热量交换的优点，采用 IC 工艺制作的微型热管阵列的冷却能力可达 200W/cm^2。

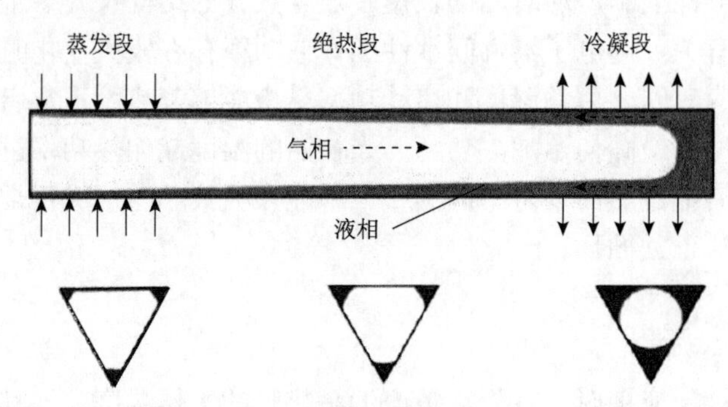

图 13.3　微型槽道热管示意图

微型热管相比于传统热管，有以下优势：①可以直接镶进硅基板中，让电子模块与热沉充分接触，减少两者之间的解除热阻；②可最大限度地降低热点部位的温度，芯片表面温度分布更为均匀；③采用微机电系统（MEMS）可实现在电子芯片内嵌微型热管的集成加工，并可以批量生产。

尽管微型热管拥有明显优势，但在基础理论研究和实际应用方面仍需要大量实验研究，主要包括：①充注封装方法的改良与优化；②微尺度相变换热的机理研究，如热管内相变行为、润湿和再润湿过程、气液两相流和传热传质等，研究各种参数对热管传热极限的作用规律；③新型流动工质在热管中的应用，如纳米流体、自湿润流体等；④降低加工制作成本，应减少复杂的成形工艺或材料的使用，并应用相对简单有效的手段来加强换热性能，如碳纳米管、功能性表面、湿度梯度能利用等。

13.2　相变储热散热

相变储热散热通过储热材料相变潜热的方式吸收集成电路芯片产生的热量，然后通过其他途径释放热量。相变储热散热可用于短时间大功率芯片的散热，尤其是针对芯片无法及时散热导致热量聚集在内部的情况，可以避免芯片温度过高而失效，因此适合短暂间歇式使用方式的便携式电子设备。相变储热由于储存热量的密度高，温度稳定度高，且操作方便，已成为芯片散热、芯片温控最重要的手段之一。

相变材料分为两种：有机相变材料和无机相变材料。相比于无机相变材料，有机相变材料具有成本低、潜热大、熔点范围广的特点，因此是相变储热散热材料领域的研究热点。

相变储热存在以下几个问题：①相变材料封装；②相变材料热导率普遍偏低；③安装和接触热阻；④各向异性传热。为了解决这些问题，提升相变储热散热的性能，研究人员研制出多种相变材料，如复合相变材料（泡沫石墨基复合材料、棕榈酸/膨胀石墨复合相变材料、纳米复合材料）、相变金属等。除了研制新型相变材料外，相变材料还可通过与其他高效散热方式结合的方式来综合提升性能，如热管散热、微通道换热器等。

13.3　液体喷射冷却

喷射冷却是在热源表面高速喷射液体，液体会在热源表面形成很薄的边界层，在喷射的局部范围实现对流换热的效果，常用的工质包括液氮、水、FC-72 及 FC-40 等。实验数据证明，在芯片表面温度为 85℃，流量不大于 2.5L/min，压降低于 36.05kPa 的条件下，液体喷射散热能力可达到 300 W/cm^2 以上。因此，喷射冷却在大功率电子设备中广泛应用，尤其是局部高热流密度的电子元器件（如集成式芯片），可有效消除局部热点。

液体喷射冷却也存在一些缺点：①对于单相换热来说，在冷却液流向出口的过程中，热源表面的边界层将变厚，换热性能会显著下降；②单个喷嘴无法均匀冷却，因此需要设计多个喷嘴，而多个喷嘴喷射的流体又存在着相互作用，使得换热较为复杂；③喷射压力不宜过大，否则会产生可靠性问题。液体喷射原理如图 13.4 所示。

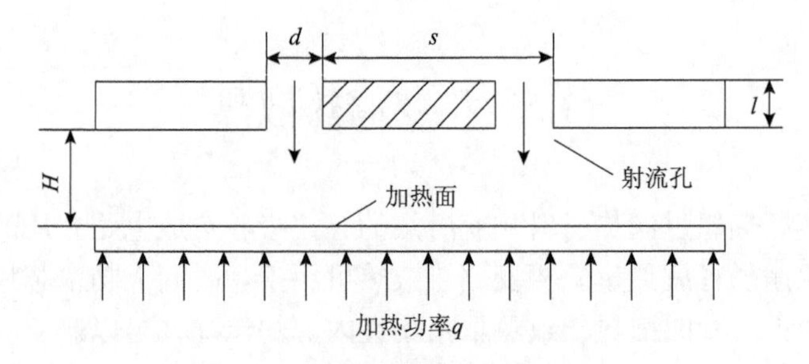

图 13.4　液体喷射冷却示意图

随着芯片热流密度的增加，液体喷射两相换热及其强化成为研究热点。为强化换热，研究者设计了很多种表面结构，如树枝状结构、激光钻孔结构、翅片结构、沟槽结构、凹腔结构、多孔结构、微凹腔等。

参 考 文 献

[1] 梅兴育. 风电集成式传动链中齿轮箱与发电机接口处的压力平衡装置[J]. 上海大中型电机, 2023(4): 1-4.

[2] 周宁, 吴犀梦, 付豪. 基于相变材料的永磁同步电机散热系统设计及分析[J]. 装备制造技术, 2023(12): 61-64.

[3] 黄昆. 固体物理学[M]. 北京: 人民教育出版社, 1966.

[4] 黄昆. 固体物理学[M]. 韩汝琦, 改编. 北京: 高等教育出版社, 1998.

[5] 范建中. 关于固体热容量的研究[J]. 雁北师范学院学报, 2005, 2: 1.

[6] 臧国忠, 陈起静. 高温下爱因斯坦模型与德拜模型热容结果的一致性[J]. 聊城大学学报(自然科学版), 2008, 21(4): 106-107.

[7] 范建中. 金属固体热容量的统计理论研究[J]. 太原师范学院学报(自然科学版), 2018, 17(2): 93-96.

[8] 孙峪怀, 刘福生, 孙阳, 等. 蓝宝石 Al_2O_3 晶体的高压热传导系数研究[J]. 原子与分子物理学报, 2007, 24(6): 1271-1274.

[9] 刘英光, 郝将帅, 任国梁, 等. 不同周期结构硅锗超晶格导热性能研究[J]. 物理学报, 2021, 70(7): 84-90.

[10] Lin K H, Strachan A, Thermal transport in SiGe superlattice thin films and nanowires: Effects of specimen and periodic lengths[J]. Physical Review B: Condensed Matter and Materials Physics, 2013, 87(11): 115302-1-115302-9.

[11] 胡渝民, 宋飞, 汪忠. 广义布里渊区与非厄米能带理论[J]. 物理学报, 2021, 70(23): 14-35.

[12] 赵毅, 李骏康, 郑泽杰. 硅/锗基场效应晶体管沟道中载流子散射机制研究进展[J]. 物理学报, 2019, 68(16): 7.

[13] 应济, 贾昱, 陈子辰, 等. 粗糙表面接触热阻的理论和实验研究[J]. 浙江大学学报(自然科学版). 1997, 31(1): 104-109.

[14] 杨平, 吴勇胜, 许海锋, 等. TiO_2/ZnO 纳米薄膜界面热导率的分子动力学模拟[J]. 物理学

报, 2011, 60(6): 557-563.
[15] Narasimhan T N. Fourier’s heat conduction equation: History, influence, and connections[J]. Reviews of Geophysics, 1999, 37(1): 151-172.
[16] Jacquemet V, Henriquez C S. Genesis of complex fractionated atrial electrograms in zones of slow conduction: A computer model of microfibrosis[J]. Heart Rhythm, 2009, 6(6): 803-810.
[17] Ostrowski P, Michalak B. A contribution to the modelling of heat conduction for cylindrical composite conductors with non-uniform distribution of constituents[J]. International Journal of Heat and Mass Transfer, 2016, 92: 435-448.
[18] Moczo P, Kristek J, Halada L. The finite-difference method for seismologists[J]. An Introduction, 2004, 161.
[19] Zienkiewicz O C, Taylor R L, Zhu J Z. The Finite Element Method: Its Basis and Fundamentals[M]. Oxford: Butterworth-Heinemann: 2013.
[20] Venkateswaran S, Weiss J, Merkle C, et al. Propulsion-related flowfields using the preconditioned Navier-Stokesequations[C]. 28th Joint Propulsion Conference and Exhibit. 1992: 3437.
[21] 任玉新, 陈海昕. 计算流体力学基础[M]. 北京: 清华大学出版社, 2006.
[22] 陈林烽. 基于 Navier-Stokes 方程残差的隐式大涡模拟有限元模型[J]. 力学学报, 2020, 52(5): 1314-1322.
[23] 穆保英, 侯延仁, 张运章. 求解非定常 Navier-Stokes 方程的自适应变分多尺度方法[J]. 工程数学学报, 2010, 27(2): 258-270.
[24] Caretto L S, Gosman A D, Patankar S V, et al. Two calculation procedures for steady, three-dimensional flows with recirculation[C]. Proceedings of the Third International Conference on Numerical Methods in Fluid Mechanics: Vol. II. Problems of Fluid Mechanics. Springer Berlin Heidelberg, 1973: 60-68.
[25] Chen J B. A stability formula for Lax-Wendroff methods with fourth-order in time and general-order in space for the scalar wave equation[J]. Geophysics, 2011, 76(2): T37-T42.
[26] 郑华盛, 赵宁. 一个基于通量分裂的高精度 MmB 差分格式[J]. 空气动力学学报, 2005, 23(1): 52-56.
[27] Liu Y, Changbin W, Fuquan S. Mechanism of diffusion influences to the shale gas flow[J]. Advances in Porous Flow, 2014, 4(1): 10-18.
[28] Einstein A. Investigations on the Theory of the Browmian Movement[M]. New York: Dover, 1956.
[29] Shearer S A, Hudson J R. Fluid mechanics: stokes’ law and viscosity[J]. Measurement Laboratory, 2008, 3.
[30] Pimbley J M. Volume exclusion correction to the ideal gas with a lattice gas model[J]. American Journal of Physics, 1986, 54(1): 54-57.
[31] Antonova E E, Looman D C. Finite elements for thermoelectric device analysis in ANSYS[C]. ICT 2005. 24th International Conference on Thermoelectrics, 2005. IEEE, 2005: 215-218.
[32] Seis C. A quantitative theory for the continuity equation[C]. Annales de l’Institut Henri Poincaré C, Analyse non linéaire, 2017, 34(7): 1837-1850.

[33] Stolarski T, Nakasone Y, Yoshimoto S. Engineering analysis with ANSYS software[M]. Oxford: Butterworth-Heinemann, 2018.

[34] Kumar A, Subudhi S. Preparation, characterization and heat transfer analysis of nanofluids used for engine cooling[J]. Applied Thermal Engineering, 2019, 160: 114092.

[35] Zargartalebi M, Azaiez J. Heat transfer analysis of nanofluid based microchannel heat sink[J]. International Journal of Heat and Mass Transfer, 2018, 127: 1233-1242.

[36] Luo X. Characterization of Nano-scale Materials for Interconnect and Thermal Dissipation Application in Electronics Packaging[M]. Bio-Nano System Laboratory Department of Microtechnology and Nanoscience (MC2), Chalmers University of Technology, SE-412 96 Göteborg, Sweden, 2014.